U0234743

空间太阳能电站

Solar Power Satellite/Station

[日] 篠原真毅 / 主审

日本电子情报通信学会 / 编著

侯欣宾　刘长军　董士伟　杨　波 / 译

北京理工大学出版社

BEIJING INSTITUTE OF TECHNOLOGY PRESS

图书在版编目（ＣＩＰ）数据

空间太阳能电站/日本电子情报通信学会编著；侯欣宾等译. --北京：北京理工大学出版社，2022.8
书名原文：Solar Power Satellite/Station
ISBN 978-7-5763-1611-7

Ⅰ.①空… Ⅱ.①日… ②侯… Ⅲ.①太阳能发电-研究 Ⅳ.①TM615

中国版本图书馆 CIP 数据核字（2022）第 149594 号

北京市版权局著作权合同登记号　图字：01-2022-4034
Original Japanese language edition
SOLAR POWER SATELLITE/STATION
Supervised by Naoki Shinohara
Edited by The Institute of Electronics, Information and Communication Engineers
Copyright © The Institute of Electronics, Information and Communication Engineers
2012 Published by Ohmsha,Ltd.
Chinese translation rights in simplified characters arranged with Ohmsha, Ltd.
through Japan UNI Agency, Inc.,Tokyo

出版发行 / 北京理工大学出版社有限责任公司
社　　　址 / 北京市海淀区中关村南大街 5 号
邮　　　编 / 100081
电　　　话 /（010）68914775（总编室）
　　　　　　（010）82562903（教材售后服务热线）
　　　　　　（010）68944723（其他图书服务热线）
网　　　址 / http://www.bitpress.com.cn
经　　　销 / 全国各地新华书店
印　　　刷 / 三河市华骏印务包装有限公司
开　　　本 / 710 毫米×1000 毫米　1/16
印　　　张 / 18　　　　　　　　　　　　　　责任编辑 / 徐　宁
字　　　数 / 266 千字　　　　　　　　　　　文案编辑 / 徐　宁
版　　　次 / 2022 年 8 月第 1 版　2022 年 8 月第 1 次印刷　　责任校对 / 刘亚男
定　　　价 / 99.00 元　　　　　　　　　　　责任印制 / 李志强

译 者 序

能源是人类社会赖以生存和发展的基础，发展清洁能源、开发可再生能源、逐渐替代传统化石能源，已经成为全球的共识。空间太阳能电站在太空进行大规模太阳能收集、转化并通过无线方式将电能传输到地面电网，为地面提供连续的清洁能源，是人类利用空间资源解决能源需求和环境问题的宏伟计划。

空间太阳能电站概念自从 1968 年被美国 Peter Glaser 博士提出以来，受到美国和日本等航天国家的关注和持续研究。近年来，随着空间技术和无线能量传输技术等技术的进步，空间太阳能电站在航天、新能源以及商业投资等领域受到广泛的重视，有可能成为未来零碳能源系统的重要组成部分。美国近年来加大了在此领域的研发力度，计划在 2023 年前开展关键技术空间验证；韩国在 2018 年启动了空间太阳能电站的研究项目；英国政府、欧空局目前也正在评估空间太阳能电站发展的可行性。

日本从 20 世纪 80 年代开始空间太阳能电站，并启动了相关研究工作，一直持续到现在，是推动空间太阳能电站发展最重要的国家，其中在微波无线能量传输技术领域处于世界领先地位，开展了多项重要的技术验证。京都大学生存圈研究所是日本微波能量传输技术研究的中心，日本空间太阳能电站学会主席松本紘教授是该研究所的创始人，是日本最早开展无线能量传输研究的学者，他的继任者篠原真毅（Naoki Shinohara）教授目前是日本空间太阳能电站学会主席、日本微波无线能量传输项目首席科学家。

2018 年，译者受篠原真毅教授邀请，参加在京都大学举行的"日本空间太阳能电站学会年会"。参会期间，看到了篠原真毅教授所著的这本书，很有价值，因此向篠原真毅教授提出希望能够翻译为中文版。篠原真毅教授欣然同意，并且帮助与出版社进行协商，最终使得这本书的中文版得以正式出版，在此表示特别感谢。

本书对于空间太阳能电站的发展历史和系统方案进行了介绍，重点针对空间太阳能电站最为重要的微波无线能量传输技术所涉及的发射、接收、应用和环境影响等进行了详细的介绍，较为全面地总结了日本几十年来在微波无线能量传输领域的研究成果，对于微波无线能量传输技术研究具有非常重要的参考价值。

全书共 5 章，第 1 章为空间太阳能电站发展概述，第 2 章主要介绍空间太阳能电站微波无线能量发射传输相关技术，第 3 章主要介绍空间太阳能电站的地面能量接收系统，第 4 章主要介绍微波无线能量传输的地面应用，第 5 章主要介绍空间太阳能电站无线输电的影响。其中，侯欣宾负责第 1 章和第 4 章的翻译，董士伟负责第 2 章的翻译，刘长军负责第 3 章的翻译，杨波负责第 5 章的翻译和全书的译校。

本书的翻译出版得到了中国空间技术研究院钱学森空间技术实验室和四川大学的支持，北京理工大学出版社帮助协调版权并且对于全书进行了仔细校阅，在此表示衷心的感谢。

由于译者的专业面有限，书中难免存在不足和疏漏之处，恳请广大读者批评指正。

译者

2022 年 6 月

序　言

　　没有哪个时代像当今这样让我们如此深刻地思考能源、科学与人类。对于能源，我们能够切身感受到它的重要性，对于科学，却经常陷入对它的不信任中。2011 年 3 月 11 日东日本大地震发生后日本民众对此想法也发生了极大转变。思想随时间变化，但承载思想的主体并没有改变。作为承载思想主体的人类，正是利用自身的智慧及其衍生的科学技术才能在这个地球上生存下来。当今人类并不仅是为了"面包"而活着，但不可否认没有"面包"人类是无法生存下去的。看似与"面包"无关的尖端科技，却与我们人类的生活息息相关。它不仅可以扩展并丰富我们的生活，更能保证我们的基础生活。尤其是科技支撑的能源技术，在我们的生活中无处不在。

　　空间太阳能电站/太阳能发电卫星（Solar Power Station/Satellite，SPS）的概念自 1968 年被提出以来的 40 多年间，相关研究项目一直被寄予厚望。SPS 诞生于 20 世纪 60 年代，当时对科学技术和太空的信任度处于人类历史最高水平。自 20 世纪 90 年代以来，SPS 以微波无线能量传输技术验证为基础，作为一种使太阳能电池利用率大幅提高并持续保持稳定供电的能源技术而备受关注。短期来看 SPS 可以衍生出多种创新技术，长期来看其也可以作为可持续发展社会所必需的未来技术。毫无疑问 SPS 研究将持续受到关注，由其带动的微波无线能量传输技术近年来在 SPS 以外的应用中也备受关注。SPS 是一个宏伟的梦想，同时也是一个能够维持和保证我们未来生活的现实解决方案。

　　SPS 除了需要太阳能发电技术、运载火箭技术、无线能量传输技术、巨型空间结构技术、空间电力管理技术等工学之外，还包括空间等离子体物理学等物理学、经济学、社会学等在内的非常广泛的科学技术及其相关领域。尤其对于微波无线能量传输，需要通信和雷达领域相关的各种技术，如射频技术、天线、微波振荡、放大电路、微波无源电路、半导体技术等。本书基于电子信息通信学会的《知识库》S4 群宇宙·环境·社会—第 5 编 宇宙电子学—第 3 章 宇宙太阳发电的内容（译者注：IEICE 发行的系列刊物）进行撰写。SPS 和微波无线能量传输技术不仅包括了电子信息通信学会迄今为止研究的各种科学技术，更将"能量"的视角引入微波，形成了一个既古老而又崭新的科学技术领域。

SPS 起源于美国并在世界各地开展研究，其中日本的贡献非常大。日本的 SPS 研究是以京都大学名誉教授松本纮老师和宇宙科学研究所名誉教授长友信人老师为中心发展起来的。没有这两位老师，基础的 SPS 研究就不会得到发展，也不会有本书的出版。除两位老师外，还包括编写本书的松冈秀雄、伊藤精彦、佐佐木进、贺谷信幸、森雅裕为代表的各位老师，正是他们的努力带动了世界 SPS 研究的发展，在此向各位老师深表感谢。

然而，SPS 概念提出已经过了 40 多年，毫不夸张地说，现阶段和 40 年前的情况并没有发生显著的进步。虽然 SPS 的各种研究一直在进行，但人类还没有朝 SPS 建设的目标开始起跑。SPS 看上去是一项遥远的未来技术，如果现在不立刻启动，则将成为一个更加巨大的、耗时的项目。现在我们对于科学可能不信任，总是在想方设法处理眼前的各种问题，但这正是我们要谈论未来的原因。人类作为矛盾的生物体是自私的，但同时也具有利他的品质。换而言之，人类既为现在的自己而活，也为将来的子孙后代而活。谈到未来就不能忽视科学技术，期待大家利用本书学习并应用 SPS 和微波无线能量传输的新旧科学技术，促进 SPS 项目能够尽快启动。

篠原真毅

2012 年 6 月

中文版序言

自从 P. E. Glaser 博士 1968 年提出空间太阳能电站概念以来，美国国家航空航天局最早开始了研究，之后与空间太阳能电站相关的研究在全世界范围内开展起来。20 世纪 80 年代以来，日本开展了多项技术研究及可行性分析，目前相关研究工作仍然非常活跃。基于目前的研发成果，2020 年 6 月日本对于作为日本未来宇宙开发指导方针的《宇宙基本计划》进行了第 3 次修订，报告提出"对于具有解决能源问题、气候变化和环境等全球性问题潜力的空间太阳能电站系统，基于研发路线图，面向实用化方向，切实推进包括空间验证试验在内的相关工作"。通过此次《宇宙基本计划》的修订，日本未来的空间太阳能发电研究有望得到进一步发展。

中国已经处于国际空间开发的前沿地位，包括空间站的建设和火星探测器的成功着陆等。与此同时，中国也正积极开展空间太阳能电站的研发，非常期待未来中国空间太阳能电站的发展。然而，空间太阳能电站不可能仅靠一个国家实现，国际合作非常重要，特别是科学技术应该为全人类共有而得到广泛共享。本书综合汇编了迄今为止日本关于空间太阳能电站技术最完整的研究成果。非常高兴本书的中文译本得到出版，以便于中国工程师和研究人员的参考。通过本书的内容，以及中日研究人员的合作，期待未来空间太阳能发电的实现。最后，侯欣宾博士、刘长军教授、董士伟博士和我的学生杨波博士为本书的中文翻译付出了巨大的努力，在此表示感谢。

篠原真毅

2021 年 7 月

目　　录

第 1 章　空间太阳能电站

1.1　空间太阳能电站概述

空间太阳能电站（Solar Power Station/Satellite，SPS）是由美国的 P. E. Glaser 博士于 1968 年提出的当时规模最大的一种空间发电系统[1]。SPS 的构想是在地球静止轨道（赤道上空 36 000 km）上建设巨大的太阳能发电卫星，利用微波或激光将产生的能量向地面进行无线传输，在地面上发电并利用。采用微波电力传输的 SPS 的天线直径设计主要考虑无线电波传播理论和天线的经济性，天线直径为几千米，质量小于 10 000 t，大部分设计为能够在地面上产生超过 1 GW 的电力。SPS 有许多名称，包括太阳能发电卫星（Solar Power Satellite）、空间太阳能发电系统（Solar Power System）和空间太阳能电站（Space Solar Power）。

SPS 所在的 36 000 km 高轨道之所以被称为地球静止轨道，是由于离心力和重力的作用，卫星的轨道周期约为 24 h。因此从地面看，该卫星看起来是静止的。地球静止轨道相对于半径约为 6 300 km 的地球，如图 1.1 左下方所示（图 1.1 显示了 SPS 夏季和 SPS 冬季的位置）。在一年的大部分时间里，SPS 不会进入地球的阴影中。因此，SPS 可以在地面的夜间进行发电。SPS 的太阳能电池阵通过控制始终指向太阳（太阳定向），而微波传输天线通过控制始终指向地球上的接收整流天线（Rectifying Antenna，Rectenna）（地球定向），SPS 可以实现 24 h 稳定的太阳能发电。为了解决太阳能电池阵和微波传输天线之间的这种矛盾，研究了多种 SPS 概念。

另外，由于微波无线能量传输采用了称为"无线电波窗口"的频段，该频段在电离层中基本没有反射/散射，在大气/阴雨中也基本没有吸收/散射，所以即使在多云或阴雨天气下也可以利用太阳光进行发电，这也

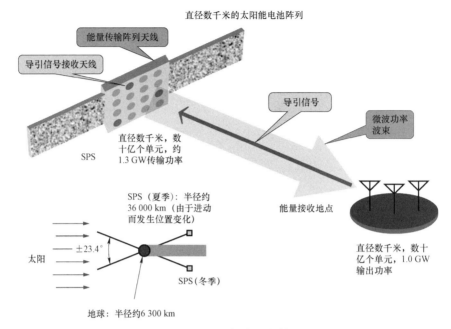

图 1.1　SPS 概念和参数

是它的优点（见 2.3 节）。因此，即使地面下雨，也可以利用 SPS 进行发电。SPS 是未来的基础负载供电方式，与昼夜和天气无关，并且几乎不排放温室气体。在 SPS 的设计中，考虑与《无线电规则》的兼容性，一般选择 2.45 GHz 或 5.8 GHz 微波的 ISM 频段。

　　以兆瓦级大型太阳能电站为代表的可再生能源系统不需要常规发电所需的燃料，并且大部分投资成本和能源消耗都用于系统初期，但是由于天气和昼夜因素导致发电不稳定、系统利用效率低（10%～20%），因此经济性和能量回报率较差，且无法作为发电站单独应用。为了解决与天气有关的发电不稳定问题，正在积极研究可充电电池和智能电网技术，这是未来能源系统发展所必需的。采用 SPS 方式，将兆瓦级的太阳能电池阵列放置到地球静止轨道上，并且通过微波进行电力传输，可以将设施的稳定运行率提高到 90%或更高。事实上，SPS 是比兆瓦级更高的吉瓦级，即 1 GW 的电站是最经济的，因此我们的目标是达到 1 GW 级。由于具有高容量和稳定的发电能力，即使考虑额外的火箭发射成本，估计 SPS 的发电成本也比地面上的太阳能发电成本低。当然，按照目前的技术水平，它要比地面太阳能发电贵得多。但是如果考虑未来的技术发展，如系统效率、轻质材料以及低成本火箭的发展，预期可以降低到当前的火力发电成本水平（8～9 日元/kW·h）。在经济性分析中，SPS 的寿命设置为 30 年，如果考虑空间碎片等的撞击，则还包括所需的维修和维护成本，以及利润率和利息等。

SPS 的发展目标是如下。

（1）短期：实现无 CO_2 排放的大规模主力供电系统。

① 在几乎不存在地球阴影的地球静止轨道利用太阳能进行发电，而且微波无线能量传输几乎不会因天气因素而损失；

② 微波无线能量传输的效率约为 50%（DC－RF 转换效率为 70%～90%，波束收集效率为 90% 或更高，RF－DC 转换效率为 90% 或更高，以及其他效率相乘得到），即使这样，综合发电量也是地面发电量的 7～10 倍。

（2）中期：每个电站 1 万亿日元规模的新兴产业[2]。

① 一个 SPS 产生的经济效益，包括间接效益，约为 7 万亿日元（包括 2.7 万亿日元的直接效益）；

② 雇员总数约为 38 万人。

（3）长期：扩大地球生存圈。利用空间环境符合人类的本性（对增长的渴望），具有可持续发展的特征，具备解决全球变暖问题、促进新兴产业和扩大地球生存范围的潜力，是未来应当推广的新型发电系统。

SPS 的关键技术是无线能量传输技术。在采用微波的无线能量传输中，由太阳能产生的直流电被转换为微波，利用天线传输到地面，并在地面接收地点（天线）再次将微波转换为直流电进行利用。因此，微波无线能量传输技术的关键技术主要包括 3 个方面：① 高效微波产生技术；② 可实现高效无线能量传输和接收的天线技术和波束控制技术；③ 高效微波－电力转换技术（整流天线）。

微波－电力传输的效率由① 电力－微波转换；② 由于波束发散和传输介质（空气等）引起的传输损耗；③ 微波－电力转换这 3 个效率的乘积确定。例如，如果① 电力－微波转换＝80%；② 传输效率＝90%；③ 微波－电力转换＝80%，则 80%×90%×80%＝57.6%。一般情况下，微波电力传输的效率目标定为约 50%，W. C. Brown 在 1960 年的试验中，已经在实验室实际验证的总效率达到 54%[3]。由于微波无线能量传输的微波强度比用于通信和广播的微波功率密度高，因此评估对现有电磁环境和生物的影响也非常重要（见第 5 章）。

（1）电力–微波转换中的高效微波产生技术及功率放大技术包括半导体或电子管方式，与微波通信和微波加热技术基本相同，但效率更为重要。与通信技术的不同之处在于，无须特别对产生的电磁波进行调制；与加热技术的不同之处在于，虽然不需要进行调制，但也要满足《无线电规则》对电磁波品质的要求（见 2.1 节）。

（2）由于微波发散和传输介质引起的传输损耗中的效率是由发射天线和接收天线的直径、微波频率和传输距离决定的，波束收集效率是指发射的微波到达接收天线的效率，与远距离传输过程中由于传输介质引起的损耗不同。如果选择合适的频率，由于电离层和大气层的反射、吸收和散射造成的损耗非常小，可以忽略不计。采用微波无线能量传输的 SPS 是利用包括数十亿个单元的相控阵进行高于 0.001° 精确波束控制的系统。相控阵是一种由许多天线元件组成的天线，通过控制天线单元辐射微波的幅度和相位，在空间进行微波合成以形成任意的波束形状，其特点是速度快、精度高，并且不需要进行天线的机械控制。尽管由于电离层和大气的反射/吸收/散射而引起的损耗很小，但是如何利用相控阵进行波束控制并使所产生的电路损耗和波束合成损耗最小成为重点。同时，实时测量能量接收地点的位置、SPS 的位置、天线的形状等并进行正确波束成形的技术也非常重要。除了利用导频信号估计目标位置和天线形状的反向技术外，还采用了称为 REV 方法和并行化方法的目标位置估计和波束成形方法（见 2.2 节）。

（3）微波–电力转换中的微波功率接收和整流是微波无线能量传输所独有的技术，通常采用带有整流电路的整流天线 Rectenna（Rectifying Antenna），整流电路连接天线和二极管（见第 3 章）。随着规模的增加，采用多个整流天线组成阵列。除 SPS 之外的无线能量传输系统也采用整流天线器件和阵列。由于 SPS 利用包括数十亿个单元的整流天线来产生 1 GW 的直流电，因此对于其作为直流电站的评估也很重要。

在 20 世纪初开始利用电磁波的初期，N. Tesla（特斯拉）进行了无线能量传输试验[4,5]。但是，Tesla 当时无法使用如微波之类的高频技术和高增益天线，因此无法进行用户所需的大功率无线传输，导致试验失败。然而，自 1960 年以来，微波技术的发展使得在某种程度上进行能量汇聚成为可能，W. C. Brown 成功进行了各种微波无线能量传输试验[3]。现在的电子设备都需要超过数瓦级的功率，微波束不集中的话，无法有效地进行无线能量传输，还没有发展出实用的高频无线能量传输。目前，已经开展了多种无线能量传输验证，包括 Brown 对直升机的无线能量传输试验（1964 年、1965 年），对 1.6 km 远的接收整流天线的无线能量传输试验（1975 年），1968 年 SPS 概念提出的灵感也来自 Brown 的验证性试验。

1980 年以来，日本在推动 SPS 研究中发挥了核心作用[6]。用于 SPS 的微波无线能量传输火箭试验最早于 1983 年在日本进行[7]，3 个相关试验都在日本进行[8,9]。在日本也进行了利用相控阵的无线能量传输演示试验[10,11]。基于这些验证试验和基础研究，SPS 作为宇宙开发利用的中长期任务被纳入日本《宇宙基本计划》（2009 年 6 月）[12,13]。这在国际上领先于欧美，首次将 SPS 列入国家政策。

尽管 SPS 促进了无线能量传输技术的研究，由于无法提出 SPS 以外的重要应用，无线能量传输主要面向 SPS 开展研发。但随着时代的进步和数字设备的发展，依靠极微弱功率（微瓦到毫瓦）工作的电气设备使得功率密度较弱的无线能量传输变得有效，而不需要增加高增益天线的功率密度。"特斯拉的梦想"再次变得现实，用现代表达方式就是"无处不在（随时随地）的电源"。另外，采用微波无线能量传输技术的各种应用也开始出现（见第 4 章）。图 1.2 总结了无线能量传输的历史。对于点对点的能量传输，采用电磁感应和共振耦合的方法也正在得到实际应用[14-16]。

Forrester 和 Meadows 等"罗马俱乐部"成员建立了表示人类活动对于地球生态、经济系统长期影响的动态模型[17]。该模型显示，如果人口和经济在没有任何特别限制的情况下持续增长，由于资源的逐渐枯竭，全球生态、经济体系将在 21 世纪上半叶达到增长极限，之后将只能进入下降。基于这一模型，建立了一个包括 SPS 在内的基于能源成本分析的动态仿真模型，对于 SPS 对地球生态和经济系统产生的影响进行了评估[18]。模拟的结果显示，如果在 SPS 上的投资较小，SPS 无法支撑地球上能源消耗的增长，因此无法避免增长极限。然而，如果在 SPS 上进行大量投

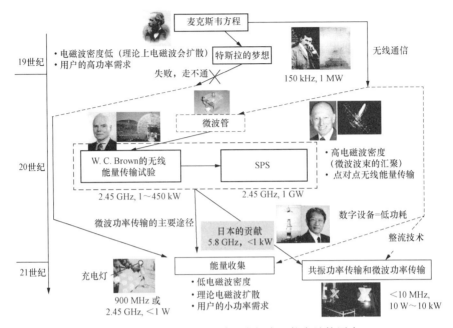

图 1.2　微波无线能量传输和空间太阳能电站的历史

资，SPS 可以充分支撑地球上能源消耗的增加，从而使地球人口和资本的持续增长成为可能。在 SPS 投资较大的情况下，SPS 本身提供给地球的能量将可以满足 SPS 的增长需求，从而实现"自给自足状态"。一旦达到这种状态，就可以完全避免地球上增长极限的出现。

1.2　过去研究的空间太阳能电站系统

自从 SPS 提出以来，在世界上开展了多个 SPS 研究项目和验证试验，SPS 主要研究项目如图 1.3 所示。可以看出，日本在 SPS 领域的研究活动最为活跃。本章对这些 SPS 研究项目进行详细的介绍。

1.2.1　美国 SPS 参考系统（1980 年）

Glaser 提出 SPS 概念后不久，1970 年美国开始研究 SPS 的技术可行性。在前期各项研究基础上，1976 年，能源研究发展局（Energy Research and Development Agency，ERDA，即能源部（Department of Energy，DOE）的前身）启动了 SPS 概念设计和评估项目。在 1977—

1980 年，DOE 和美国国家航空航天局（National Aeronautics and Space Administration，NASA）共同开展研究工作，1980 年的预算达到 2 500 万美元。DOE/NASA 的研究涉及多个研究领域，1978 年 10 月公布的参考系统[1,2]确定了后续 SPS 的研究方向，当时的日本电波研究所对此也进行了介绍[3]。

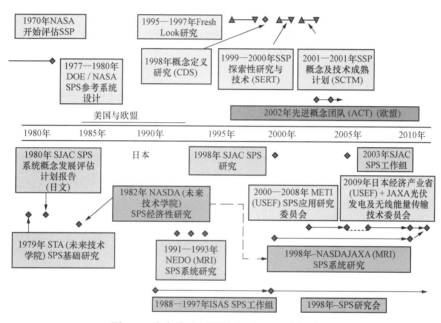

图 1.3　迄今为止开展的主要 SPS 研究项目

基准系统位于在赤道上空 36 000 km 的地球静止轨道（Geostationary Orbit，GEO），利用质量约 50 000 t、尺寸约 10 km×5 km 的太阳能电池陈列（Si 或 GaAlAs）产生电能。电站将电能转换为微波能量，通过安装在太阳能电池阵列一端的直径 1 km 的能量传输天线，利用 2.45 GHz 微波向地面进行无线能量传输。地面接收微波并整流产生直流电的装置称为"整流天线"，基准系统中的"整流天线"是 10 km×13 km 的天线阵列。基准系统的空间发电功率约为 10 GW，最终可在地面上获得的直流电力约为 5 GW。图 1.4 所示为参考系统示意图，表 1.1 给出了参考系统的设计参数。

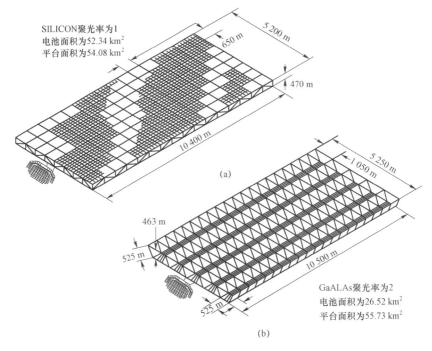

图 1.4　DOE/NASA 参考系统示意图

（a）硅模型；（b）GaALAs 模型

表 1.1　参考系统参数汇总

轨道	地球静止轨道 36 000 km
质量	约 50 000 t
发电方式	太阳能电池，Si（17.3%）或者 GaAlAs（20%）
太阳能电池面积	5 km × 10 km
发电功率	10 GW（地面 5 GW）
微波发射天线直径	1 km
发电部分与能量发射部分的连接方式	导电旋转关节（每天旋转 1 次，10 A/cm²）
发电部分到能量发射部分的电力传输方式	直流（最长 10 km，40 kV）
无线能量传输方式	微波 2.45 GHz
微波产生方式	速调管

微波功率密度	发射天线附近的波束中心：22 kW/m²； 地面波束中心：23 mW/cm²；地面接收天 线边缘：1 mW/cm²
波束控制系统	反向波束有源相控阵
接收方式	10 km × 13 km 整流天线

太阳能电池的效率设计为在 28 ℃条件下，GaAlAs 的预期值为 20%，Si 的预期值为 17.3%。将太阳能电池发出的电力传输到微波发射天线的电缆最长为 10 km，并且需要采用 40 kV 高压。太阳能电池模块首先通过串联和并联进行连接，然后通过电压调节达到所需的电压，提供给太阳能电池阵中央的 3 条供电母线。在母线入口处安装了约为 2 000 A 的断路器，以便可以切断必要的部件以进行维护和维修。收集的电功率传输到微波发射天线，由于太阳能电池部分指向太阳，而天线部分指向地球，两者必须通过旋转关节进行连接。参考系统使用了采用滑环的电耦合方法，以 10 A/cm² 的电流密度通过直径为 15 m 的滑环进行电力传输，该滑环每天旋转一周，这是参考系统的关键技术问题之一。

发射天线采用缝隙波导，作为能量传输天线的制约条件如下：

（1）发射天线附近的微波发射功率密度的最大值约 22 kW/m²（大功率 DC－RF 转换所产生热量排散的极限）。

（2）在地球附近的微波功率密度的最大值约为 23 mW/cm²（不产生因微波而引起的电离层等离子非线性加热等影响的极限值）。

（3）能量接收地点（整流天线）以外区域微波功率密度不超过 1 mW/cm²（低于法律安全标准规定的不影响生物体和生态系统的微波功率密度）。

为了满足上述条件，发射天线采用有源相控阵天线，在直径为 1 km 的天线孔径上微波功率密度呈高斯分布，为 10 dB 锥度。天线平面分为 7 220 个子阵列，一个子阵列配备 70 kW 速调管。其他可能的微波发生器包括磁控管、微波放大器和半导体（FET）等，但是在

DOE/NASA 参考系统中，考虑谐波问题而未采用磁控管，而没有采用半导体主要是考虑效率和成本问题。然而，随着技术的进步，它们与速调管的差异变得越来越小，目前正在开展许多采用这两种装置的无线能量传输研究。

根据发射天线的辐射方向图，地面波束中心功率密度为 23 mW/cm^2，整流天线边缘为 1 mW/cm^2，第一旁瓣功率密度为 0.08 mW/cm^2，而系统故障、波束发散时的地面功率密度变为 0.003 mW/cm^2。

在该项目中，估计 60 个 SPS 就可以达到美国的发电总量。这是一个巨大的系统，通过分析，SPS 作为发电站出售电力不具有经济可行性，SPS 研究在美国被暂时中止。

1.2.2 美国 SPS Fresh Look 研究（1997 年）

从 1980 年开始，在国家层面中断研究的美国，受到近年来日本的研究和世界环境问题的影响，开始考虑重新启动 SPS 的研究。NASA 从 1995 年到 1997 年开展了对 SPS 进行重新评估的计划 "Fresh Look Study"[4,5]，重点推出在经济性方面有重要改进的新型 SPS 概念——太阳塔（Sun Tower）。

Fresh Look 研究的核心人物是 J. C. Mankins（当时就职于 NASA）及其他一些人。Fresh Look 研究比较了 1980 年参考系统以后提出的各种 SPS 概念，并根据地球上每个城市的大小和面积分析了 SPS 的有效性。该计划审查了 30 多种 SPS 概念，包括参考系统、日本版 SPS（1.2.3）、SPS 2000（1.2.6）等。最终选择了称为新参考系统的 "Sun Tower" SPS，成为美国 SPS 研究的核心。太阳塔的构型是直径为 50～100 m 的太阳能电池阵，像树叶一样进行连接。一片叶子配备有聚光镜/反射镜和 0.5～1 MW 的聚光太阳能电池，可以产生 100～400 MW 的总发电量，能量通过 5.8 GHz 微波从 1 000 km 系统高的轨道传输到地面。微波发射天线的直径约为 260 m，厚度为 0.5～1 m，并且使用半导体进行微波电力传输。地面上的整流天线直径约为 4 km。图 1.5 给出了太阳塔电站原理图，表 1.2 给出了太阳塔方案设计参数。250 MW 级太阳塔电站的建造成本估计为 80 亿～150 亿美元，比参考系统成本低。

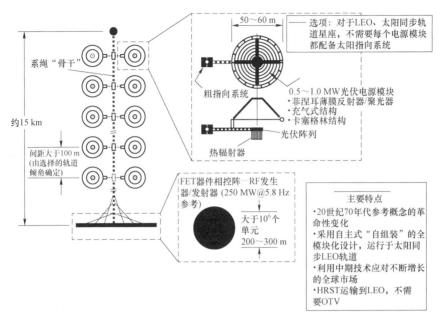

图 1.5　太阳塔概述[5]

表 1.2　太阳塔主要设计参数

轨道高度	1 000 km
发电方式	太阳光发电
太阳能电池面积	直径 50～100 m×n 个
发电功率	100～400 MW
发射天线直径	260 m
无线能量传输方式	微波 5.8 GHz
微波产生方式	半导体放大器
接收方式	直径 4 km 整流天线

1.2.3　日本版 SPS（1994 年）

从 1991 年开始，新能源与工业技术开发组织（New Energy Development Organization，NEDO）委托三菱研究所进行为期 3 年的"空间发电系统研究"，提出了第一个日本版 SPS[6]。日本版 SPS 是一种将 2.45 GHz 微波从地球静止轨道传输到地面，并在地面上产生 1 GW 电力的系统。整个系统在近地轨道组装成如图 1.6 所示的形状，整体转移到地球静止轨道，并利用离心力展开。图 1.6 给出 SPS 系统示意图，表 1.3 给出了系统设计参数。太阳能电池部件在柔性轻质结构上展开，通过分布配置的小推力电推进器进行整体形状维持。系统质量约为 21 000 t。设计考虑了两种类型的太阳能电池，即单晶硅（Si）和非晶硅（α–Si）。假设单晶硅电池单体尺寸为 10 cm × 10 cm，厚度为 30 μm，转换效率为22%。非晶硅总厚度为 120 μm，转换效率为 20%。

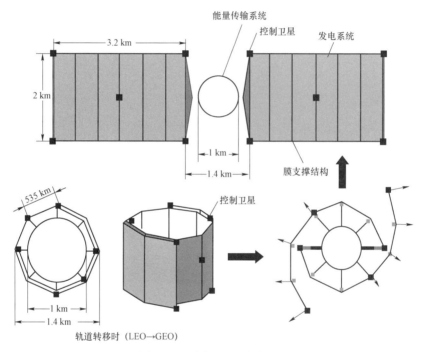

图 1.6　日本版 SPS 最终配置

表 1.3　日本版 SPS 设计参数

轨道	地球静止轨道 36 000 km
质量	约 21 000 t
发电方式	太阳能电池，单晶硅（22%）或者非晶硅（20%）
太阳能电池面积	3.2 km × 2 km × 2
发电功率	2 GW（地面 1 GW）

微波发射天线直径	1 km
发电部分与能量发射部分的连接方式	电磁耦合导电旋转关节（每天旋转 1 次）
发电部分到能量发射部分的电力传输方式	交流 20 kHz，30 kV
无线能量传输方式	微波 2.45 GHz 或 5.8 GHz
微波产生方式	速调管或半导体放大器
微波功率密度	发射天线附近的波束中心：4.48 kW/m^2；地面波束中心：23 mW/cm^2
波束控制系统	反向波束有源相控阵
接收方式	10 km×13 km 整流天线（位于海上）

从发电所需的面积来看，单晶硅约为 10 km^2，非晶硅约为 11 km^2，非晶硅略大一些。但质量分别为 2 300 t 和 1 840 t，从这个角度，非晶硅更好一些。每种情况下太阳能电池阵的输出电压均为 200 VDC。与参考系统采用直流供电不同，日本版 SPS 采用 20 kHz 的交流电，向能量发射天线的传输电压为 30 kVAC。太阳能电池阵列与发射天线通过磁场耦合型旋转关节进行连接。与电耦合方式为物理接触型不同，磁场耦合方式为采用变压器技术的非接触型，可靠性较高，但前提条件是采用交流电传输。

除了考虑采用速调管的常规系统之外，还研究了采用场效应晶体管（Field Effect Transistor, FET）放大器（Solid State Power Amplifier, SSPA）的能量传输系统。波束密度分布采用与参考系统接近的高斯分布，发射天线边缘波束功率密度是中心波束功率密度的 1/8。采用 1 kW 级分布式子阵，使得子阵分割更为精细，为参考系统的 1/20，能够在 1° 的范围内进行波束方向控制。中央子阵采用 64 个输出 16 W、18 dB 增益的放大器，边缘子阵采用 8 个相同的放大器，以形成所需的波束功率密度分布。天线中心的功率密度为 4.48 kW/m^2，天线边缘的功率密度为 448 W/m^2。天线采用偶极天线，利用反射面作为散热面。能量传输用微波除考虑 2.45 GHz 外，还可以采用 5.8 GHz。

1.2.4　JAXA 2004 模型（2004 年）

从 1998 年开始，前日本宇宙开发事业集团（National Space Development of Agency of Japan，NASDA）将"美国空间太阳能电站系统的研究/审查"工作委托给三菱综合研究所。在 NASDA 变为日本宇宙航空研究开发机构（Japan Aerospace Exploration Agency，JAXA）后，该项工作依然由这个审查委员会继续负责。在 2003 年和 2004 年，考虑将镜面和发电/输电模块分离，采用编队飞行方式，从而取消反射镜支撑结构的可行性。正在研究一种将发电/输电模块分离或接近的 SPS 方案设计，以实现先进热控[7,8]。通过这些创新设计，增加了结构和散热的技术可行性，SPS 方案设计比以往更加可行。2004 年以后，JAXA SPS 选定这种编队飞行以及发电/输电模块分离类型，目前正在开展详细研究。JAXA 2004 模型采用相控阵+软件反向波束控制进行方向估计（Direction of Arrive，DOA）和波束方向控制。这种设计采用了使用半导体放大器的薄型集成结构（天线+微波电路等）和模块结构，在阵列中心和边缘采用不同参数（微波输出功率）的模块[9,10]。图 1.7 所示为 JAXA 2004 模型组成示意图，表 1.4 给出了 JAXA 2004 模型 SPS 系统设计参数。

图 1.7　JAXA 2004 模型
（编队飞行/发电与传输部分离类型）[7,8]

表 1.4　JAXA 2004 模型 SPS 设计参数

轨道	地球静止轨道 36 000 km
系统	主镜 2 个和 1 个能量传输模块，3 颗卫星进行编队飞行
质量	8 000 t（发电及能量传输模块）+1 000 t×2（主镜）
发电方式	太阳光发电

主镜	2.5 km×3.5 km×2 个
太阳能电池面积	1.2～2 km
发电功率	2 GW（地面 1 GW）
微波发射天线直径	1.8～2.5 km
DC-RF 转化效率	76%
无线能量传输方式	微波 5.8 GHz
微波功率密度	发射天线附近的波束中心：114.6 mW/cm²；地面波束中心：小于 100 mW/cm²
波束控制系统	反向波束有源相控阵
接收方式	2.45 km 整流天线
RF-DC 转化效率	85%

发射天线参数如图 1.8（a）所示，接收天线参数如图 1.8（b）所示，传输参数的确定是基于接收端的限制。

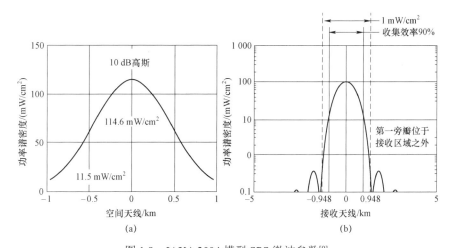

图 1.8　JAXA 2004 模型 SPS 微波参数[9]

（a）发射天线表面的微波功率密度分布；（b）接收天线表面的微波功率密度分布

1.2.5 日本 USEF 2006 模型（2006 年）

无人宇宙试验系统研究开发机构（Institute for Unmanned Space Experiment Free Flyer，USEF）正在从能源的角度研究 SPS[11]，该活动从 2000 财年开始。在 2000 年，受日本机械工业联合会委托，开展"空间太阳能电站系统调研"工作，以确定 SPS 的重要性以及 SPS 的国内外研究现状。2001—2003 年，受经济产业省委托，开展"空间太阳能电站系统实际应用技术研究"，将 SPS 定位为未来的电力替代能源，并从经济、环境和技术方面对于"空间太阳能电站"的实用性进行分析。同时，对于基本技术原型、演示验证系统以及特定 SPS 的开发计划进行研究。2004—2005 年，进行了地面微波电力传输的相关研究。从 2006 年开始，对 SPS 进行了再次审查，并交由发电及传输组和系统组进行详细的审查[12,13]。在此期间，还开展了各种试验研究。

由 USEF SPS 审查委员会审查的 SPS 方案采用重力梯度姿态稳定和绳系方式，包括数百万个发电 – 输电一体化结构板以及一个平台。这个 SPS 的特点包括：① 采用重力梯度稳定方式，保持姿态稳定状态不需要消耗能量；② 没有活动部件；③ 采用发电 – 输电一体化结构设计，可以通过对于多个平天线板进行在轨组装而成；④ 由于不采用聚光方式，因此散热相对容易。该方案设计的发电量为在地面上可以获得 1 GW 的电力，通过 5.8 GHz 微波进行无线能量传输，但由于采用这种构型设计，发电量在 1 天时间内会发生很大变化。选择简单结构还是稳定发电取决于系统的设计策略。2006 年以后，通过在天线表面上安装太阳能电池的设计来弥补这一缺陷，系绳的张力方式也得到了改进，以使其在空间更加稳定[14]。图 1.9 所示为 USEF SPS 构型图，SPS 参数见表 1.5。USEF SPS 的发电 – 输电一体化结构板如图 1.10 所示，其中最小单元为边长约 50 cm 的天线板，大量的基本单元天线板组合形成边长为 2.5 km 的 SPS。每个天线板为"三明治"结构，其中太阳能电池在一面，用于能量传输的相控阵天线在另一面，内部设备（如微波振荡器）安装在两面之间，天线板包括了夹层结构和集成电力传输单元。

表 1.5　USEF 2006 模型 SPS 参数汇总

轨道	地球静止轨道 36 000 km
系统	发电及能量发射模块+绳系姿态稳定系统
质量	31 000 t
发电方式	太阳光发电
太阳能电池面积	2.4 km×2.6 km
发电功率	2 GW（地面 1 GW）
微波发射天线直径	2.4 km×2.6 km
系绳长度	2～10 km
无线能量传输方式	微波 5.8 GHz

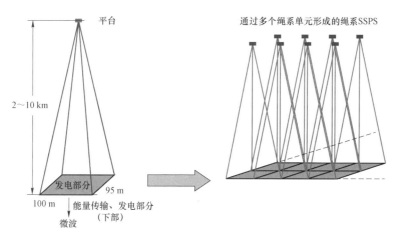

图 1.9　基于多平台系统的 USEF SPS

此后，USEF 受经济产业省委托对 SPS 进行持续的研究，委员会对于微波输电相关的研究和试验工作一直延续到现在。从 2009 年开始，成立了空间太阳能电站无线能量传输技术委员会，为 SPS 开发高效薄型微波输电系统，目标是在 2015 年开展微波输电地面试验验证。该项研究与前面 JAXA 正在开展的有关微波能量传输的精确波束控制试验研究关联。USEF 作为全日本的 SPS 研究中心，一直在积极地开展相关研究工作。

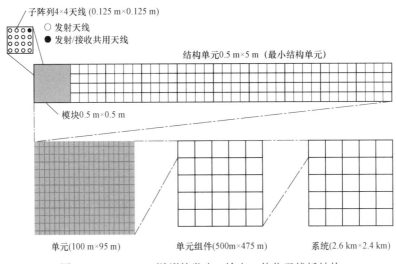

子阵列4×4天线 (0.125 m×0.125 m)
○ 发射天线
● 发射/接收共用天线

结构单元0.5 m×5 m（最小结构单元）

模块0.5 m×0.5 m

单元(100 m×95 m)　　　单元组件(500m×475 m)　　　系统(2.6 km×2.4 km)

图 1.10　USEF SPS[12,13]的发电－输电一体化天线板结构

1.2.6　日本示范 SPS 2000

参考系统和日本版 SPS 作为未来主力电站进行了可行性研究。而 SPS 2000 是针对中型结构 SPS 进行的详细研究，以验证日本的 SPS 技术。SPS 2000 于 1990 年由前日本空间科学研究所（Institute of Space and Aeronautical Sciences，ISAS，现为 JAXA）提出。图 1.11 所示为 SPS 2000 系统示意图。

SPS 2000 为三棱柱结构，运行在 1 000 km 上的赤道轨道，轨道周期为 6 810 s。其每天的能量传输接收次数为 8.4 次，每次的传输时间为 202 s。SPS 2000 利用 336 m×336 m×303 m 的三棱柱表面的太阳能电池板（非晶硅电池）产生电能，并利用安装在太阳能电池板中央的 132 m×132 m 的能量传输天线通过 2.45 GHz 微波将电力无线传输到地面，发电能力为 10 MW。整个系统重约 240 t，计划由 Ariane V 或 Proton 火箭发射。由于 SPS 2000 采用三棱柱形状，因此太阳能电池板不需要对日定向，因此不需要导电旋转关节。

能量传输天线采用缝隙天线。在参考系统中，能量传输天线的功率密度分布为高斯分布，但对于 SPS 2000，考虑到散热问题和其他限制，采用均匀功率密度分布。发射天线的最大功率密度为 574 W/m^2，地面上的最大功率密度为 0.9 mW/cm^2。其他详细参数如表 1.6 所列。

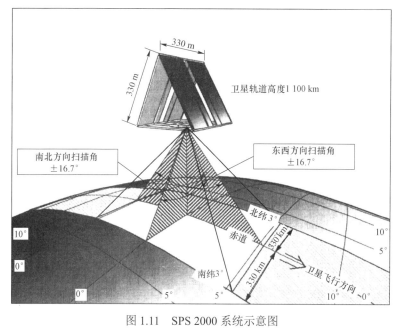

图 1.11　SPS 2000 系统示意图

表 1.6　SPS 2000 参数汇总

轨道	赤道轨道 1 100 km
质量	240 t
发电方式	硅或非晶硅太阳能电池
太阳能电池面积	336 m×303 m×3，正三棱柱结构
发电功率	16 MW（地面 10 MW，光照期发电）
微波发射天线	132 m×132 m，正方形
发电部分到能量发射部分的电力传输方式	1 000 V
无线能量传输方式	微波 2.45 GHz
微波产生方式	半导体（FET）放大器
微波功率密度	发射天线附近的波束中心：574 W/m²； 地面波束中心：0.9 mW/cm²
波束控制系统	反向波束有源相控阵
接收方式	带有反射镜的线状天线

SPS 2000 设计为在赤道国家建造接收整流天线并进行电力传输试验,整流天线设计与参考系统的区别在于:① 参考系统假设整流天线安装在北纬 35°,接收天线倾斜布置,而 SPS 2000 的接收天线为水平布置;② 由于单位面积整流天线接收的电能要少得多,因此需要显著大幅降低成本;③ 如果成本足够低,则寿命为 5~10 年是可以接受的。SPS 2000 是通往商业 SPS 的示范 SPS,对于国际合作而言,这是非常重要的 SPS 设计。

以上是典型的 SPS 设计,世界各国也提出、研究了其他多种 SPS 方案。

1.3 空间太阳能电站的结构

1.3.1 空间结构

空间结构是指在宇宙空间具有结构功能的机械系统,空间太阳能电站的结构也是一种空间结构。对于空间太阳能电站系统,结构的功能是"在一定时期内,持续保证安装太阳能电池的表面与太阳成一定的角度"。与地面结构不同,空间结构除了具有基本结构功能之外,还需要考虑进入空间的过程(发射)以及进入空间之后的环境(空间环境)所带来的需求。

发射环境决定了对于空间结构的四个典型需求:抵抗发射载荷的强度、刚度要求以及发射时的载荷尺寸和质量限制。首先,关于发射载荷的强度要求,发射载荷根据它们的频率分量分为准静态载荷、振动载荷和冲击载荷[1]。每种载荷取决于发射空间结构的火箭,但应注意,这些载荷也会随结构本身的特性而变化。例如,如果发射时空间结构的固有频率接近于火箭的固有频率和振动源频率,则空间结构上的振动负载可能会增加。因此为了降低强度要求,有时候也会要求给出火箭发射时对于空间结构的刚度要求。另外,提出刚度要求也是为了防止由于发射时的振动而引起过度变形。除了这些要求之外,火箭的整流罩尺寸决定了空间结构的发射尺寸,火箭的发射能力决定了发射载荷的质量。典型的 H-II 火箭的发射能力和整流罩尺寸如表 1.7 和图 1.12 所示。由于运载火箭确定的尺寸和质量限制,诸如空间太阳能电站之类的大型系统需要进行多次发射，并且在轨道部署和组装。

表 1.7　H-Ⅱ火箭的卫星发射能力

火箭发射轨道	H2A 202 4 S 整流罩质量/kg	H2A 204 4 S 整流罩质量/kg
地球静止转移轨道（GTO） 示例：近地点/远地点高度分别为 250 km 和 36 226 km	4 000	6 000
太阳同步轨道（SSO） 示例：轨道高度 800 km，轨道倾角 98.6°	4 400 （夏季除外）	—
近地轨道（LEO） 示例：轨道高度 300 km，轨道倾角 30.4°	10 000	—

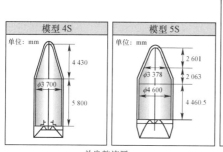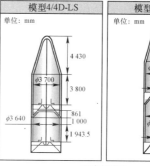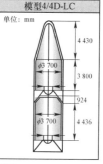

(a)

(b)

图 1.12　H-Ⅱ火箭整流罩
（a）各种整流罩 JAXA/MHI/KHI；（b）火箭发射形式 JAXA

发射入轨后的空间环境特征见表 1.8，除了高真空、微重力、太阳光压、特殊热环境外，还包括地磁场、辐射、紫外线、空间碎片/流星体等[3]。这些环境因素对空间太阳能电站的具体影响将在 1.3.4 小节中进行介绍。以下将对于这些空间环境进行概述。

表 1.8 空间环境特征

空间环境	特征与注意事项
高真空	空气密度随轨道高度呈指数下降。必须注意，在低轨道高度地区不能忽视空气阻力，大气模型包括 Jacchia，MET 和 MSIS
微重力	在卫星轨道上，离心力和重力在质心处于平衡，因此视在重力为零，重力模型代表包括 GEM
热环境	由于高真空和微重力环境，卫星会因日照/阴影而暴露在高温/低温环境下
地磁场	由于地磁场和卫星剩磁之间的相互作用而产生的地磁力矩可能是一个问题。IGRF 是地磁场模型之一
辐射	辐射会导致电子设备发生故障。它还对材料性能退化产生影响
太阳光	在地球附近，可以接收到的太阳光强度约为 1.3 kW/m^2；此外，卫星反射和吸收太阳光也会产生太阳光压
空间碎片	流星体的相对速度是几千米每秒，因此碰撞会导致设备损坏。较大的碎片具有较低的碰撞概率，但是对于大型结构而言，需要考虑可能的撞击影响

图 1.13 表示了轨道高度与大气密度之间的关系。大气对于空间结构的影响主要包括空气阻力、是否存在对流以及润滑 3 个方面。其中空间结构受到的空气阻力为

$$F_{air} = \frac{1}{2} C_D \rho A v^2$$

式中：C_D 为阻力系数；ρ 为大气密度；A 为截面积；v 为气流速度。

应该注意的是，大气密度随太阳活动和昼夜的不同而发生很大的变化。轨道高度为 100 km 的外层空间几乎是真空状态，无法通过对流进行热传递。来自太阳的平均输入热量约为 1 360 W/m^2，而宇宙背景辐射约为 3 K，因此在光照条件和阴影条件下会出现温度的急剧上升和下降。极高和极低的温度会导致过度的热变形和结构破坏，因此必须特别注意真空中的热设计。另外，由于润滑油会在真空中蒸发，因此机械部件滑动部分的润滑就成了问题。在没有润滑剂的情况下，同种金属在真空中滑动就会发生黏着，可能导致机构故障。常用的一种方法是使用固体润

滑剂，如二硫化钼。对于具有展开机构的大型结构，由于包括非常多的滑动部件，在设计时要特别注意滑动部件的润滑。

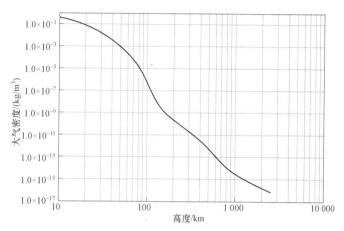

图 1.13　轨道高度和大气密度的计算示例（Jecchia Model，1977）

下面对环绕地球轨道上的重力进行说明。距离地球中心距离为 r 处的微小质量 $\mathrm{d}m$ 的重力为

$$F_{\mathrm{gravity}} = \frac{\mu}{r^2}\mathrm{d}m \tag{1.1}$$

式中：μ 为地心引力常数。

对于圆形轨道情况，离心力和重力在整个空间结构中保持平衡，如图 1.14 所示，有

$$\frac{\mu}{r^2} = r\omega^2 \tag{1.2}$$

式中：ω 为轨道角速度。

然而，对于空间结构的各个部分来说，距离质心更靠近地球位置的重力大于离心力，而距离质心更远离地球位置的离心力大于重力。重力和离心力之间的这种局部失衡被称为重力梯度力。对于如图 1.15 所示的空间细长结构，向上和向下的力共同起作用，与图 1.15（a）所示的姿态不同，当处于图 1.15（b）所示的姿态时，恢复力矩趋于使其回到图 1.15（a）所示的状态。相反，对于图 1.15（c）所示的姿态，当处于图 1.15（b）所示的姿态时，力矩将使其偏离图 1.15（c）所示的状态。因此，尽管图 1.15（a）和（c）中的姿态都处于平衡状态，但是图 1.15（a）

中的状态是稳定平衡点，而图 1.15（c）中的状态是不稳定平衡点。通过
适当的卫星惯性参数设计，由该重力梯度力产生的重力梯度力矩可用于
卫星的姿态稳定[4,5]。

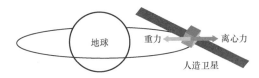

图 1.14　圆形轨道上人造卫星的重力和离心力的平衡

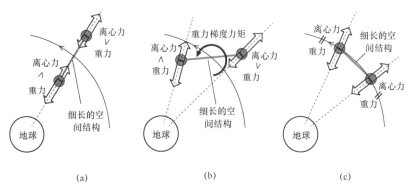

图 1.15　重力梯度力矩
（a）稳定平衡点；（b）重力梯度力矩；（c）不稳定平衡点

　　太阳光压是指物体吸收和反射太阳光产生的反作用力，该压力大小
取决于漫反射或是镜面反射。如果物体的太阳吸收率、漫反射率和镜面
反射率分别为 ρ_a、ρ_d 和 ρ_s，法线矢量为 $\boldsymbol{n}$，太阳光的入射方向为 $\boldsymbol{s}$，则太
阳光压可以表示为

$$P_{\text{solar}} = -P_c(\boldsymbol{n} \cdot \boldsymbol{s})\left\{(\rho_a + \rho_d)\boldsymbol{s} - \left(2\rho_s + \frac{2}{3}\rho_d\right)\boldsymbol{n}\right\} \tag{1.3}$$

式中：P_c 是与太阳辐射压力相关的常数，在地球附近 $P_c = 4.5 \times 10^{-6}$ N/m²。

　　除了上述重力梯度力矩和由于太阳光压产生的力矩外，由于空间结
构的地磁场和剩磁引起的磁力矩是空间结构姿态的主要干扰力矩。

　　除辐射和紫外线外，低轨道的原子氧还会导致空间结构的材料性能
退化[6]。特别是聚合物材料的性能由于紫外线而产生严重退化，因此除
碳纤维增强复合材料（Carbon Fiber Reinforced Polymer，CFRP）和玻璃
钢（Glass Fiber Reinforced Polymer，GFRP）等复合材料外，聚合物材料

很少用于结构强度构件。

最后是空间碎片，它是指在轨道上漂浮的各种大小的碎片。随着近年来卫星数量的增加，其数量正逐渐变得不可忽视[7]。尽管碰撞概率随碎片直径的增加而呈指数下降，但是即使是直径为 1 mm 的小金属片，其在低轨道时的速度约为 8 km/s，有足够的动量穿透轻质"三明治"结构板。对于大型空间结构，有必要计算空间碎片的碰撞概率并进行适当的防护设计，包括冗余系统和碎片防护结构。

1.3.2　对空间太阳能电站结构的要求

对于空间太阳能电站结构，除了普通的空间结构要求外，还有一些特殊要求，需要同时实现对日定向和对地面接收站的定向、尺度到达千米级的表面的形状保持要求，以及在轨展开和组装功能。

如果允许降低系统效率或使用大容量的蓄电池，就不需同时实现对日定向和对地面接收站定向。但是，为了使发电效率最大，必须将发电表面指向太阳（图 1.16），并且控制巨大的反射面相对于太阳的旋转（图 1.17）。另外，为了有效地将电能传输到地面，应将能量传输表面指向地面，并连续传输电力，当使用大容量蓄电池时，仅在能量传输表面指向地面的时间内传输电力。为了实现这两个对指向性的矛盾要求，可以考虑采用发电表面和能量传输表面相对旋转或采用反射表面旋转的系统。但是，前者需要导电滑环，该滑环要求在相对旋转的系统中传输大电流，难以实现；后者需要超大型结构系统的相对旋转，并且必须注意转动的角度。

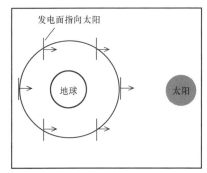

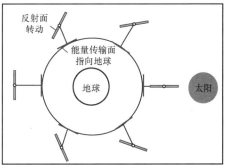

图 1.16　发电面指向太阳　　图 1.17　反射面转动使得能量传输面指向地球

下面将对边长达到数千米的表面的形面维持要求以及展开和组装功能进行描述。目前最大的空间结构是国际空间站，其尺寸约为 100 m。即使对于这个国际空间站，也需要数十次的发射和 10 年以上的组装时间[8]。而空间太阳能电站对于发电量的需求巨大，发电表面或反射镜表面的尺度达到千米量级。因此，除了降低结构质量并提高收纳效率以外，在轨道上的自动展开和组装也是必不可少的。特别地，在展开和组装过程中，除了自主展开和交会对接技术以外，如何在构建过程中稳定姿态、保持低阶固有频率，以及在构建过程中进行部分功能的运行，都是重要的问题。而且，即使在建造完成后，这种尺度结构系统的维护和运行也不容易。为了维持发电和能量传输面所需的表面精度[9]，必须有足够的刚度承受轨道上施加的载荷，并且能够抑制热变形。另外，结构应具有的刚度与姿态控制系统和轨道控制系统密切相关，这是因为不正确的周期性姿态控制或轨道控制可能会引起结构的振动并导致不允许的变形。特别当进行千米级空间结构的姿态控制和轨道控制时，假定采用分布式推进器，必须要注意这些推力器的不同步性和不均匀性很容易激发结构振动。因此，尽可能采用被动姿态和形状控制以提高系统的可靠性。

以上是对空间太阳能电站结构的要求，对于具体系统将在 1.3.4 小节进行描述。

1.3.3　过去研究的空间太阳能电站的结构特征

1.2 节介绍了过去研究的空间太阳能电站系统，下面从结构的角度分析这些电站的特点。

美国 SPS 参考系统中的发电部分和能量传输部分是相互独立的，发电部分指向太阳，而传输部分指向地球。为了在该系统中实现发电部分指向太阳，必须增加一个抵抗 1.3.1 小节中所述重力梯度力矩的控制力矩。对于采用诸如推力器之类的燃料消耗系统，长期运行中所增加的质量成为问题。重力梯度力矩是周期性的，因此，从理论上可以通过与动量轮交换力矩来抑制重力梯度力矩而不消耗燃料，但是需要增加的规模（质量）并不现实。另外，由于结构不对称，为了稳定姿态，还存在需要抵消太阳光压的问题。结构的特点是发电表面由相对刚性的大型桁架结构支撑，该桁架采用最小构件长度为 2 m 的桁架结构，最后通过四周为

20～50 m 的大型桁架梁最终构建成长度为数百米或更长的桁架结构。基本的梁单元和大型桁架梁设想在轨道上自动组装，但估计需要 600 名工人进行 6 个月的建造。

美国 SPS Fresh Look 研究的太阳塔系统的特点在于整体通过重力梯度力矩实现对地的姿态稳定[11]。这种结构的中心约为 15 km 长的塔，每隔约 100 m 间隔排列直径 50～60 m 的发电模块，也可以被看成是一种绳系卫星[12]。因为不需要主动控制，该系统具有很高的可靠性。由于能量传输天线位于塔的下端（指向地心），与参考系统一样，远距离的传输电缆（最长 15 km）是一个难题。

SPS 2000 是最早提出的日本版 SPS 之一，以技术验证为目的，采用了边长约为 300 m 的三棱柱桁架结构，利用重力梯度力矩实现姿态稳定[13]。与太阳塔类似，其特点是不需要采用主动姿态控制。利用三棱柱的 2 个侧面发电，通过布置在面向地心方向一侧的发射天线进行能量传输。尽管与具有太阳定向的发电面相比发电效率较低，但其优点是不需要用于大电流传输的大型导电滑环。然而，由于发电面和能量传输面是分离的，所以需要较长的传输电缆，这将成为下一步实现大型化时需要解决的问题。

JAXA 2004 通过编队飞行的方法实现发电部分和能量传输部分两种不同指向性（太阳指向和地球指向）（图 1.18），是一个划时代的模型[14,15]。两个反射镜与主卫星系统分开，太阳光压用于维持轨道以减小所需燃料。

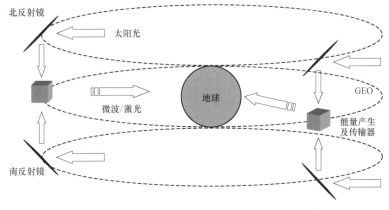

图 1.18　JAXA 2004 模型（SSPS 编队飞行）[14,15]

一直被考虑为扰动力的太阳光压，作为维持反射镜轨道的力进行利用，这一点是独特的。但对反射镜支撑结构的轻量化要求非常严格，为0.1～0.3 kg/m²。如何满足减轻重量的要求以及刚性的要求，以实现反射镜的形状精度是一个难题。此外，由于镜面反射镜进行编队飞行，轨道控制系统需要非常高的可靠性。

1.3.4　USEF 2006 模型的结构特点

USEF 2006 模型的特点包括：发电面与能量传输面实现一体化、利用重力梯度力矩进行姿态稳定、并用于保持发电输电板的形状（图1.19，表 1.9）[16]。它可以看作是由多个系绳支撑的悬索结构，卫星通过重力梯度力矩指向地球以保持姿态稳定。尽管从发电效率角度来看仍然存在问题，但是系统结构简单、可靠性高，而且没有转动部分。另外，由于它的发电面和能量传输面为一体化结构，因此不需要长的输电电缆。此外，由于不存在聚光，而且能量传输表面与发电表面面积相同，所以系统不易产生热量集中。

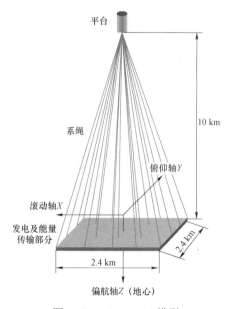

图 1.19　USEF 2006 模型

表 1.9 USEF 2006 模型主要参数

全部	尺寸/m	长 2 400	宽 2 600	高 10 000
	质量：M/t	32 290		
平台	尺寸/m	直径 $2r_b$ 10	高度 h_b 15	
	质量：m_b/t	1 000		
发电及能量传输部分	尺寸/m	长 L_y 2 400	宽 L_x 2 600	厚度 0.1
	面积：A_p/m²	6 240 000		
	质量：m_p/t	31 200		
	发电部分（上下面），能量传输部分（下面）			
系绳	长度：l/m 质量：m_t/t	10 000 90		

除了基本的基线方案外，还对于包括反射镜、上下对称结构和多系绳/多平台系统等方式进行了研究（图 1.20）。带反射镜的模型主要希望通过利用反射镜旋转指向太阳，以稳定发电量。由于采用反射镜旋转而不是发电输电板的旋转，因此不需要导电旋转关节，但由于大型结构需要在轨道连续旋转，所以转动部件的润滑成为问题。上下对称结构的优点是，系绳更为紧固，并且在理想状态下发电输电板位置处的重力梯度力为零，但需要考虑系绳位于能量传输侧对于能量传输的影响以及增加的系统复杂性。对于多系绳/多平台系统，每个模块的独立性变得更加突出，并且降低了组装期间操控系绳的难度，但是系统的固有频率可能会降低。下面针对图 1.19 所示的基线类型给出 4 个方面的研究结果：① 利用重力梯度力矩消除轨道扰动力的影响，维持系统稳定；② 组装过程中的稳定性；③ 组装过程中的交会对接；④ 固有频率和热变形。

1. 利用重力梯度力矩消除轨道扰动力的影响，维持系统稳定

轨道摄动在 1.3.1 小节进行了描述，USEF 2006 模型的具体计算参数在表 1.9 中给出。首先，按照大小顺序对应的系统转动惯量分别为：

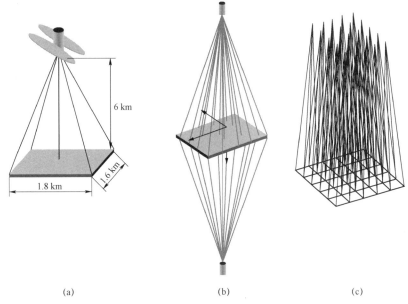

图 1.20　USEF 2006 模型的类型

（a）带反射镜；（b）上下对称结构；（c）多系绳/多平台系统

俯仰（$I_y = 1.17 \times 10^{14}$ kg·m²）、滚动（$I_x = 1.15 \times 10^{14}$ kg·m）和偏航（$I_z = 3.26 \times 10^{13}$ kg·m²），该系统利用重力梯度力矩通过被动方式实现对地姿态的稳定。通过线性逼近，得出姿态倾角较小的重力倾斜稳定卫星的运动方程为

$$\begin{cases} I_x \ddot{\theta}_{\text{roll}} = -4\omega^2 (I_y - I_z)\theta_{\text{roll}} + \omega(I_x - I_y + I_z)\dot{\theta}_{\text{yaw}} \\ I_y \ddot{\theta}_{\text{pitch}} = -3\omega^2 (I_x - I_z)\theta_{\text{pitch}} \\ I_z \ddot{\theta}_{\text{yaw}} = -\omega^2 (I_y - I_x)\theta_{\text{yaw}} - \omega(I_x - I_y + I_z)\dot{\theta}_{\text{roll}} \end{cases} \tag{1.4}$$

式中：ω 为轨道角速度；θ_{roll}，θ_{pitch}、θ_{yaw} 为欧拉角；$\dot{\theta}$、$\ddot{\theta}$ 分别表示时间的一阶和二阶导数。

由此，用于姿态调整的恢复力矩由前面给出的惯量和轨道角速度 ω 的值得出：

$$\boldsymbol{N}_g = \begin{bmatrix} -4\omega^2 (I_y - I_z)\theta_{\text{roll}} \\ -3\omega^2 (I_x - I_z)\theta_{\text{pitch}} \\ -\omega^2 (I_y - I_x)\theta_{\text{yaw}} \end{bmatrix} \tag{1.5}$$

姿态的主要扰动力包括太阳辐射压力、空气阻力（低轨道）和残余磁力矩（低轨道），具体如下：

太阳光压力矩（绕俯仰轴）：$4.5 \times 10^3 \mathrm{~N \cdot m}$

空气阻力矩（绕俯仰轴）：$1.0 \times 10^3 \mathrm{~N \cdot m}$

残余磁力矩（假设为参考文献［17］中的Ⅲ类剩磁）：$81 \mathrm{~N \cdot m}$

其中，太阳光压力矩最大，上述平衡恢复力矩对应的姿态变化在地球同步轨道为 0.2°，在近地轨道（500 km）为 0.001°。从恢复力矩计算式可以得出，在稳定状态下，相对于轨道上的扰动力矩，恢复力矩是足够大的。

2. 组装过程中的稳定性[18]

在 USEF 2006 模型中，假设将 100 m×100 m 的发电输电板作为一个模块，通过多次发射将它们运输到轨道，并通过在轨道上的交会对接进行组装。组装时的原则是保持左右、前后的对称性，并保持在重力梯度稳定范围内（围绕俯仰轴的惯量始终最大，而偏航轴则最小）。实际上，可以根据发电输电板的组装顺序、平台部分的扩展以及系绳的扩展考虑多种组合。在这里特别给出发电输电板的典型装配顺序，并介绍了每种情况下的稳定性。

发电输电板的组装顺序有多种，但考虑到应满足上述的对称性和重力梯度稳定性，典型的包括从中心部分开始成行组装的线形组装方式和外形成十字形状组装的十字形组装方式，典型示例如图 1.21 所示。

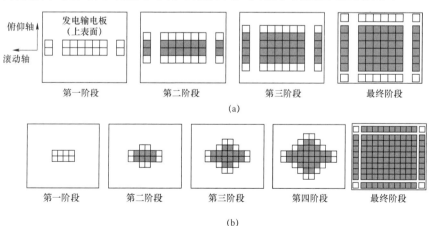

图 1.21　发电输电板的组装顺序示例

（a）线形组装；（b）十字形组装

对于线形组装和十字形组装，图1.22～图1.24分别表示了每个组装阶段的姿态运动的转动惯量和固有频率（与轨道角速度的比表示）、静止轨道重力梯度力矩和扰动力矩的平衡姿态角。

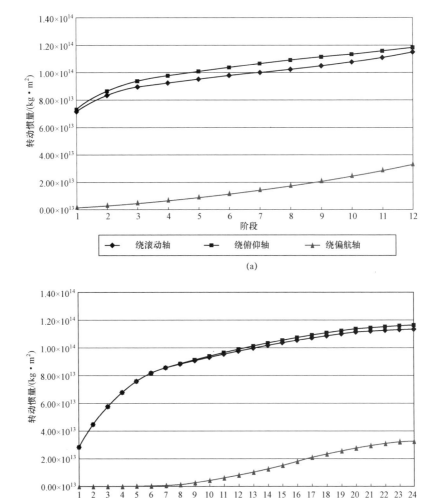

图1.22　各组装阶段的转动惯量

（a）线形组装；（b）十字形组装

从图1.23可以看出，对于线形组装，在组装初期阶段，绕偏航轴姿态运动的固有频率与轨道角速度一致。这是因为在组装的初始阶段，滚动轴方向上的发电输电板长度比俯仰轴方向上的长度长，转动惯量近似为 $I_y - I_x \approx I_z$。当固有频率和轨道角速度彼此相同或非常接近时，可能会发生与轨道运动相关扰动的共振。因此，当采用这种组装方式时，在组装的初始阶段需要进行主动姿态控制。

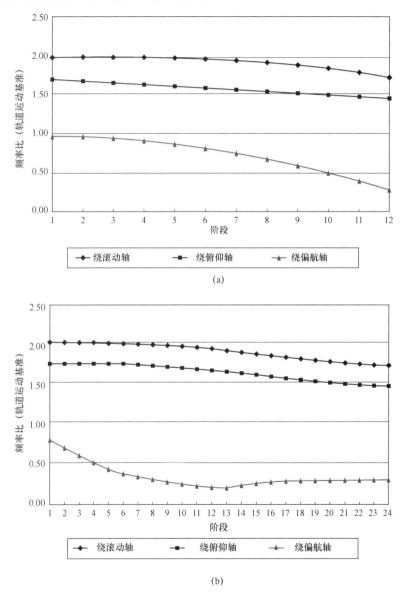

(a)

(b)

图 1.23　每个组装阶段姿态运动的固有频率（表示为与轨道角速度之比）
（a）线形组装；（b）十字形组装

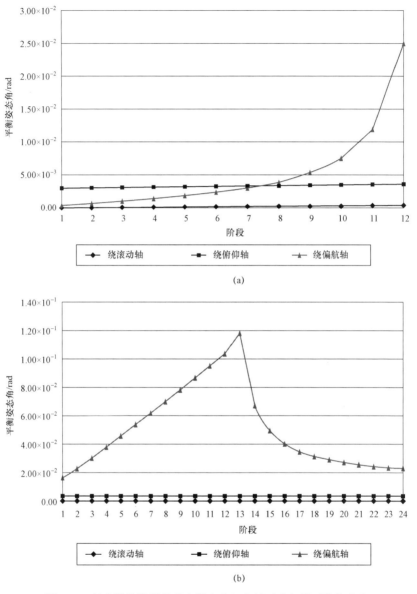

图 1.24　每个组装阶段的重力梯度力矩和扰动力矩的平衡姿态角

（a）线形组装；（b）十字形组装

　　从图 1.24 可以看出，十字形组装过程中绕偏航轴的平衡姿势角明显增加。这是因为对于十字形组装情况，组装过程中绕滚动轴和俯仰轴的惯性矩比接近 1。可以通过增加发电输电板的长宽比（基准模型中为 2.4:2.2）来增加恢复力矩。假设发电输电板的长宽比为 1.56:1，在每个组装阶段以相似的形状增加发电输电板，并且系绳长度也按比例延长（图 1.25），图 1.26 显示了该情况下的固有频率和平衡姿态角。在这种情况下，固有频率与轨道角速度的倍数不一致，可以在扩展阶段抑制绕偏航轴的平衡姿态角的增大。但是，在扩展初期，可以确定绕偏航轴的平衡姿态角会增大。对于类似形状的组装，各组装阶段 N 中由于重力梯度力矩产生的恢复扭矩 τ_r 和由于太阳光压引起的扰动力矩 τ_d 近似为

$$\tau_r \propto m_N L_N^2 \propto N^4, \tau_d \propto L_{x\_N} L_{y\_N} x_N \propto N^3 \qquad (1.6)$$

式中：m_N、L_N、L_{x_N}、L_{y_N}、x_N 分别为组装阶段 N 的总质量、系统代表性长度、发电输电板滚动轴的轴向长度、发电输电板俯仰轴的轴向长度以及系统质心到发电输电板中心的距离。

根据该近似公式，由于恢复力矩以 4 次方增加，扰动力矩以 3 次方增加，因此即使在组装的最后阶段恢复力矩足够大，也必须在组装初始阶段特别注意。

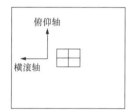
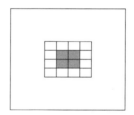
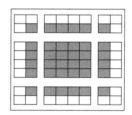

图 1.25　发电输电板的组装顺序（相似形组装）

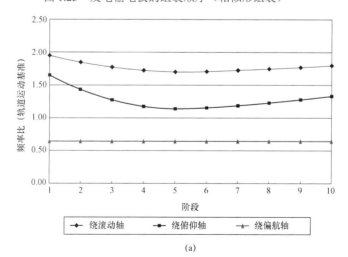

(a)

图 1.26　相似形状组装方式每个组装阶段的频率比和平衡姿态角

（a）固有频率（与轨道角速度之比）

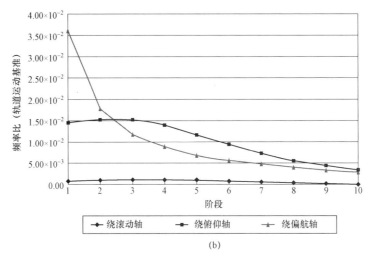

（b）

图 1.26　相似形状组装方式每个组装阶段的频率比和平衡姿态角（续）
（b）平衡姿势角和干扰

3. 组装时的交会对接[19]

在轨交会对接（RVD）是上述组装过程必不可少的一项技术。在此，对于 RVD 的动力学原理以及用于构建基线模型的 RVD 方法进行说明。在对接前交会飞行的最后阶段，两个卫星彼此靠近，两者的相对运动极为重要。因此，通常需要描述进行 RVD 时交会卫星相对于目标卫星的运动。其中，位于轨道的卫星系统称为目标卫星，而拟组装的模块称为交会卫星。首先，给出目标卫星在圆形轨道上运行时交会卫星的相对运动方程（图 1.27）。交会卫星与目标卫星的相对位置在轨道坐标系下表示为 x_r、y_r、z_r。假设由推力引起的加速度为 a_x、a_y、a_z，轨道角速度为 ω，则相对运动方程式（Hill's Equation）可以表示为

$$\begin{cases} \ddot{x}_r - 2\omega\dot{z}_r = a_x \\ \ddot{y}_r + \omega^2 y_r = a_y \\ \ddot{z}_r + 2\omega\dot{x}_r - 3\omega^2 z_r = a_z \end{cases}$$

式中，包含 y_r 方程与包含 x_r、z_r 的方程不耦合，因此可以进行独立求解。下面，针对推力等外力引起的加速度 $a_* = 0$ 的情况进行计算。

为了理解在轨道坐标系下对应的运动特性，以轨道坐标系的原点为初始状态。图 1.28 中给出两个轨道，X 轴方向（滚动轴，前进方向）上初始速度为 -0.1 m/s 的实线轨道（V–bar），以及 Z 轴方向（偏航轴，

地心方向）上初始速度为 -0.1 m/s 的虚线轨道（R－bar）。图 1.28 显示了在轨道坐标系下交会卫星的轨道，前进方向对应 X 轴，向下方向对应 Z 轴（地心）。每个轨道都是周期运动，其周期与目标卫星的轨道周期一致。

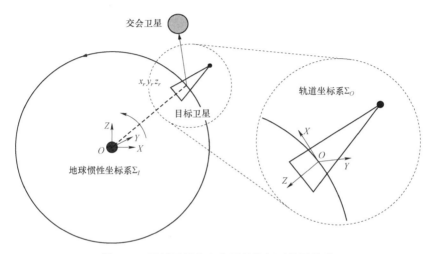

图 1.27　目标卫星和交会卫星的相对位置关系

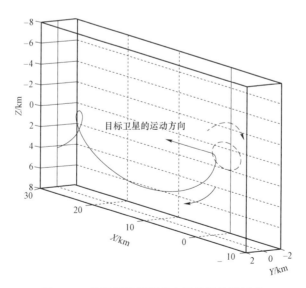

图 1.28　轨道坐标系下交会卫星的轨道运动

在 USEF 2006 基准模型中，平台部分位于质心的 $-z$ 侧，发电输电板位于 $+z$ 侧。因此，即使没有初始速度，平台位置的交会卫星也会沿 $-x$ 方向后退，而位于发电输电板的交会卫星将沿 $+x$ 方向前进。交会卫星的轨道运动方式非常复杂，在此不详细说明，仅给出轨道规划的原则。

（1）交会卫星 RVD 与目标卫星位于同一轨道平面，以防止在 y 轴方向上产生振动。

（2）视目标卫星的形状而定，RVD 轨迹通过下方区域一般没有干扰。

（3）交会卫星从后方接近，更容易从下方通过。

（4）如果建设中的在轨系统处于运行状态，则微波会从发电输电板的下表面发射以进行能量传输，因此在发电输电板的下方进行 RVD 存在障碍。

假设正在构建的 SPS 后方配置 RVD 接口，交会卫星从后方接近，图 1.29 表示了这样的 RVD 过程示例。实线轮廓是以图 1.28 中 x 轴方向上初始速度为 -0.1 m/s 的轨道（V–bar）接近目标卫星的轨道。而虚线轮廓是以比目标卫星更低的轨道接近目标卫星，并在某一时刻沿 $-z$ 轴方向启动推力器，从而形成类似于图 1.28 中虚线的圆形过渡轨道（R–bar）。最后，点画线轮廓是对于类似图 1.28 中虚线的圆轨道（R–bar），以一定的周期脉冲变化的轨道，逐渐接近目标卫星。尽管 RVD 接口的位置可能位于发电输电板的后部或前部，但有必要考虑上述因素以进行合适的 RVD 规划。

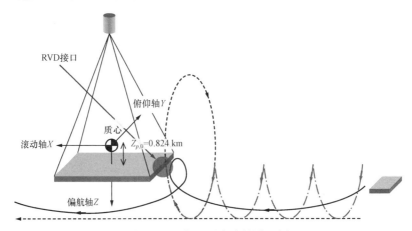

图 1.29　目标卫星交会轨道示例

4. 固有频率和热变形

对于由多根系绳支撑发电输电板的卫星的固有频率和热变形进行说明。图 1.30 所示为地球静止轨道上的低阶固有频率和模态（发电输电板）（为便于计算，按照基线模型大小的 0.6 倍得到的系统数值分析结果）。由于它由多根系绳支撑，因此不会产生仅支撑板四个角的一阶弯曲模式，并且固有频率要高于该尺寸的普通平板。

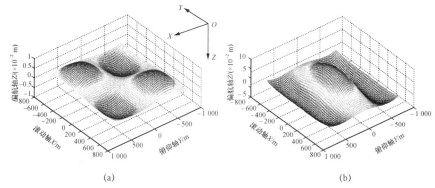

图 1.30　静止轨道上的低阶固有频率和模态（发电输电板）
（a）一阶模态（6.18×10^{-3} Hz）；（b）二阶模态（6.22×10^{-3} Hz）

但是，如果轨道上的发电输电板的上下表面存在温差，则可以预期发电输电板会由于双金属效应而发生翘曲，从而导致多数系绳的松弛。如果在地球静止轨道上的温差为 -0.1 ℃，则发电输电板的变形如图 1.31 所示。发电输电板的四个角会上升约 10 m，除中间一部分系绳外的系绳会变得松弛。在这种情况下，固有频率会下降超过一个数量级，

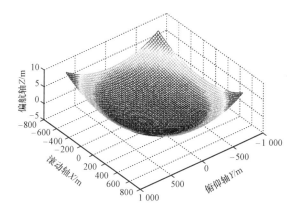

图 1.31　发电输电板热变形示例（表面与内部温差为 -0.1 ℃）

且模态差异很大（图1.32）。通过将 100 m×100 m 模块板之间仅在四个角处进行连接而不采用刚性连接的方式，已确认可以抑制这种大规模的热变形和系绳松弛。图1.33 显示了采用这种连接时的热变形（对应于图1.31），可以看出变形小于 1 m。

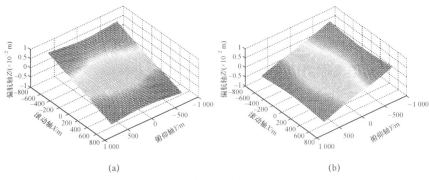

图1.32　热变形时的固有频率和模态形状（多根系绳）

（a）一阶模态（1.65×10^{-4} Hz）；（b）二阶模态（1.74×10^{-4} Hz）

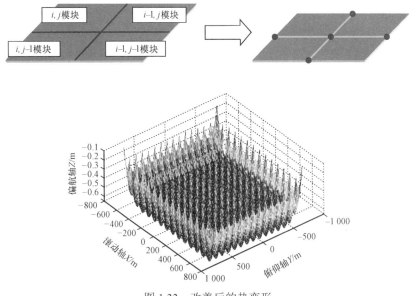

图1.33　改善后的热变形

另外，在 USEF 2006 模型中，姿态是通过重力梯度力矩来实现被动稳定的，不考虑主动控制，但是如果要进行姿态控制，必须要注意结构的固有频率。对于普通卫星，要将姿态控制系统的频率范围设置为低于结构的固有频率，以保证姿态控制输入不会激发结构振动。但是，由于

固有频率仅为 10^{-3} Hz 量级，在这么低的频率范围内进行姿态控制是非常困难的。因此，必须同时进行姿态控制和结构设计，并且要注意用于控制的执行器的干扰特性。

5. 总结

以上以 USEF 2006 模型为例，介绍了在轨系统的机械特点，还进行了多种评估分析，例如对发射负荷的承载力评估、对接载荷的强度评估、对轨道和姿态控制输入的响应、展开/组装机构的设计以及维修更换方法等，通过多种评估研究其可行性。

参考文献

1.1 空间太阳能电站概述

［1］Glaser, P. E., "Power from the Sun; Its Future," Science, No. 162, pp.857－886, 1968.

［2］株式会社三菱総合研究所 , "2007 年度宇宙航空研究開発機構委託業務「宇宙エネルギ 一利用システム総合研究」," March 2008.

［3］Brown, W. C., "The history of power transmission by radio waves," IEEE Trans. Microwave Theory and Techniques, MTT－32, No.9, pp. 1230－1242, 1984.

［4］Tesla, N., "The transmission of electric energy without wires," The thirteenth Anniversary Number of the Electrical World and Engineer, March 5th, 1904.

［5］Tesla, N., "Experiments with Alternate Current of High Potential and High Frequency", McGraw Pub. Co., N. Y., 1904.

［6］Matsumoto, H., "Research on Solar Power Station and Microwave Power Transmission in Japan:Review and Perspectives", IEEE Microwave Magazine, pp.36－45, Dec.2002.

［7］Matsumoto, H, I. Kimura, "Nonlinear Excitation of Electron Cyclotron Waves by a Monochromatic Strong Microwave:Computer Simulation Analysis of the MINIX Results," Space Power, vol.6, pp.187－191,

1986.

［8］Kaya, N., H. Matsumoto, R. Akiba, "Rocket Experiment METS Microwave Energy Transmission in Space,"Space Power, vol.11, No.1&2, pp.267－274, 1993.

［9］Kaya, N., M. Iwashita, K. Tanaka, et al., "Rocket Experiment on Microwave Power Transmission with Furoshiki Deployment," Proc. of IAC2006, IAC－06－C3.3.03.pdf, 2006.

［10］松本紘，賀谷信幸，藤田正晴，藤野義之，藤原暉雄，佐藤達男，"MILAX の成果と模型飛行機，"第 12 回宇宙エネルギーシンポジウム講演集，pp.47－52, 1993.

［11］Homma, Y., T. Sasaki, K. Namura, et al., "New Phased Array and Rectenna Array Systems for Microwave Power Transmission Research," Proc. of 2011 IEEE MTT－S International Microwave Workshop Series on Innovative Wireless Power Transmission: Technologies, Systems, and Applications (IMWS－IWPT2011), pp.59－62, 2011.

［12］http://www.kantei.go.jp/jp/singi/utyuu/keikaku/keikaku.pdf

［13］http://www.kantei.go.jp/jp/singi/utyuu/keikaku/pamph_wa.pdf

［14］Shinohara, N., "Power without Wires,"IEEE Microwave Magazine, vol.12, No.7, pp.S64－S73, 2011.

［15］篠原真毅監修，"ワイヤレス給電技術の最前線，"シーエムシー出版，2011.

［16］"ワイヤレス給電のすべて"，日経 BP 社，2011.

1.2 　过去研究的空间太阳能电站系统

［1］DOE and NASA report, "Satellite Power System; Concept Development and Evaluation Program," Reference System Report, Oct.1978.

［2］Koomanoff, F. A., "Satellite power system concept development and evaluation program," The assessment process, Proc. DOE/NASA SPS Program Review, DOE Report CONF－800491, pp.15－20, 1980.

［3］電波研究所，"電波研究所季報：太陽発電衛星（SPS）特集号，"vol.28, No.148, Dec.1982.

［4］Sancoti, M. L., et al., "Space solar power: A fresh look feasibility study? Phase I report," Report SAIC－96/1038(Space Applications International

Corporation for NASA LeRC Contact NAS3−26565, Schaumburg, Illinois), 1996.

［5］Mankins, J. C., "A fresh look at the concept of space solar power," proceeding of SPS'97, S7041, (in Montreal), 1997.

［6］株式会社三菱総合研究所，"新エネルギー・産業技術総合開発機構委託研究，宇宙発電システムに関する調査研究," March 1992, March 1993, March 1994.

［7］株式会社三菱総合研究所，"宇宙航空研究開発機構委託業務「宇宙エネルギー利用システム総合研究」," March 2004.

［8］森雅裕，香河英史，斉藤由佳，長山博幸，"JAXA における宇宙エネルギー利用システムの研究状況,"　第 7 回 SPS シンポジウム講演集，pp.132−137, 2005.

［9］株式会社三菱総合研究所，"2007 年度宇宙航空研究開発機構委託業務「宇宙エネルギー利用システム総合研究」," March 2008.

［10］藤田辰人，森雅裕，久田安正，福室康行，木皿且人，瀬在俊浩，吉田裕之，鈴木拓明，"JAXA における宇宙エネルギー利用システム(SSPS)の研究現状,"　信学技報 SPS2008−01(2008−04), pp.1−4, 2008.

［11］http://www.usef.or.jp/

［12］三原荘一郎，斉藤孝，小林裕太郎，金井宏，"SSPS に関する USEF の活動状況（2006），"　信学技報 SPS2007−01(2007−04), pp.1−6, 2007.

［13］小林裕太郎，三原荘一郎，斉藤孝，金井宏，"SSPS に関する USEF の活動状況,"　信学技報 SPS2008−02(2008−04), pp.5−10, 2008.

［14］Sasaki, S., K. Tanaka, K. Higuchi, et al. "A New Concept of Solar Power Satellite:Tethered−SPS," Acta Astronautica, vol.60, pp.153−165, 2006.

［15］SPS2000 タスクチーム，"SPS2000 概念計画書,"宇宙科学研究所，1993.

1.3　空间太阳能电站的结构

［1］Thomas P. Sarafin, et al., "Spacecraft Structures and Mechanisms−From Concept to Launch−," Kluwer Academic Publishers, 1995.

［2］ http://www.jaxa.jp/pr/brochure/pdf/01/rocket01.pdf

［3］ Vincent L. Pisacane, "The Space Environment and Its Effects on Space Systems," AIAA Education Series, 2008.

［4］ Thomas R. Kane, Peter W. Linkns, David A. Levinson, "Spacecraft Dynamics," McGraw Hill, 1983.

［5］ Kosei Ishimura, Ken Higuchi, "Coupling among Pitch Motion, Axial Vibration, and orbital Motion of Large Space Structures," ASCE, Journal of Aerospace Engineering, vol.21, no.2, pp.61－71, 2008.

［6］ 宇宙開発事業団，"MDF 材料曝露実験成果報告書，" NASDA－TMR－000011, 2001.

［7］ Technical Reports on Space Debris, United Nations, 1999.

［8］ G. H. Kitmacher, W. H. Gerstenmaier, J. F. Bartoe et al., "The international space station:A pathway to the future," Acta Astronautica, vol.57, pp.594－603, 2005.

［9］ （財）無人宇宙実験システム研究開発機構，宇宙太陽発電システム実用化技術調査研究，宇宙太陽発電システム（SSPS）実用化技術検討委員会専門委員会，"SSPS 実証実験システム概念検討書," March 2003.

［10］ Reference System Report, "Satellite Power System Concept Development and Evaluation Program Reference System Report.," DOE/ER－0023, 1978.

［11］ J. C. Mankins, "A Technical Overview of the "SUNTOWER" Solar Power Satellite Concept," Acta Astronautica, vol.50, no.6, pp369－377, 2002.

［12］ V. V. Beletsky, E. M. Levin, "Dynamics of Space Tether Systems," Advances in the Astronautical Sciences, vol.83, 1993.

［13］ SPS 2000 タスクチーム，"SPS 2000 概念計画書,"宇宙科学研究所，1993.

［14］ N. Takeichi, H. Ueno, M. Oda, "Feasibility Study of a Solar Power Satellite System Configured by Formation Flying," Acta Astronautica, vol.57, Issue 9, pp.698－706, 2005.

［15］ N. Takeichi, H. Ueno, M. Oda, "Solar Power Satellite System Configured by Formation Flying," Proceedings of The 4th International Conference on Solar Power from Space－SPS' 04, 2004.

［16］S. Sasaki, K. Tanaka, K. Higuchi, et al., "A New Concept of Solar Power Satellite: Tethered－SPS," Acta Astronautica, vol.60, pp.153－165, 2006.

［17］"Spacecraft Magnetic Torques," NASA SP－8018, 1969.

［18］石村康生，高井伸明，佐々木進，"重力傾斜安定型太陽発電衛星の外乱環境下での組立手順の検討，"宇宙技術，vol.4，pp.15－20，2005.

［19］（財）無人宇宙実験システム研究開発機構，宇宙太陽発電システム（SSPS）実用化技術検討委員会，"平成 15 年度 SSPS 実用システム案の検討報告書，"March 2004.

第 2 章　空间太阳能电站微波无线能量传输技术

2.1　能量传输系统

2.1.1　引言

毫无疑问，相控阵在微波无线能量传输和 SPS 的设计中是必不可少的。尽管通过使用直径为千米级的抛物面天以机械扫描方式来控制波束指向，可以进行微波无线能量传输，但是其精度和控制速度根本不能达到实用要求。因此，通过电控进行波束形成的相控阵就成为实现 SPS 的关键。

对于实现相控阵应采用微波振荡器方法还是放大器方法，已经争论了 40 年，其核心是采用"电子管"还是"半导体"器件。如第 1 章所述，DOE/NASA 参考系统（20 世纪 70 年代的 SPS 系统）最初是基于当时的技术——速调管设计的；而 Brown 在 20 世纪 60 年代的许多试验都使用了磁控管。随着半导体技术日新月异的发展以及信息通信产业的发展，近年来 SPS 的设计主要以半导体技术为基础，但尚未达到微波无线能量传输所要求的效率，因此上述争议尚无定论。争论的焦点在于用于微波无线能量传输的微波振荡器、放大器必须首先具有高效率，并且必须同时有利于构建高精度相控阵，以用于向运动目标或从运动目标进行无线电力传输。波束控制和高效率是微波能量传输的必然要求。目前，磁控管的效率已达到 70%或更高。但是，由于微波功率器件的输出高达数百瓦或更高，因此有必要在输出级中应用功率分配器和移相器，以使设计的相控阵不产生栅瓣。由于目前功率分配器和移相器的损耗较大，因此必须开发低损耗的功率分配器和低损耗的移相器，以便采用磁控管设计相控阵。半导体功率放大器是相控阵的最佳选择，但是在效率和功率方面却落后于电子管。图 2.1 总结了这些技术途径。

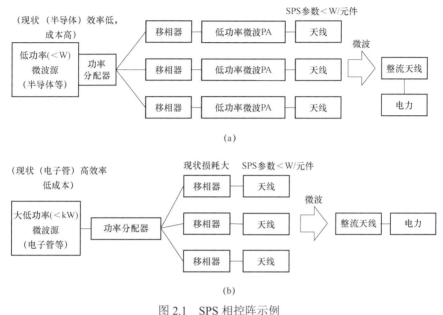

(a)

(b)

图 2.1　SPS 相控阵示例

（a）常规相控阵列举例；（b）电子管相控阵列举例

考虑到应用背景是 SPS 的无线能量传输系统，不管选择电子管，还是半导体器件，都要比地面上无线能量传输应用的要求更高。简而言之，这就是为什么必须采用"超大型高效高精度且低成本轻便的相控阵"。就"超大型""高效率""高精度""轻量化"和"低成本"这 5 个关键字来说，目前在 SPS 设计中采用的参数如下。

（1）"超大型"：1.93 km，5.8 GHz，1.3 GW，单元间距 $0.77\lambda \approx 4$ cm，18.3 亿个单元；

（2）"高效率"：76%（JAXA 2004），85%（NASA/DOE 1980）；

（3）"高精度"：每个辐射单元相位误差 5°～10° 以内（含目标测向误差、建造误差）；

（4）"轻量化"：2 g/W = 2 600 t 能量发射系统（光伏发电除外）；

（5）"低成本"：<300 日元/W。

如果将这些参数与当前的星载、商用、军用相控阵进行比较，就会发现它们属于不同数量级的应用。例如，用于遥感卫星的天线阵列中单元数量约为 100 个，而军事用途的天线阵列中单元数量最多约为 10 000 个，但是对于 SPS，天线单元数量几乎接近 20 亿个。对于通信应用中的高速通信多输入/多输出（Multi-Input/Multi-Output，MIMO）天线，近年来其单元数目迅速增长，在一定程度上已经促进了自适应阵列的应用。自适应阵列采用数字波束成形（Digital Beam forming，DBF）进行波束控制，其相位控制方法与相控阵不同。电子管高功率放大器（High Power Amplifier，HPA）可以达到 70%或更高的效率，但相控阵系统的效率仍然极低。

对于第（2）条中的精度，SPS 相控阵中的单元数量为数十亿个。由于单元数量如此巨大，因此即使按照当前天线的相位误差水平，根据以下公式，所确定的相控阵的波束指向误差也能满足要求：

$$\sigma_\theta^2 = \frac{4\sigma^2}{N\left(\dfrac{\pi D}{\lambda}\cos\theta_0\right)^2} \quad [3]$$

$$\sigma_\theta^2 = \frac{12\sigma^2}{N^3} \quad [4]$$

式中：σ_θ 为波束指向误差；N 为单元数量；σ 为每个单元的相位误差；λ 为波长；D 为天线口面的直径；θ_0 为波束指向（rad）（见 SSPS 的参考文献[1]）。

其中：$N = 51\,590$（一维方向），$D = 2\,000$ m，$\lambda = 0.052$ m（5.8 GHz），$\theta_0 = 0°$（正向），如果 $\sigma = 5°$，则 $\sigma_\theta = 3.64 \times 10^{-7} \approx 0.23$ m @ 36 000 km。或者式中 $N = 51\,590$（一维方向），如果 $\sigma = 5°$，则 $\sigma_\theta = 1.478 \times 10^{-6} \approx 0.93$ m @ 36 000 km。

但是，即使指向误差可以通过增加单元数量来补偿，SPS 的问题仍然在于相位方面。这种误差使得旁瓣上升，并且导致波束收集效率降低。除了通常的相控阵误差因素外，SPS 的天线口径很大，波束很窄，因此必须考虑图 2.2 所示的构造误差以及相位和幅度误差因素。当进行波束性能分析时，要使波束收集效率损失不超过 5%，则必须使全部相位误差 $\sigma < 5°$ [5]。其原因是如图 2.2 所示的这些误差，在微波无线能量传输的每个环节上发生积累。从整体上考虑这些误差 σ，那么每路相位都应满足 $\sigma < 1°$，这一数值成为今后相关研发的目标。

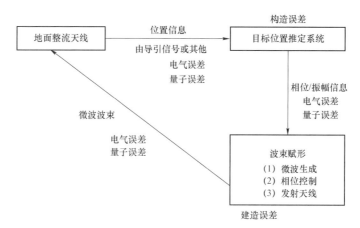

图 2.2　SPS 无线能量传输误差

低成本相控阵的开发也是主要的研究课题。在所有微波能量传输系统中，目前仅有基于 2.45 GHz 磁控管的相控阵正在朝这一方向迈进。因为相控阵采用多个天线单元，所以需要大量制造性能相同的通道。尤其是相控阵天线需要许多单元，仅一个单元达到最佳性能是远远不够的，因此有必要利用生产线进行批量生产，并且保持其性能。目前，使用半导体放大器的相控阵规模仍然很小，单元数量在几百个或更少，因此尚未实现批量生产，几乎类似于单独开发这些单元。目前，为了获得最佳性能，必须单独开发和调试半导体放大器和移相器，而当批量生产时会导致性能降低。因此，这类相控阵非常昂贵，成为向民用普及相控阵的障碍。未来的相控阵天线如果可以在印制电路板上大量生产，那么由于批量生产因而有望可以低成本地普及应用，但现实情况是并没有在这一方面开展研究和开发。对于通信和雷达应用，其效率与微波无线能量传输无法相提并论，而且没有采用大量的单元，因此依靠通信和雷达的研发推动不足以实现用于无线能量传输的高效相控阵列。如果研究人员率先开展用于无线能量传输的高效相控阵研究，其成果可以反过来供通信系统使用。

为了实现 SPS，开发超大型、高效、高精度、轻便和低成本的相控阵有 3 个可能的方向。

（1）在当前技术水平下，如果使用高效大功率微波管［磁控管或行波管（TWT）］，必须在天线单元之前插入低损耗功率分配器和低损耗移相器，以抑制栅瓣，如图 2.1（b）所示。

（2）开发整体效率高的半导体放大系统（一般相控阵中每个单元的发射功率约为 1 W），如图 2.1（a）所示。

（3）选择图 2.1（b）作为另一种设计方案，就要研制与半导体相似的低功率（小于 1 W）高效微波管，如图 2.1（a）所示。

使用大功率微波振荡器或放大器构造子阵列，如果单元间距超过波长，波束指向偏角就应该更小（如小于 0.1°），以避免产生栅瓣。

如果单元间距超过波长，而波束指向偏角又大，为避免栅瓣就要研究非均匀阵列、稀疏阵列等方法[6,7]。这样的方法包括：新的不等间隔生成算法的开发[8]；在子阵列中引入"低损耗辅助移相器"[9]；采用高增益孔径天线作为主辐射器的相控阵[10]；稀疏阵列的设计方式。这些都是发展高效相控阵的方法。

对于 SPS 微波无线能量传输技术，有必要采用反向波束控制方法来实现目标跟踪。SPS 需要将能量波束从 36 000 km 的地球静止轨道传输到直径为数千米的能量接收站，且效率要达到 90% 或更高。应该认为 SPS 的轨位和姿态是不断变化的，并且假设直径为数千米的能量发射天线是柔性的，形状并不稳定。因此，准确的目标方向估计和天线形状的掌握至关重要。反向波束控制是相控阵领域的一种技术，该技术根据目标辐射的导引信号的相位信息在每个天线单元处形成最佳相位，从而在目标方向上形成受控波束。通常，将通过模拟电路（相位共轭电路）在各天线单元上进行相位共轭（正反转）的方法称为硬件化反向波束控制。根据多个接收到的导引信号计算角度信息，并将各天线单元相位信息提供给控制设备的方法通常称为软件化反向波束控制。换句话说，软件化反向波束控制分为两个阶段：方向估计和利用相控阵的波束形成。除了这些反向波束控制以外，还提出了各种目标位置估计和波束成形方法，如旋转单元电场矢量（Rotating Element Electric Field Vector，REV）方法和位置角度校正（Position and Angle Correction，PAC）方法，并结合

SPS 进行了研究。

2.1.2　发射端半导体放大器

2.1.2.1　高效功率放大器原理

用于 SPS 能量传输的半导体放大器所需的输出功率之小令人惊讶，大约 4 W 就足够了。地球轨道上每平方米的太阳能为 1.37 kW（称为太阳常数），而 5.8 GHz 频段（假定为无线能量传输的频率）的相控阵天线单元间隔为 $0.5\lambda \sim 1.0\lambda$（2.5～5 cm），因此每个天线单元仅需处理面积最大为 5 cm×5 cm 范围内从太阳能转换而来的微波功率。换言之，用于发射能量的放大器的频率大约是移动电话（1.9 GHz）的 3 倍，而输出功率等于或大约是移动电话的 2 倍（基于日本通信标准），再将功率放大器转化效率提到最高即可。与移动电话等无线信息传输的情况不同，由于在无线能量传输中使用了未经调制的波，因此无须考虑相邻信道的失真，并且频带可能很窄，但是作为无线设备，必须抑制向外部发射的谐波。通常，为了提高放大器的功率转换效率，除了负载电阻消耗的基波功率之外，必须消除放大器内部的所有交流功率损耗。此时，放大器的直流输入功率和负载电阻处的基波功率达到平衡，功率转换效率接近 100%。因此，研制放大器必须选择低导体损耗和介电损耗的部件，而消除晶体管内部的功率损耗也很重要。

为实现零交流功率损耗有两种方法：第一种方法是将施加在器件上的电压或流入其中的电流的幅度调零，或通过将电压和电流之间的相位差设置为 90°而将功率因数调零。前者可以通过分别对偶次和奇次谐波施加开路或短路负载调控来实现，瞬时功耗和时域平均功耗均为零。F 类放大器和逆 F 类放大器都基于此类原理。第二种方法是通过将从晶体管的等效输出电流源向负载端阻抗设置为纯电抗来实现，瞬时功耗不为零，但时域平均功耗为零。相位控制放大器、D 类、E 类和 J 类放大器都属于此类。对于任何一种方法，都必须控制电流和电压波形以提高效率，并且有必要适当地控制高次谐波信号。因此，还必须要求晶体管阻抗匹配时的功率增益截止频率 f_{max} 足够高，以确保在谐波处具有足够的功率增益。为此，具有高电子饱和率的化合物半导体器件是有利于应用的，如 GaN 和 GaAs。尤其是具有高击穿电压的 GaN 器件可以在高阻抗（高电压/低电流）下工作，并且可以减少由于外部电路中的串联寄生电阻引起的损耗。

F 类放大器正在被开发用于无线能量传输的半导体放大器，因此首先将以此为例来说明提高功率转换效率的问题及其设计方法。如图 2.3 所示，这种放大器由一个偏置电路和一个无损负载电路组成，偏置电路用于提供漏极电压、电流和栅极电压的射频（RF）扼流圈组成，它由调控微波阻抗的无损负载电路构成。这样，从直流角

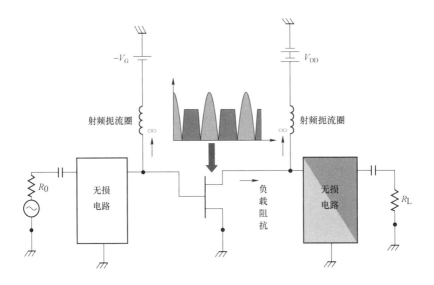

负载阻抗	F类负载条件	逆F类负载条件
基波	匹配	匹配
偶次谐波	（电流分量）	（电压分量）
基次谐波	（电压分量）	（电流分量）

图 2.3　F 类放大器和逆 F 类放大器

度而言，晶体管可仅视为直流电源；而从微波角度而言，则可仅视为无损负载电路。如图 2.3 所示，当晶体管被偏置为 B 类（导通角 180°）并且漏极电流为半波整流波形时，电流波形 $I_d(t)$ 可扩展为傅里叶级数形式，即

$$
\begin{cases}
I_d(t) = \dfrac{I_{max}}{\pi} + \dfrac{I_{max}}{2}\cos\omega t + \dfrac{2I_{max}}{3\pi}\cos 2\omega t - \dfrac{2I_{max}}{15\pi}\cos 4\omega t \\
\qquad + \cdots + \dfrac{2I_{max}}{(1-n^2)\pi}\cos\dfrac{n\pi}{2}\cos n\omega t \quad (n=2,4,6,\cdots) \\
V_d(t) = V_{DC} - V_1\cos\omega t + V_3\cos 3\omega t + V_5\cos 5\omega t + \cdots
\end{cases}
$$

$$（2.1）$$

很明显，除了直流（DC）分量和基波之外，只包括偶次谐波。

因此，如果电压波形 $V_d(t)$ 由 DC、与电流基波相位差为 180° 的基波电压分量和奇次谐波分量组成，则谐波的功耗为零。另外，基波的功率因数为 −1，这意味着通过基波匹配电路适当设置 V_1 并调整偏置电压，可以将 DC 功率 100% 地转换为基波功率。注意，式（2.1）中 $I_d(t)$ 和 $V_d(t)$ 之间的关系与图 2.3 中的电压、电流波形相同。

表 2.1 显示了利用电流和电压波形中不同次数谐波可以获得的最大效率，波形都通过傅里叶级数展开[3]。当使用至 3 次谐波时，即电压由基波和 3 次谐波组成。电流由基波和 2 次谐波组成时，理论上的最高效率为 81.7%。当进一步增加谐波处理次数并使用 5 次谐波时，理论效率为 90.5%。因此，重要的是增加谐波调控谐波次数以提高大功率放大器的效率。通常，由半波整流电流和正弦波电压组成波形的 B 类放大器的理论效率经计算为 78.5%，但是必须注意：为了获得完整的半波整流电流波形，甚至需要无限次谐波。另外，如果减小 C 类放大器的导通角，则效率无限接近 100%，但是输出功率无限接近零，这又偏离了大功率放大器的概念。换句话说，高效放大器的设计思想是在保持尽可能大基波输出功率的同时提高效率。

表 2.1　高次谐波调控次数与功率效率的关系（傅里叶级数理论值）

奇次电压〳偶次电压	f_0	$3f_0$	$5f_0$	∞
f_0	50%（A 类）	57.7%	60.3%	63.7%
$2f_0$	70.7%（现实 B 类）	81.7%	85.3%	90.3%
$4f_0$	75.0%	86.6%	90.5%	95.5%
∞	78.5%（理想 B 类）	90.7%	94.8%	100%（理想 F 类）

　　如图 2.3 所示，为了实现表 2.1 所列的条件，从晶体管的输出端到负载侧的阻抗在偶次谐波下短路（仅存在电流），这导致以下结果：奇次谐波开路（仅存在电压），并且基波电流和电压的相位完全相反，因此功率因数为 –1。这样的放大电路称为 F 类放大电路[1,2]。另一种情况与 F 类负载电路相反，负载阻抗在偶次谐波处开路，在奇次谐波处短路，因此仅存在偶次电压谐波和奇次电流谐波。在这种情况下，电压波形是经过半波整流的波形，而电流波形是矩形。这种放大器称为逆 F 类放大器[2]。

2.1.2.2　F 类和逆 F 类放大器理论及实现

　　如上所述，为了实现 F 类放大器电路或逆 F 类放大器电路，需要为基波建立匹配的电阻负载，并为谐波建立无限大或短路负载阻抗，这种阻抗很重要。因此，要在负载电阻器和晶体管之间插入仅对谐波短路的电路以实现上述条件。一旦网络呈现纯电抗属性，就可以根据 Foster 定理在频率轴上交替重复零点（短路）和极点（无限大阻抗），并将其应用于放大器设计。

　　在纯电抗的两端口网络中，仅由电感器和电容器组成，如图 2.4 所示。如果流经驱动电源 E_1 的电流为 I_1，而其他未流经电源的电流为 $I_2 \sim I_n$，则基尔霍夫电压定律通常由下式表示，即

$$\begin{pmatrix} Z_{11} & Z_{12} & \cdots & Z_{1n} \\ Z_{21} & Z_{22} & \cdots & Z_{1n} \\ \vdots & \vdots & & \vdots \\ Z_{n1} & Z_{n2} & \cdots & Z_{nn} \end{pmatrix} \begin{pmatrix} I_1 \\ I_2 \\ \vdots \\ I_n \end{pmatrix} = \begin{pmatrix} E_1 \\ 0 \\ \vdots \\ 0 \end{pmatrix} \qquad (2.2)$$

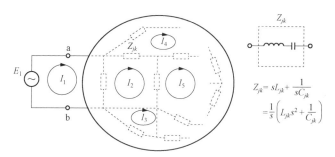

图 2.4　纯电抗两端口网络的属性（根据基尔霍夫电压定律，转折点仅与
E_1 保持平衡，其他内部闭路电路与 0 保持平衡，$s=\mathrm{j}\omega$）

由式（2.2）可知，E_1 与 I_1 之比，即从端口 a 和 b 向右侧看的阻抗 Z 可表示为

$$Z = \frac{E_1}{I_1} = \frac{\Delta}{\Delta_{11}} = \frac{\begin{vmatrix} Z_{11} & Z_{12} & \cdots & Z_{1n} \\ Z_{21} & Z_{22} & \cdots & Z_{1n} \\ \vdots & \vdots & & \vdots \\ Z_{n1} & Z_{n2} & \cdots & Z_{nn} \end{vmatrix}}{\begin{vmatrix} Z_{22} & \cdots & Z_{2n} \\ \vdots & & \vdots \\ Z_{n2} & \cdots & Z_{nn} \end{vmatrix}} \qquad (2.3)$$

式（2.3）中，分母行列式的等级（阶数）比分子行列式低 1 阶，因此分子中 s 函数的阶数比分母高 1 阶，但是分母行列式中不包含的分子矩阵元素，如 Z_{11} 和 Z_{12} 仅由电容组成，而没有电感。这些矩阵元素包含 $1/s$ 项，因此分子的阶次较低。同样，从生成行列式的过程中可以清楚地看出，包括电感器和电容器的矩阵元素都可以分解为 $s^2+\omega^2$ 的形式。这样，电抗网络实际上可能存在的阻抗函数是分子或高于分母，或低于分母，都总结在表 2.2 中。表 2.2 的每个表达式中，有 $s^2+\omega_2^2=0$，即 $s=\mathrm{j}\omega_2$ 时，阻抗变为无限大（极点）；而当 $s^2+\omega_3^2=0$，即 $s=\mathrm{j}\omega_3$ 时，阻抗变为零（零点）。因此，将具有奇次谐波的极点与具有偶次谐波的零点匹配，

就可以将其应用于 F 类放大器。相反，如果极点与偶次谐波匹配，而零点与奇次谐波匹配，则可以将其应用于逆 F 类放大器[13]。

表 2.2　纯电抗双端口网络的阻抗特性
（可用作 F 类/逆 F 类负载电路的目标函数）

[0，∞]型	$Z(s) = \dfrac{Hs(s^2+\omega_3^2)(s^2+\omega_5^2)\cdots(s^2+\omega_{2n-1}^2)}{(s^2+\omega_2^2)(s^2+\omega_4^2)\cdots(s^2+\omega_{2n-2}^2)}$	分子的次数高 1 次
[-∞，0]型	$Z(s) = \dfrac{H(s^2+\omega_1^2)(s^2+\omega_3^2)\cdots(s^2+\omega_{2n-3}^2)}{s(s^2+\omega_2^2)(s^2+\omega_4^2)\cdots(s^2+\omega_{2n-2}^2)}$	分子的次数低 1 次
[-∞，∞]型	$Z(s) = \dfrac{H(s^2+\omega_1^2)(s^2+\omega_3^2)\cdots(s^2+\omega_{2n-1}^2)}{s(s^2+\omega_2^2)(s^2+\omega_4^2)\cdots(s^2+\omega_{2n-2}^2)}$	分子的次数低 1 次
[0，0]型	$Z(s) = \dfrac{Hs(s^2+\omega_3^2)(s^2+\omega_5^2)\cdots(s^2+\omega_{2n-3}^2)}{(s^2+\omega_2^2)(s^2+\omega_4^2)\cdots(s^2+\omega_{2n-2}^2)}$	分子的次数高 1 次

另外，对于表 2.2 第一行的[0，∞]类型的阻抗函数 $Z(s)$，利用式（2.4）的留数定理，可以确定电路实现是通过串联连接 LC 并联谐振电路，或者是通过并联连接 LC 串联谐振电路[6]，即

$$Z(s) = A_0 s + \sum_n \frac{A_{2t}s}{s^2+\omega_n^2} \qquad (2.4)$$

此外，表 2.2 第一行的[0，∞]型阻抗函数类似于 LC 阶梯形电路，方法是将分子和分母同除以分子，可得

$$Z(s) = \frac{a_{2n}}{b_{2n-1}}s + \cfrac{1}{\cfrac{b_{2n-1}}{c_{2n-2}} + \cfrac{s(d_1+d_3 s^2+\cdots+b_{2n-3}s^{2n-4})}{c_0+c_2 s^2+c_4 s^4+\cdots+c_{2n-2}s^{2n-2}}} \qquad (2.5)$$

将式（2.5）的分式变成连续分数，可以实现 LC 梯形电路。

利用上述电抗电路的特性，可以设计如图 2.5 所示的 F 类电路。使电路模块 1 和电路模块 2 在偶次谐波中均具有零点，并且如果电路模块 1 在奇次谐波处具有极点，那么就实现了 F 类负载特性。同样，可以设

计一个逆 F 类电路[6]。

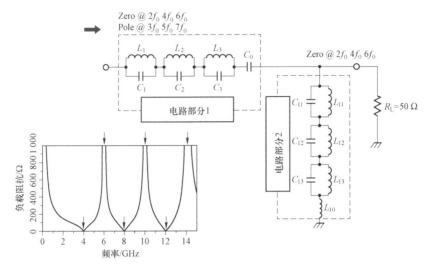

图 2.5　利用电抗网络实现 F 类电路

2.1.2.3　用含寄生元件的晶体管设计 F 类和逆 F 类放大器的方法

通过上面的电路设计方法，可以将晶体管从输出端看向负载端的阻抗条件设置为 F 类或逆 F 类。然而，晶体管往往包含寄生电抗元件，如漏极 – 源极电容和漏极电感，这样从负载侧的晶体管等效输出电流源看向负载端的阻抗会偏离 F 类负载条件。在较高频率的范围（如 5.8 GHz 频段）中，这种影响尤其明显。因此，需要在 F 类或逆 F 类电路的设计中考虑这些寄生元件，如图 2.6 所示。

图 2.6 中的电路展示了这种设计方法。首先，对谐波提供短路条件，在各次谐波上转换为纯电抗电路，并将谐波调理电路设计成梯形电路。接下来，如图 2.7 所示，虽然该梯形电路的阻抗 $Z(s)$ 可以用连续分数表示，但由于它是纯电抗网络，因此还具有表 2.2 中阻抗函数的特性。通过比较使这两个等式相等的系数，可以唯一地确定电路参数。此时，通过阻抗元件赋予寄生元件的伪极点，以确保设计的自由度，并实现用作 F 类放大器的零点与极点。因为晶体管的等效输出电流源在基波的没有短路点，因此它通过匹配电路连接到负载电阻 R_L，如图 2.8 所示。通过这种方法，不仅可以实现 F 类放大电路，也可以实现逆 F 类电路。需要

注意的是，对于电路中的每次谐波，F 类和逆 F 类放大器的阻抗点均为零，因此原则上不会向负载电阻提供谐波。

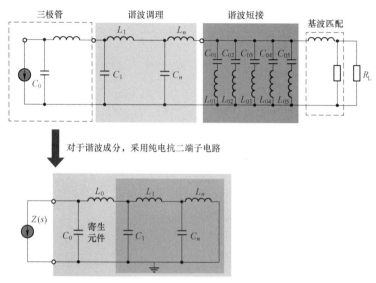

图 2.6　考虑晶体管寄生元件的 F 类/逆 F 类电路设计

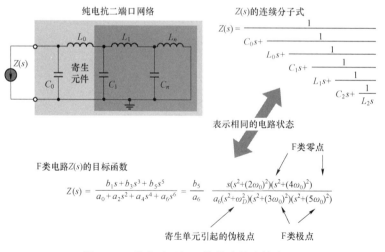

图 2.7　F 类电路目标函数的连续分数表示

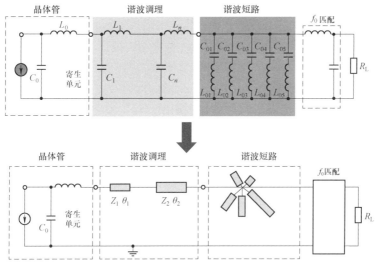

图 2.8 分布式恒流电路实现 F 类负载电路

当实际尝试用微波电路实现图 2.8 上部的电路时，可以使用的集总式固定值元件受到限制。换句话说，即使使用最小的集总式固定值片状电容器和电感器，由于各自具有的寄生电路元件（引线等），自谐振频率最高约为 8 GHz，因此限制了其在基波为 2 GHz 以上的 F 类放大电路和逆 F 类放大电路中的应用。因此，如图 2.8 的下部所示的梯形 LC 单级电路通常用具有相同特性阻抗和传输常数的分布式传输线所代替，而短路电路用具有开路端的 $\lambda/4$ 波长传输线实现[4, 5, 7]。图 2.9 所示为用 AlGaN/GaN 高电子迁移率晶体管（High Electron Mobility Transistor，HEMT）（由 Toshiba 制造）作为晶体管的 5.8 GHz 频段 F 类放大器的照片。在该放大器中，晶体管通过氧化铝陶瓷 50 Ω 输入/输出线钎焊并固定在芯片载体的中心，使用 $\tan\delta = 0.002\,3$ 的低损耗树脂板（Megtron6）作为微波电路板，设计中考虑了 5 次谐波。在 F 类放大器的输出电路中，必须将 4 个并联的短截线准确地连接到一个谐波短路点。因此在该放大器中，由两层介质制成多层电路板，中心为接地板，以这样的方式形成双面微带电路，在每个平面上形成两个平行的短线，并且以层间过孔作为连接结构[5]。该设计利用电磁场仿真进行版图设计。另外，GaN HEMT 的有源器件包括用漏源电容表示的内部反馈寄生元件。为了防止 F 类工作所需的谐波输出电流和电压因寄生元件而泄漏到输入端，并且影响幅度和相位分量，需将谐波在栅极端短路，这样也附加了抑制谐波反馈功能。以此设计为原型的放大器具有良好的性能，如漏极效率为 79.9%，附加功率效率为 71.4%，在 5.86 GHz 时的输出功率为 33.4 dBm[5]。

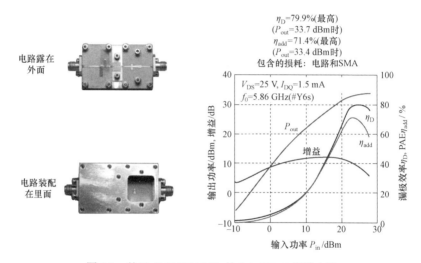

图 2.9　基于 GaN HEAMT 的 5.8 GHz F 类放大器

2.1.2.4　相位控制高效功率放大器

如 2.1.2.1 小节所述，通过使漏极电流和漏极电压的相位正交（±90°），可以确定谐波中的瞬时功耗不为零而平均功耗为零的条件，因而可以实现高效率[10, 11]。为了使电流和电压的相位正交，应将纯电抗负载连接到电流源，即

$$V = jXI_0 \qquad (2.6)$$

如果用史密斯圆图表示，则应选择反射系数为 1 的圆上的负载，如图 2.10 所示。事实上，F 类和逆 F 类负载电路的反射系数属于全反射，但这是短路和开路的特殊情况。与 F 类放大器的情况不同，在相位控制高效放大器中，晶体管中的漏极电流 $I_d(t)$、漏极电压 $V_d(t)$ 和平均功耗 P_{ave} 由下式表示，即

$$\begin{cases} I_d(t) = I_{DC} + \sqrt{2}I_1 \sin \omega_o t + \sum_{n=2} \sqrt{2}I_n \sin (n\,\omega_0 t + \varphi_n) \\[2mm] V_d(t) = V_{DC} + \sqrt{2}V_1 \sin (\omega_o t + \theta_1) + \sum_{n=2}^{\infty} \sqrt{2}V_n \sin \left(n\,\omega_0 t + \varphi_n + \frac{\pi}{2} \right) \\[2mm] P_{ave} = \frac{1}{T} \int_0^T V_d I_d \, \mathrm{d}\,t = V_{DC}I_{DC} + V_1 I_1 \cos\theta + \sum_{n=2}^{\infty} V_n I_n \cos\frac{\pi}{2} \end{cases}$$

$$(2.7)$$

式中：$I_d(t)$ 和 $V_d(t)$ 都包含 DC、基波以及所有谐波分量。

谐波中电压和电流之间的相位差（n 为 2 或更大的整数）固定为 90°。因此，平均功耗 P_{ave} 相关公式右边的第三项始终为零，如果可以调节直流偏置以使下式成立，则 $P_{ave} = 0$，漏极效率接近 100%，即

$$V_{DC}I_{DC} = -V_1 I_1 \cos\theta_1 \tag{2.8}$$

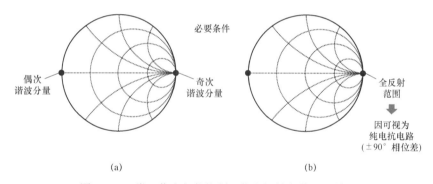

图 2.10　F 类工作和相位控制工作之间的负载阻抗差异
（a）F 类工作；（b）相位控制工作

应用上述方法调控至 4 次谐波的 GaN HEMT 放大器在 5.65 GHz（漏极电压 20.5 V）处可获得 79.5% 的附加功率效率，90.7% 的漏极效率和 33.3 dBm 的输出[11, 12]。此外，在以 38 V 的漏极电压设计制作的放大器样机中，在 5.6 GHz 频率下可获得 75.9% 的附加功率效率，82.0% 的漏极效率和 38.0 dBm 的输出[12]。由于可以针对每个频率顺序独立地设计，因此相位控制设计方法和 F 类、逆 F 类放大器配置方法是可以在同一个放大器中共存的电路技术[9]。可以根据所用晶体管的特性和电路板的特性来优化和设计放大器。

2.1.3 有源集成天线

2.1.3.1 空间太阳能电站无线能量传输技术和能量发射阵

从减少能源供应对石油资源的依赖，到低碳社会的建设以及全球环境问题的解决，这些方向的努力都需要无线技术提供支撑。在这方面，利用微波的无线能量传输（Wireless Power Transmission，WPT）作为无线供电技术之一颇为引人注目[1]。日常生活中的应用还包括手机和 PC 的非接触式充电、RFID 无源标签等[2]。

微波能量传输（Microwave Power Transmission，MPT）的能量传输效率可由 2.2.3 节中的 Friss 公式给出。在微波能量传输中，能量传输效率与距离的平方成反比，在近距离范围与其他无线能量传输方式相比是不利的，并且即使在较远距离时能量传输效率也会降低。但是，通过与通信、传感器等功能集成，可以实现一些目前尚不存在的模块和系统。

由于采用当前技术的无线信息和能量传输系统可以在信息社会中兼具通信设备的作用，因此通过提高发射功率，增大天线尺寸和功率传输距离来增大能量传输的附加值，由此可以扩展电子设备的用途。特别是对于微波能量传输，通过适当地选择发射功率、接收整流器的效率以及发射机与接收机之间的距离，可以同时实现信息和能量传输，或者同时实现感知和能量传输。前者称为无线通信与能量传输（Wireless Communication and Power Transmission，WiCoPT），而后者称为无线传感与能量传输（Wireless Sensing and Energy Transmission，WiSEnT）。换言之，WiCoPT 是一种利用无线电波同时发射信息和能量功率的技术；另外，WiSEnT 将传感器连接到此终端，并将传感器获取的数据发送到主站（基站），传感器的驱动电力可以通过简单的电池或 WPT 获得，也可以通过其他能量形式（如振动和热量）来获取。应用下面介绍的有源集成天线（Active Integrated Antenna，AIA）等技术，可以实现小型化的 WiCoPT 和 WiSEnT 系统[3]。

作为大型 WPT 的应用实例，SPS 已经研究了很多年。SPS 是一项将太阳能电池阵列布置在宇宙空间，并将其产生的电力以无线方式传输到地面的技术。如图 2.11 所示，是应用有源集成天线技术的 SPS

验证系统的示意图。图 2.12 给出了"三明治"
结构天线板的配置方案，它集成了太阳能电
池和微波发射单元。采用"三明治"结构的
AIA 在减少航天器的运载次数和运载重量方
面可以获得明显成效。

2.1.3.2　有源集成天线

在微波毫米波频段，如果使用平面电路
或平面天线，则传输损耗将导致电路效率和
天线效率降低。应该尽可能地提高振荡、放
大、频率转换和辐射的效率，而不让高频信
号进行不必要的有线传输。因此，如果直接

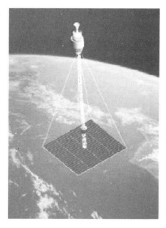

图 2.11　使用 AIA 技术的
SPS 验证系统模型

连接和集成有源电路和天线，则信号和能量的传输效率将更高，这就是
集成天线的基本设计理念。在这些集成天线中，有源集成天线基本上组
合了平面天线和基于微波毫米波半导体器件的集成电路[4]。因此，天线
往往采用诸如贴片、缝隙、蝶形、偶极子和开口天线之类的平面小型天
线，而电路则采用基于二极管和晶体管的混频器、振荡器和放大器，并
将它们进一步组合在一起[5]。

由于 AIA 的电路部分和天线部分完全集成在一起，因此无法设置用
于性能评估的探针和端口。可将有源集成天线视为一个黑匣子，并对其
输入和输出进行评估以获得性能指标[24]。为此定义各向同性转换增益
（Isotropic Conversion Gain）和有效辐射功率（Effective Radiated Power）
等性能指标。此外还定义了各向同性转换损耗（Isotropic Conversion
Loss），包含混频器和整流器的性能指标。尽管很难说这些就是最合理的
性能指标，但是这些指标参数还是用于评价无法分离 DC、中频和高频
信号的有源集成天线。

常规的功率合成已经在设备、芯片、电路等各个层面实现，但是功
率合成器的传输损耗随着频率的提高而增加。此外，一旦将合成的功率
再次分配，将使损耗大大增加。也就是说如果在电路级合成固体有源器
件并对功率进行再次分配，则会产生双倍的传输损耗，而且这种方案被
认为很难实现小型化[6]。使用固态器件实现高发射功率的方法重点在于
如何有效地合成（同步）从每个微波源通过天线辐射的电磁波。基于这

种思想的功率合成称为空间功率合成，而 AIA 的高功率发射就是通过空间功率合成实现的[7, 8]。

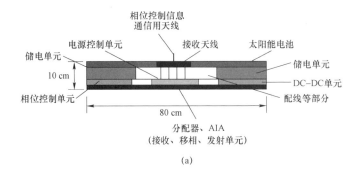

(a)

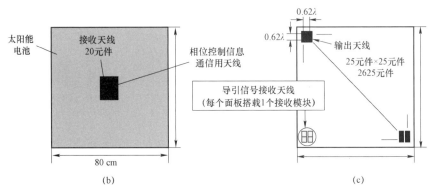

(b)   (c)

图 2.12   AIA 阵面构造
（a）设备切面图；（b）俯视图（太阳能电池、接收天线）；（c）仰视图（发射天线）

当采用 AIA 进行空间功率合成时，将以阵列天线的形式集成大量的电路单元[9]。因此，必须使这些部件之间满足同步条件，并且依据同步方法可将传输系统进行分类，如图 2.13 所示。这里的准光发射机通常指集成天线，由平面孔径天线和立体电路构成。波束型 AIA 通过反射从偶极子或蝶形天线的金属部分辐射的电磁场来同步每个振荡器，极子或蝶形天线与谐振器的反射器形成栅格。此外，阵列型 AIA 是根据阵列理论连接相邻有源电路的一种形式，通过介质基板中产生的表面波实现同步，通过相邻天线之间的耦合（泄漏）来同步的属于弱耦合型，而通过传输线来同步的则属于强耦合型。

根据 WPT 所需的技术，引入了具有高输出、高耐压和高效率的放大器作为功率收发电路，但是为了实现紧凑的 WPT 系统，有必要为发

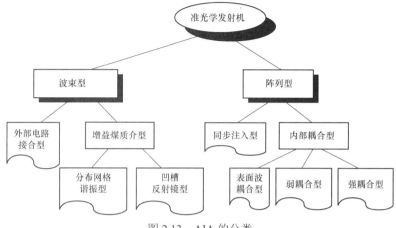

图 2.13　AIA 的分类

射端的固态功放（Solid State Power Amplifier，SSPA）配备有效的冷却
装置。有一种空气冷却方法，是将弯曲的基板作为与天线集成的冷却机
构。如图 2.14 所示是弯折电路形式的放大器部分及其高频特性（增益和
输入/输出特性）。此外，如图 2.15 所示是沿垂直弯折基板平面内电场分
布的仿真结果，基板平面垂直于微带线平面。在这种情况下，垂直弯折
线之间没有相互干扰，实测的插入损耗约为 0.4 dB。

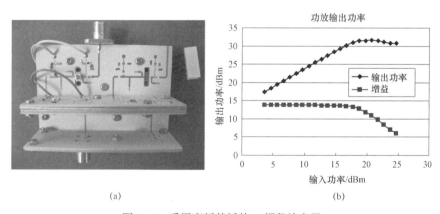

(a)　　　　　　　　　　　　　　　(b)

图 2.14　采用弯折基板的 C 频段放大器

（a）功率放大器；（b）高频特性

作为紧凑的微波无线能量传输系统，可以采用集成了天线和电路的
有源集成天线（AIA）技术。为此，还必须考虑上述用于大功率发射电
路的耐热性和废热。基于此开发了有源集成相控阵天线（Active Integrated
Phased Array Antenna，AIPAA），将这些天线集成在一起。如图 2.16 所

示为配备风冷系统的 32 单元 AIPAA。数字移相器通过弯折的基板连接到 AIA，已成功开展了经数字调制的能量传输和信息通信的协同传输试验。

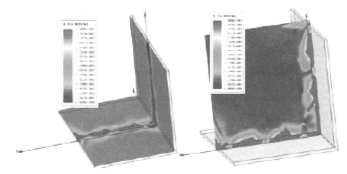

（插入损耗0.4 dB以下）

图 2.15　弯折基板中的电磁场分布

(a)

移相器部分
（13 mm×20 mm）

放大器

天线

(b)

(c)

图 2.16　32 单元风冷 AIPAA

（a）2×2 单元阵列；（b）上面排气口部；（c）外形

2.1.3.3　微波能量传输中的有源集成天线

　　在许多情况下，作为平面天线的贴片天线通常用于紧凑型 WPT 系统。这是因为在 AIA 集成中，与微波单片集成电路（Monolithic Microwave Integrated Circuit，MMIC）兼容，并且可以实现轻薄的 AIA。图 2.17 所示为使用圆极化圆形贴片天线的 4 单元阵列及其方向图特性。图 2.18 所示为采用柔性印刷基板的 4 单元薄膜天线，近几年已经引起人们的关注。由于它采用薄膜基板，因此不可避免地导致增益降低，但它对于非平面型阵列天线是理想的选择。

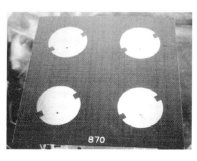
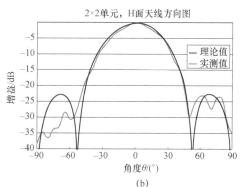

（a）　　　　　　　　　　　　　　　（b）

图 2.17　4 单元圆极化圆形贴片天线

（a）概貌；（b）天线方向图特性比较

　　除了前面所述的高功率放大器外，实际微波无线能量传输还需要高效整流器。另外，为了使收发两端捕获跟踪对方的位置，应采用相控阵天线，尽管跟踪精度根据具体应用情况而变化，但小型低损耗移相器是系统必需的。图 2.19 所示为开发路径长度切换型移相器所用的 Ku 波段射

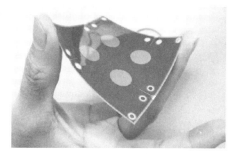

图 2.18　采用柔性印刷基板的
轻薄 4 单元贴片天线

频微机电系统（Radio Frequency Micro-Electro-Mechanical System，RF-MEMS）单刀双掷（Single-Pole Double-Throw，SPDT）型开关。图 2.20 所示为占用面积分别为 10 mm×13 mm 和 8 mm×8 mm 的 C 频段

和 Ku 频段 4 位数字移相器。通过在低温共烧陶瓷（Low Temperature Co-fired Ceramic，LTCC）基板上堆叠波导并应用基于 FET 的 SPDT 开关，可以实现 C 频段 4 位数字移相器。LTCC 基板的各种特性如表 2.3 所列。对于 Ku 频段移相器的情况，可以将 RF-MEMS 开关 1 位的插入损耗在 12 GHz 处控制在 0.5 dB，从而实现高性能 Ku 频段数字移相器[10]。除此之外，如果发射和接收之间的相对关系发生了变化，那么通过导引信号实现方向回溯功能，并将这些信号组合起来形成闭环对于较高功率传输系统的安全运行非常重要。

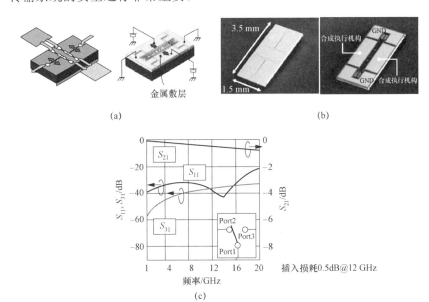

图 2.19 基于 RF-MEMS 的双 SPDT 开关

（a）双 SPDT 结构；（b）双 SPDT 原型；（c）双 SPDT 开关特性

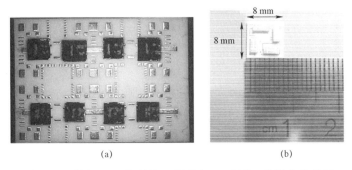

图 2.20 采用 LTCC 基板的 C 频段和 Ku 频段 4 位数字移相器

（a）C 频段移相器；（b）Ku 频段移相器

表 2.3　用于 4 位数字移相器的波导层压 LTCC 基板特性（@12 GHz）

相移/（°）		22.5	45	90	180
插入损耗/ dB	（仿真值）	−0.14	−0.18	−0.17	−0.25
	（测试值）	−0.26	−0.32	−0.38	−0.67
回波损耗/ dB		−18.19	−13.16	−15.64	−10.86
		−26.7	−20.0	−25.8	−25.0
相移/ （°）		22.87	44.19	88.68	184.1
		21.5	46.8	93.0	179.7
相位误差/ （°）		0.37	0.81	1.32	4.14
		1.0	1.8	3.0	0.3
相位相对误差/ %		1.6	1.8	1.5	2.3
		4.6	4.1	3.0	0.2

　　实现小型化的一条重要技术途径是 MMIC。当前在实现小尺寸和高性能的技术中，砷化镓（GaAs）MMIC 的可靠性最高。图 2.21 所示为一个 5.8 GHz MMIC 功率放大器，芯片面积为 3.0 mm×3.6 mm，线性增益为 11 dB，输出功率为 25 dBm，获得的最大输出功率为 30 dBm。这款 GaAs MMIC 放大器可以用作 GaN 高效放大器的驱动放大器。

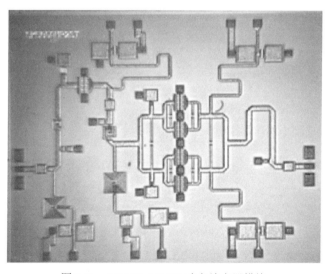

图 2.21　5.8 GHz MMIC 功率放大器模块

图 2.22（a）所示为一款基于高效高功率 GaN 半导体器件的放大器。为了简化设计，采用了小信号 S 参数放大器、整流器设计方法；并且为了提高效率，在制作完电路之后采用安装校正的方法。在上述指南指导下设计了 S 波段 GaN 放大电路，其输入/输出特性、增益、漏极效率和功率附加效率（Power Added Efficiency，PAE）如图 2.22（b）所示。调试时采用焊接附加铜箔的方式，在这样的频率上可以提高效率。电路主体的尺寸为 50 mm×55 mm×17 mm，实现了小型化。在 2.25 GHz 的工作频率下，分别达到的性能为 P 1 dB：42.2 dBm，P 3 dB：43.7 dBm 和 PAE：55.1%和 63.3%。通过将其与贴片天线结合，可以构建用于微波无线能量传输的高效高功率 AIA。

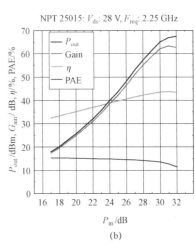

|(a)|(b)|

图 2.22　高效高功率 20 W GaN 放大器

（a）高输出放大器外观；（b）高输出放大器特性：输入/输出特性

2.1.4　磁控管输电系统

使用高效微波管进行无线能量传输的相控阵技术也在研究之中。在微波无线能量传输中涉及的微波管包括磁控管、行波管（Travelling Wave Tube，TWT）和速调管。其他的微波管（如**增幅管**和回旋管），在过去从未达到无线能量传输应用所需的要求。电子管的技术细节在文献[1]中有详细介绍。在微波管中，2.45 GHz 磁控管是目前唯一能达到 10 GW 产能的产品，其效率为 72%～74%，每 500 W 产能成本不到 500 日元，比其他微波振荡器、放大器便宜几个数量级。因此，近年来在 SPS

中经常考虑磁控管的应用。基于磁控管构建的微波管质量很轻。由于每个单元的微波输出很大，因此考虑平均到每 1 W 的质量就会轻。例如京都大学采用 5.8 GHz 轻量化磁控管，已经实现了 25 g/W（包括电源和散热系统）的功率性能[2]。但是 5.8 GHz 磁控管尚未批量生产供消费者使用，而是仍处于开发阶段，其效率比 2.45 GHz 磁控管低 10%。

磁控管是一种真空管，它不仅利用电场作用，也利用磁场作用来控制电子流。上文提到的行波管也利用磁场，但是目的是用于电子束聚焦，因为磁场施加在沿着电子流的方向上，所以基本上不影响电子流的控制。而在磁控管中，磁场垂直施加于电子路径，作用是使其弯曲。磁控管可以利用多个谐振腔使微波有效振荡，并且由于其结构简单而被广泛用于微波加热，例如微波炉。

磁控管的问题不在于效率和成本，而在于它是一个振荡器而不是放大器，因此无法直接用于设计微波能量传输系统。由于它是大功率振荡器，因此很难控制相位，由于 Q 值低并且存在很多噪声，因此仅将其用于加热应用，如微波炉和某些脉冲雷达。但是，京都大学的一项研究表明，导致磁控管噪声的因素是电源的稳定性和电子发射的灯丝温度，如果采用稳定的直流电源驱动，即使磁控管处于自激振荡状态，Q 值也会达到 1×10^5 甚至更高[3]。研究同时表明，除了由于圆筒状磁控管的结构而不可避免地产生的 n 次谐波以外，在低频侧和高频侧都可以将噪声抑制到 -100 dBc 以下。第 n 次谐波仍都低于 -60 dBc，这表明磁控管可用于加热以外的目的。试验还表明，磁控管噪声是在诸如微波炉中使用的半波双电压电源或脉冲雷达中使用的脉冲电源[4]的上升或下降时产生的。如果采用可始终施加额定电压的直流稳压电源，频谱的 Q 值将提高 3 个数量级或更多，并且可以将噪声抑制到 -100 dBc 或更小。图 2.23 所示为来自同一个自激励磁控管的频谱。

通过这种改进，加热用磁控管的无线电波的质量可以被充分地用于无线能量传输。这对于无波束控制的均匀发射的无线电源应用以及固定点对点的无线功率传输应用已经足够了，然而却不足以构建用于向移动体或从移动体发射的无线能量传输的相控阵。自激磁控管还不能控制相位，并且具有频率随温度变化而变化的缺点。在 20 世纪 60 年代的 Brown[5]和 2000 年之后的京都大学[6]的研究中发现，磁控管的频率会根据施加的电压、电流值或外部磁场的强度而变化，也会根据从外部注入

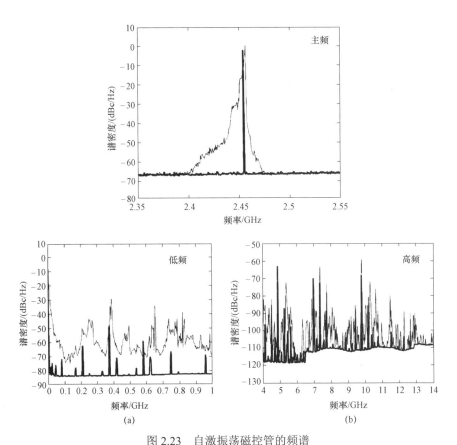

图 2.23　自激振荡磁控管的频谱

（a）高出力增幅器外观；（b）高出力增幅器二入出力特性

（粗线：使用直流稳压电源驱动时的频谱，细线：使用常规微波电源驱动时的频谱）

磁控管的弱参考微波信号而变化。利用参考微波频率锁定的现象，我们成功地开发了一种相位控制磁控管（Phase Controlled Magnetron，PCM），它可以利用廉价的微波炉磁控管来直接实现控制相位。京都大学进一步开发了具有可控相位/频率/幅度的幅相控制磁控管（Phase and Amplitude Controlled Magnetron，PACM）[7]。图 2.24 所示为具有可控制的相位、频率、幅度的磁控管的框图。

当从外部向磁控管注入弱的参考微波信号时，磁控管的频率被锁定为参考信号的频率，这一现象称为注入同步方法，Adler 方程对其进行了描述[8]，该方法有助于频率稳定，即

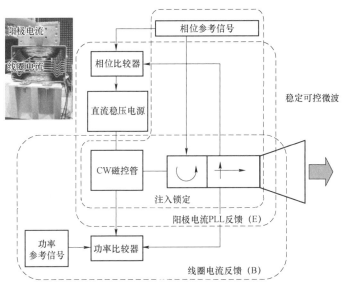

图 2.24　相位、频率、幅度的控制磁控管框图

$$\frac{\Delta\omega}{\omega_0} = \frac{2}{Q_{\text{ext}}}\sqrt{\frac{P_{\text{i}}}{P_{\text{o}}}} \tag{2.9}$$

式中：ω_0 为振荡器（磁控管）的自激频率；Q_{ext} 为磁控管的外部 Q 值；P_{o} 为磁控管的振幅；P_{i} 为注入信号的振幅；$\Delta\omega$ 为注入同步信号的带宽，即如果磁控管与注入信号之间的频率差在 $\Delta\omega$ 之内，则磁控管的频率被锁定为注入信号的频率。

频率根据式（2.9）锁定，但是相位如下式所示，并且相位差与 $\Delta\omega$ 成比例，即

$$\frac{\mathrm{d}\varphi}{\mathrm{d}t} = \Delta\omega + \frac{\omega_0}{Q_{\text{ext}}}\sqrt{\frac{P_{\text{i}}}{P_{\text{o}}}}\sin(\psi - \varphi) \tag{2.10}$$

式中：φ 和 ψ 分别为磁控管和注入信号的相位。

半导体器件也同样会发生注入同步现象，如果所用磁控管的频率随着施加的电压、电流值或外部磁场强度而变化，那么磁控管+电源就可以视为压控振荡器（Voltage Controlled Oscillator，VCO），因此可以使用锁相环（Phase Locked Loop，PLL）来控制相位，将能够稳定和控制相位。相位稳定性在 1°或以下时，已经非常稳定（图 2.25），足以满足相控阵应用。京都大学还成功完成了磁控相控阵试验（图 2.26）。Brown 选择了外部磁场作为控制方法，而京都大学选择了施加的电压、电流值

进行控制。京都大学开发的相位、频率、幅度可控的磁控管通过施加的电压、电流值来控制相位和频率，并同时通过外部磁场来控制微波输出功率。此外，美国阿拉斯加 Fairbanks 大学[9,10]和法国 Re Union 大学[11-13]已将 PCM 用于无线能量传输研究，并在英国 Lancaster 大学用于通信和脉冲雷达应用研究。

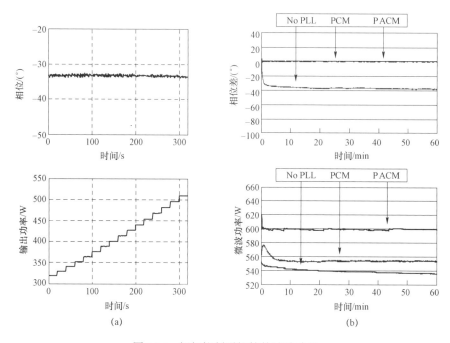

图 2.25　幅相控制磁控管的试验结果

（a）幅度控制期间的相位稳定性；（b）相位/频率/幅度稳定性

图 2.26　京都大学开发的 12 阵元磁控管相控阵

在采用半导体器件的相控阵中，对半导体振荡器注入同步信号，利用注入同步方法来实现频率稳定和波束控制。注入信号可以是由于相邻天线的相互耦合引起的泄漏微波，也可以是利用传输线等直接耦合的微波。该方法也可以应用于磁控管相控阵[21,22]。在这种情况下，通过单元之间的耦合，每个振荡器的相位可由下面的 Adler 方程唯一确定[21]，即

$$\frac{\mathrm{d}\varphi_i}{\mathrm{d}t} = \Delta\omega + \frac{\varepsilon_{i,j-1}\omega_i}{Q_{\text{ext}}}\sin(\varphi_{i-1}-\varphi_i) + \frac{\varepsilon_{i,j+1}\omega_i}{Q_{\text{ext}}}\sin(\varphi_{i+1}-\varphi_i)\ (i=1,2,\cdots,N)$$

$$(2.11)$$

式（2.11）是用 N 个振荡器单元间耦合来表述注入同步现象的联立方程，ω_i 和 φ_i 是每个振荡器的自激频率和相位，ε_{ij} 第 i 个单元和第 j 个单元之间的耦合强度。单元之间的耦合强度 ε_{ij} 可以用下式表示，即

$$\varepsilon_{ij} = \sqrt{\frac{P_{ij}}{P_i}} \tag{2.12}$$

式中：P_{ij} 为从振荡器耦合到振荡器 i 的方向上的信号功率；P_i 为振荡器 i 的输出功率。

同样，在式（2.11）中只包含一个相邻的振荡器，因此下标为 0 或 $N+1$ 的项将被忽略。假设式（2.11）中的耦合强度 ε_{ij} 值都相等，通过按下面的描述设置每个振荡器的自激频率，可以利用两端的振荡器之间的相位差使每个振荡器的相位具有相同的相位差，即

$$\phi_i - \phi_{i-1} = \Delta\phi\ (一定值) \tag{2.13}$$

式（2.13）可视为式（2.11）的解之一。将式（2.13）代入式（2.11），并考虑稳态条件（$\mathrm{d}\varphi_i/\mathrm{d}t=0$），可以得到限定每个振荡器的自激频率的必要条件，即

$$\omega_i = \begin{cases} \omega_0 + \Delta\omega, & i=1 \\ \omega_0, & 1<i<N \\ \omega_0 - \Delta\omega, & i=N \end{cases} \tag{2.14}$$

式中：ω_0 为设计输出频率，$\Delta\omega = \varepsilon\omega_0/Q_{\text{ext}}\cdot\sin\Delta\varphi$。换言之，根据两端振荡器的自激频率，并对每个振荡器沿相反方向相对于设计输出频率偏移 $\Delta\omega$，每个振荡器的相位可以通过将两端的振荡器之间的相位差进行等分得到。对于特定的 $\Delta\omega$ 值，有两个对应的 $\Delta\varphi$ 值，但实际上，振荡器之间的相位差 $\Delta\varphi$ 可以取的范围限制为 $-90° < \Delta\varphi < +90°$，因此，当 $\Delta\omega$ 确定

时，就可以确定为 $\Delta\varphi$ 值的唯一解，并且可以控制波束指向。换言之，只要控制两端振荡器的频率，就可以在没有移相器的情况下进行波束控制。也就是说，对于磁控管相控阵，仅在两端采用相位控制磁控管，其他单元采用自激磁控管就可以通过相互耦合来控制波束方向。在这种情况下，磁控管相控阵的架构如图 2.27 所示。

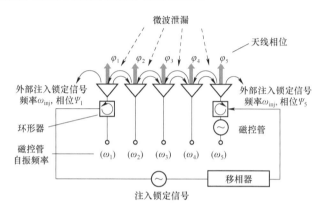

图 2.27　单元间耦合注入同步磁控管相控阵

如前所述，如果保持磁控管的自激振荡，那么由于温度特性问题，元件稳定性就会变差。另外，基本方程式采用式（2.11），但是如图 2.27 所示，对 $i=1$ 和第 N 个磁控管使用由式（2.10）确定的直接注入同步方法。对于耦合磁控管相控阵列的情况，将应用以下新等式，它是式（2.10）式和（2.11）的组合。

$$\frac{\mathrm{d}\varphi}{\mathrm{d}t} = \Delta\omega + \frac{\omega_i\rho_i}{Q_{\mathrm{ext}}}\sin(\psi_i - \varphi_i) + \frac{\varepsilon_{i,j-1}\omega_i}{Q_{\mathrm{ext}}}\sin(\varphi_{i-1} - \varphi_i) + \frac{\varepsilon_{i,j+1}\omega_i}{Q_{\mathrm{ext}}}\sin(\varphi_{i+1} - \varphi_i)$$

$$(i = 1, 2, \cdots, N)$$

（2.15）

式中：ρ_i 为外部注入信号相对两端磁控管辐射微波的振幅。

如果辐射微波的功率为 P_i，外部注入信号的功率为 $P_{\mathrm{inj},i}$，则可由下式表示，即

$$\rho_{ij} = \sqrt{\frac{P_{\mathrm{inj},i}}{P_i}} \qquad (i = 1, N)$$

（2.16）

另外，ψ_i 是两端磁控管的外部注入同步信号的相位。ρ_i 和 ψ_i 仅在 $i=1$，N 时才存在，而在其他情况下为零。

在式（2.15）中，假设耦合强度 ε_{ij} 和注入信号强度 ρ_i 的值都相等，那么如前一节所述，将式（2.13）代入式（2.15）并考虑稳态条件（$\mathrm{d}\varphi_i/\mathrm{d}t=0$），就形成了各个磁控管自激频率的条件，而且每个天线的相位等量递增，增量就是两端天线之间的相位差除以天线间隔数：

$$\omega_i = \begin{cases} \omega_{\text{int}} + \Delta\omega_1, & i=1 \\ \omega_{\text{int}}, & 1<i<N \\ \omega_{\text{int}} - \Delta\omega_N, & i=N \end{cases} \quad （2.17）$$

其中，

$$\Delta\omega_i = \frac{\varepsilon\omega_i}{Q_{\text{ext}}}[\sin\Delta\varphi - \sin(\varphi_i - \psi_i)] \quad (i=1,N) \quad （2.18）$$

对于特定的 $\Delta\omega_i$ 值有两个 $\Delta\varphi$ 值，但实际上，天线之间的相位差 $\Delta\varphi$ 的范围限制为 $-90° < \Delta\varphi < +90°$。此外，假设所有磁控管的自激频率与外部注入同步信号的频率匹配，则

$$\omega_i = \omega_{\text{inj}} \quad （所有的 i） \quad （2.19）$$

假设 $\varphi_1 - \psi_1 = \Delta\varphi$，$\varphi_N - \psi_N = \Delta\varphi$，可得

$$\psi_N - \psi_1 = (N+1)\Delta\varphi \quad （2.20）$$

也就是说，当所有磁控管的自激频率与两端磁控管外部注入同步信号的频率匹配时，可以将外部注入信号之间的相位差平均分配给每个天线。如果 $|\psi_N - \psi_1| < 180°$，则可确定 $\Delta\varphi$ 的唯一解。那么对于该系统，磁控管的自激频率的不稳定性可能会影响输出相位的稳定性和波束方向控制的稳定性。但是，与上面的系统不同之处在于，即使磁控管自由振荡频率发生波动，但如果在频率锁定范围内，则每个输出频率都与外部注入信号同步。利用这些方程式可以进行仿真。天线数 $N=4$，磁控管的 $Q_{\text{ext}}=174$，两端外部注入信号之间的相位差 $\psi_4 - \psi_1 = 90°$，相邻天线之间的耦合强度 ε_{ij} 都相等，并且假设外部注入信号的强度 ρ 也相等，即

$$\varepsilon = \rho = \sqrt{1[\text{W}]/500[\text{W}]} = 0.044\ 7, \ \omega_i = \omega_{\text{inj}} = 2.45[\text{GHz}]$$

在这种情况下，它可以在约 4 μs 内实现定常稳定状态，并且结果正如所期望那样，每个单元相位均等地划分。当在测得的磁控管自激频率波动的条件下进行仿真时，随着每个磁控管的自激频率随时间变化，其输出的相位也会发生显著变化，但是这种变化在每个天线之间并非互不相关的。因为所有相位都是同时变化的，因此在计算波束方向图时，主

波束的方向不会随时间变化，而且旁瓣也几乎不会发生变化。因此，即使采用磁控管之类具有自激频率不稳定的振荡器，该系统也可以控制相控阵的波速指向，甚至可以说它非常适合于波束控制。

互注入式同步磁控管相控阵试验天线如图 2.28 所示。

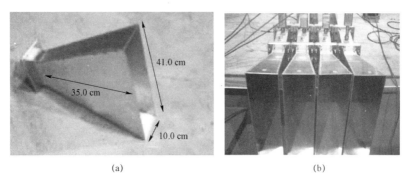

(a)   (b)

图 2.28   互注入式同步磁控管相控阵试验
（两端的磁控管是相控磁控管，中间的两个磁控管是自激磁控管）
（a）喇叭天线；（b）喇叭天线阵列（4 单元）

图 2.29 给出了相控阵波束图的试验和理论结果。利用图 2.28 所示的喇叭天线进行了试验，单元间距采用 0.86 λ（约 10.5cm）的物理极限，频率是 2.45 GHz。所谓理论值，是采用 4 个喇叭天线的波束方向图的测量值根据理论获得的相位进行波束合成的结果，可以看出具有很好的一致性。当扫描角变大时，理论值和实测值开始偏离，但这是因为理论上仅考虑与一个相邻单元的互耦，在试验中当波束扫描角变大时，两个相邻单元之间的相互耦合增强，从而引起偏差。如果将式（2.11）的理论扩展到考虑与两个相邻单元的互耦，则理论和试验会很好地吻合[14]。

磁控管的首要问题是其使用寿命。在磁控管的振荡机理中利用了发射电子的阴极，但是对于微波加热应用而言，阴极寿命约为 10 000 h。对于微波能量传输这样的特殊应用而言，阴极寿命约为 100 000 h。为了进一步延长寿命，有必要进行研究。作为 2.45 GHz 磁控管的发展要求和路线图，最终需将效率提高 10% 或更多，达到 80% 或更高的目标；要开发冷阴极等技术，延长使用寿命（大于 300 000 h）；并需发展先进相控阵系统，有必要将每瓦特的质量减少到几克或者更轻。除此之外，5.8 GHz磁控管还要求实现更高的效率、更高的批量生产率和更低的成本。

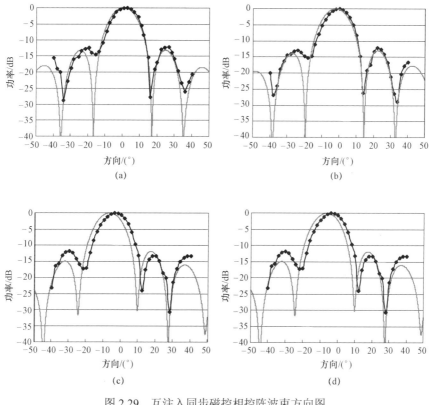

图 2.29　互注入同步磁控相控阵波束方向图

◆ 测量值，—— 理论值

（a）两端磁控管的相位差 0°；（b）两端磁控管的相位差 30°；
（c）两端磁控管的相位差 90°；（d）两端磁控管的相位差 150°

2.2　相控阵和波束形成

2.2.1　大规模相控阵天线

2.2.1.1　空间天线比较

SPS 系统需要两种类型的巨型天线，即空间发射天线和接收整流天线[1,2]。空间发射天线的功能是使微波波束紧密地匹配地面接收整流阵列。

　　能量传输这种无线电波的应用还存在一些困难，因为它无法通过通信或雷达的收发天线完成。下面结合图 2.30 进行说明[3]。在如图 2.30（b）所示的通信应用中，从上方的发射天线发送的波束，其直径比接收天线大得多，接收天线仅收集并利用一部分波束。这样一来，即使发射天线稍微倾斜，波束也不会偏离接收天线。另外，可以认为此时无线电波在接收天线的口径上具有几乎恒定的幅度和相位，因此在无线通信和雷达领域中著名的 Friis 方程式是成立的。而在如图 2.30（a）所示的 SPS 中，发射波束被接收天线全部接收，因此即使发射天线（空间天线）稍微倾斜，波束也将从接收天线（整流天线）中溢出。因此即使困难重重，也必须开发一种将传输波束精确地引导至整流天线的技术。同样，在整流天线口径上，无线电波的功率密度并不均匀，而是接近高斯分布[4]。

　　有 3 种可能的方式来构建空间天线：① 偶极子阵列；② 口径天线阵列；③ 单口径。考虑到种种因素，以偶极子为单元的阵列天线（或者说天线阵列）似乎是最合适的。本章将主要讨论有关以偶极子为单元的阵列天线，重点关注以下几个方面：① 超大型天线的设计方法；② 简化超大型天线的组阵方法；③ 防止由于简化而导致性能恶化的方法；④ 如何实现超大型天线机构，以及如何补偿机构引起的性能恶化。

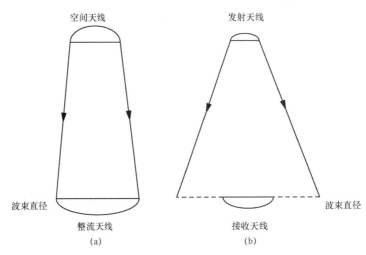

图 2.30　发射波束与接收天线之间的尺寸关系

（a）SPS；（b）通信与雷达

2.2.1.2　相控阵天线规模

1. 波束宽度（天线增益）

来自空间天线的波束宽度取决于覆盖整流天线的要求。也就是说，从空间天线对整流天线的张角必须达到 Dr/R。此处 Dr 是整流天线的直径，R 是从空间天线到整流天线的距离。那么，来自空间天线的波束宽度应该是多少？由于天线发射波束通常从正前方的峰值沿径向平缓降低，因此有必要根据功率电平来确定。考虑总波束宽度 θ_{HPBW}，它是峰值功率降到一半时的角度，可由下式计算，即

$$\theta_{HPBW} = Dr / R \qquad (2.21)$$

根据反射面天线的理论，满足上述方程的空间天线的尺寸 D_S 由下式确定[5]，即

$$\theta_{HPBW} = \alpha\lambda / D_S \qquad (2.22)$$

式中：α 为小于 1 的常数；λ 为微波波长，该式也包含着工作频率的信息。

以 NASA 的基准系统为例来说，$R = 36\,000$ km，$Dr = 5$ km[2]，则

$$\theta_{HPBW} = 1.4 \times 10^{-4}\,\text{rad} \qquad (2.23)$$

因此，当 $\alpha = 1$ 时，有

$$D_S = 870\,\text{m} \qquad (2.24)$$

实际上，α 最大值约为 0.8，因此 D_S 约为 1 km。同样，在 NASA 基准系统中，选取的基准电平是 -13.6 dB 而不是 -3 dB，这也是 D_S 比较大的原因。

上述波束宽度可以转换为天线增益 G，为此应用了发射波束立体角 Ω 的概念。那么 G 可以由下式定义，即

$$G = 4\pi / \Omega \qquad (2.25)$$

对于高增益或窄波束天线，立体角 Ω 可以近似为

$$\Omega = \pi(\sin(\theta_{HPBW} / 2))^2 \qquad (2.26)$$

对于 NASA 基准系统的天线，可以将式（2.23）代入式（2.26），然后利用式（2.25）获得天线增益 $G = 89$ dBi。

如上所述，来自空间天线的波束在整流天线口径内是不均匀的，为了确定所接收到的功率，必须对接收的功率密度进行积分。根据前期的研究结果，可以计算整流天线尺寸以确保足够的接收功率[4]，如图 2.31 所示。空间天线口面上的电场通常也不均匀，但是假设辐射波束呈均匀分布，并且半功率波束宽度等于整流天线直径，则几乎可以收集到90%的能量。

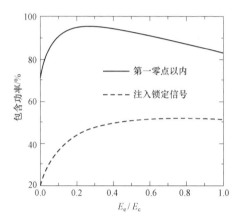

图 2.31　包含功率与波束边沿/中心振幅之比的关系

2. 单元数量与面积

阵列天线的单元数量主要取决于系统所需的波束宽度，其次取决于相应的天线增益。另外，为了消除了天线单元之间的耦合，并且保证不产生栅瓣，需将单元间距确定为 $\lambda/2$。由此可以确定整个天线的面积。

N 个等间距单元构成的线天线阵列的辐射场 $f_t(\theta)$ 由单元方向图 $f_e(\theta)$ 和阵列方向图（阵列系数）$f_a(\theta)$ 相乘得到[5]。这里为简单起见，以一维阵列为例进行论述。

$$f_t(\theta) = f_e(\theta) f_a(\theta) \tag{2.27}$$

式中：$f_e(\theta)$ 由辐射单元的类型确定，$f_a(\theta)$ 则由下式表示，即

$$f_a = 1 + e^{j(kd\sin\theta+\beta)} + e^{j2(kd\sin\theta+\beta)} + \cdots + e^{j(N_e-1)(kd\sin\theta+\beta)} \tag{2.28}$$

式中：N_e 是单元数量；β 是波束扫描时的相移量，由下式表示，即

$$\beta = -kd\sin\theta_0 \qquad (2.29)$$

式中：θ_0 为期望的方向。

从式（2.27）可知，天线阵的增益可视为单元增益和阵列系数（由全向辐射单元组阵）的乘积。单元增益由单元确定，如对于自由空间中的半波偶极子，增益为 2.2 dB。而对于配备反射器的半波偶极子天线，工程上的要求如下：

$$G_0 = 8.1\,\text{dBi} = 6.5 \qquad (2.30)$$

如果阵列系数中每个单元的输入功率为单位 1，则总输入功率为 N_e。由于特定距离处的方向图振幅是单个单元振幅的 N_e 倍，因此功率密度是 N_e^2 倍。因此，阵列系数的增益被认为是 N_e。

因此，如果阵列集成了 N_e 个单元且没有互耦，增益 G_t 可表述为单元天线增益 G_o 的函数，即

$$G_t = N_e G_o \qquad (2.31)$$

下面，计算区域 S 中的单元数。为简单起见，假设天线口面划分为矩形的平面栅格（同样适用于下面论及的方形栅格和三角形栅格[6]）。一个平面栅格的 4 个角上有 4 个单元，同时一个单元也分属 4 个栅格。因此，平均每个平面栅格的单元数为 1。

假设单元间距为 $\lambda/2$，则面积 S 上排布的单元数为

$$N_e = S/(\lambda/2)^2 = 4S/\lambda^2 \qquad (2.32)$$

由此，可以获得排布在面积为 S 的口面上阵列天线的增益 G_t。对于半波偶极子排布在自由空间的情况，将式（2.31）中的 $N_e = 2.2$ dB 代入式（2.32），可得

$$G_t = 1.64 \times 4S/\lambda^2 \qquad (2.33)$$

上面，已经得到 NASA 参考系统的增益 $G_t = 89$ dBi，同时它采用了带有反射器的偶极子，因此可以计算其单元数为

$$N_e = 81\,\text{dB} = 1.2 \times 10^8 \qquad (2.34)$$

与以上讨论不同，对于阵列天线，还可以采用以下公式定义的定向增益，即

$$G = 4\pi \left| f_t(\theta)_{\max} \right|^2 \bigg/ \int \left| f_t(\theta)_{\max} \right|^2 \mathrm{d}\Omega \qquad (2.35)$$

式中，分母是总空间角内的积分，用于表示总辐射功率。由于辐射方向图 $f_t(\theta)$ 是一种干涉方向图，所以波瓣的数量随着单元数量的增加而增加。结果总辐射功率变小，所以式（2.35）表示的增益变大。与式（2.31）表示的天线增益相比，定向增益的使用有以下不便之处。

（1）SPS 空间天线的单元数量非常多，很难在整个空间角内积分。

（2）在恒定输入功率条件下，若能明确最高功率密度，则天线阵列也可按这一标准设计。

因此在本书中，我们将用式（2.31）定义的增益来代替式（2.35）定义的定向增益。

2.2.1.3　通过稀疏馈电减少馈电数

1. 存在的问题

对阵列天线的 N 个单元馈电时，常使用多级两分支电路。由于所有单元都位于 $n-1$ 级分支电路的末端，因此有 $N = 2^{n-1}$。因此，总的传输线功分器数量为

$$M = 1 + 2 + 4 + \cdots + 2^{n-1} = 2N + 1 \qquad (2.36)$$

也就是说，它的数量按要馈电单元数量的 2 倍成比例地增加，因而变得很复杂。

为此已经提出了一种方法，通过单元之间的相互耦合将功率从相邻的馈电单元提供给某些辐射单元，如图 2.32 所示。一些单元实际上没有连接到馈线，它们就是非馈电单元。这种技术称为稀疏馈电。

2. 稀疏馈电的架构及其仿真[7]

在图 2.33 所示的例子中，共有 10 个单元，其中 4 个单元馈电，6 个单元不馈电。反射器装配在单元的背面，以抑制天线向相反方向的辐射，并作为装配单元的结构。单元以 5 行 2 列的形式排布，馈电单元和非馈电单元在 x 轴方向上排布在相同的位置，但在 y 轴方向上交替排布。在总共 10 个单元中，有 6 个是非馈电单元，因此稀疏率是 60%。工作

频率为 5.8 GHz。利用上述架构，研究了高度 h 与单元间距 S 和 d 之间的关系，以寻求最佳布阵方式。来自信号源的功率被分成四个相等的部分，每个单元以相同的相位馈电。在采用的模型中，采用间隔馈电方式，并使用矩量法来计算天线特性。为简单起见，假设反射器是无限大的。

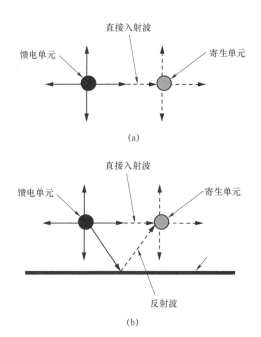

图 2.32　稀疏馈电的形式（每个单元都是从纵向看的剖视图）

（a）空间耦合；（b）通过空间耦合和反射波耦合

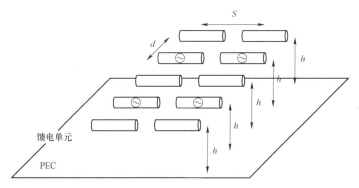

图 2.33　稀疏馈电阵列天线的架构

如图 2.34 所示是高度固定为 $h = 0.56\lambda$ 时，单元间距 S 和 d 与增益之间的关系。当 $S = 0.65\lambda$、$d = 0.60\lambda$ 和 $h = 0.56\lambda$ 时，最大增益为 18.9 dBi。因此，带反射器的半波偶极子 [增益见式（2.31）] 的增益几乎与这样 10 个单元的增益相同。可以说，非馈电单元与馈电单元的贡献相同。此时，旁瓣电平在 E 面上为 11.7 dB，在 H 面上为 18.1 dB。

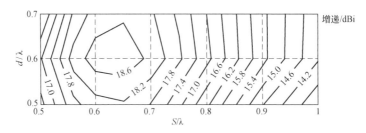

图 2.34   单元间距为 S 和 d 时的增益（$h = 0.56\lambda$）

3. 试验验证[8]

馈电单元如图 2.35 所示，试验中采用的是馈电偶极子[9]，是由半绞合同轴电缆和铜线构成的偶极子。由于它具有内置的平衡/不平衡转换器（balun），因此对于任何高度 h 都可以实现阻抗匹配。在这种情况下，将其与反射镜的距离设为 0.63λ。馈电单元的尺寸为 $l = 23.50$ mm，$a = 11.34$ mm，$b = 10.97$ mm，$x = 9.54$ mm，$h = 32.82$ mm。在 5.8 GHz 时，输入反射系数 S_{11} 为 19.8 dB，天线增益为 6.7 dBi。

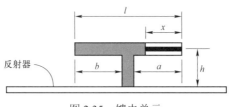

图 2.35   馈电单元

一个单元的辐射特性如图 2.36 所示。由于高度为 0.63λ，因此旁瓣很高，尤其是在 H 面，旁瓣比主瓣高 2.3 dB。

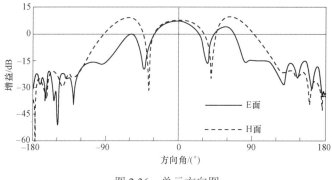

图 2.36　单元方向图

在试验中，设置了一个馈电单元和两个非馈电单元，如图 2.37 所示。非馈电单元具有与馈电单元相同的长度和粗细，并且所有这些单元都设置为相同的高度。

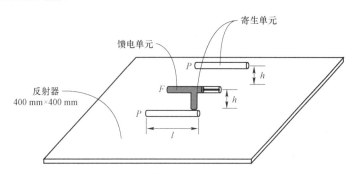

图 2.37　试验中使用的细天线和单元排布

首先，通过与标准天线的比较来测量增益。如图 2.38 所示是单元间距 d 改变时增益的变化。在 d = 0.6λ 时获得 12.5 dBi 的最大增益。与单个单元的情况相比增益提高了 4.4 dB，因此可以认为非馈电单元的工作方式与馈电单元相同。

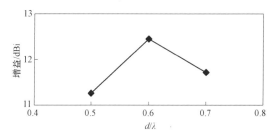

图 2.38　单元间距 d 变化时增益的变化

4. 稀疏馈电的系统效果[10]

图 2.39（a）给出了一种配置，其中馈电单元超过 1/2，在馈电单元之间通过空间耦合为非馈电元件馈电。在这种情况下，不使用反射面。设计中通过调整间距 $2S$ 和 $2d$，可以最大限度地提高 z 向的天线增益。结果当 $2S = 0.75\lambda$ 和 $2d = 1.2\lambda$ 时，获得最大增益 8.6 dBi。

将图 2.39（a）与（b）进行比较，可以看出，通过减少馈电，可以大大简化馈电电路。尤其是可以减少传输线的数量，因此可以使分支处的阻抗匹配更加容易。放大器、衰减器以及移相器的数量可以大大减少，排布也可以大大简化。

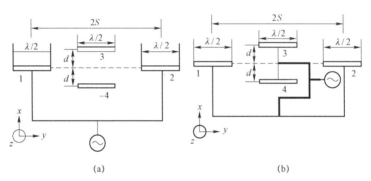

图 2.39　稀疏馈电（包括参数 $2S$ 和 $2d$ 和馈电电路）
（a）稀疏馈电；（b）全部馈电

2.2.1.4　非馈电单元导致的栅瓣的抑制方法

1. 存在的问题

在稀疏馈电中，虽然非馈电单元贡献的增益几乎与馈电单元相同，但仍然存在细微差别。因此，馈电单元和非馈电单元的排布比正常单元排布置的周期性更长，并且容易出现栅瓣。减少栅瓣的另一种方法是采用随机馈电[11]。然而，在随机馈电阵列中，如果通过较小的子阵（Sub-array）来设计和组装巨大的阵列天线，那么子阵将很难具有相同的形状。

因此，我们提出了一种在稀疏馈电阵列中采用某种规律性，同时又不会产生栅瓣的组阵方法，并通过仿真计算证明了其有效性。

2. 非馈电单元和馈电单元排布方法[12]

为简单起见，考虑一个具有 3 行单元的阵列，如图 2.40 所示。为了简化讨论，假设波束不在 x 方向上扫描，则该第 j 行阵列元件在 $y-z$ 平面上的辐射方向图由下式计算，即

$$\begin{cases} j=1 \rightarrow S_1 = \sum_i a_{1i}\exp\left(+\mathrm{j}\varphi_1\right) = \left(\sum_i a_{1i}\right)\exp\left(+\mathrm{j}\varphi_1\right) \\ j=2 \rightarrow S_2 = \sum_i a_{2i}\exp\left(\mathrm{j}kb\sin\beta+\mathrm{j}\varphi_2\right) = \left(\sum_i a_{2i}\right)\exp\left(\mathrm{j}kb\sin\beta+\mathrm{j}\varphi_2\right) \\ j=3 \rightarrow S_3 = \sum_i a_{3i}\exp\left(\mathrm{j}k2b\sin\beta+\mathrm{j}\varphi_3\right) = \left(\sum_i a_{3i}\right)\exp\left(\mathrm{j}k2b\sin\beta+\mathrm{j}\varphi_2\right) \end{cases}$$

$$\text{（2.37）}$$

式中：a_{ji} 为第 j 行中第 i 个元素的激励幅度；k 为波数；b 为行间距；β 是在 $y-z$ 平面中的角度；φ_j 为第 j 行单元的馈电相位。

馈电单元的振幅 $a_{ji}=1$，非馈电单元的振幅 $a_{ji}<1$。如果每个单元都以 $\varphi_1=\varphi_2=\varphi_3$ 的相位进行激励，则合成波束垂直于 $y-z$ 平面辐射。当波束在 $y-z$ 平面倾斜时，每行单元之间会产生相位差。

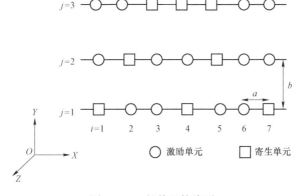

图 2.40　3 行单元的阵列

下面，考虑 y_0 平面中的辐射方向图。首先，考虑由 b 分隔的第一行（$j=1$）和第二行（$j=2$）之间的情况。来自每一行的辐射波的强度根据所包括的馈电和非馈电单元的数量或比例而变化。讨论 YOZ 平面方向图时，每一行可以等效地视为一个辐射器。由于第一行的比例为 4:3，第二行的比例为 5:2，因此第二行是更强的辐射器。在图 2.40 中，第三条线的比例为 4:3，与第一行相同，因此第一行和第三行之间存在周期性，并且两行的周期为 $2b$。如果每行的比例相同，则强度也相同，并且周期性等于行间距 b。

对以上讨论加以扩展，让每行的非馈电元件与馈电元件的比例相等，则可以使合成的等效辐射器的振幅相等。因此，即使存在振幅小的非馈电单元，也可以抑制栅瓣。如图 2.41（a）所示是 192 单元的阵列，单元构成三角形栅格。为了便于比较，图 2.41（b）所示为其中馈电单元和非馈电元件交替排布的示例。在这种情况下，馈电单元和非馈电单元水平排列，并且在竖直方向（y 方向）上呈现明显的周期性。

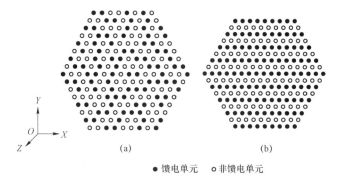

●馈电单元　○非馈电单元

图 2.41　单元排布与子阵划分
（a）理想排布；（b）非理想排布

如图 2.42 所示是沿 y 轴方向这两种单元的比例。在图 2.42（a）所示的阵列中，每行中的比例几乎相同。另外，如果根据常规方法布阵，则与图 2.41（b）相对应的比例在图 2.42（b）中示出，每三行呈现很显著的周期性，并且可以看出周期性比行距 b 大。在这种情况下，即使没有以间隔 b 出现栅瓣，但由于 $2b$ 的周期性，辐射空间也会出现栅瓣。

阵列通常有多条参考线，图 2.41 所示的三角形阵列有 3 条参考线，沿所有参考线，两种单元的比例必须相同。

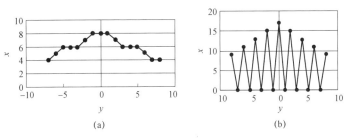

图 2.42 y 轴方向馈电单元数量变化

（a）理想排布；（b）非理想排布

3. 仿真分析结果[13]

对于上述实例，采用矩量法计算了辐射方向图。工作频率为 12.5 GHz，在所有三个方向上的单元间距为 0.5λ，单元尺寸为 0.5λ，从每个单元到反射面的距离为 0.5λ。

当波束沿仰角 EL＝60° 扫描时，方向图计算结果如图 2.43 所示。在所需的排布方案中，可以观察到栅瓣在 −60° 处出现，但水平已经足够低，这与 100% 馈电时几乎相同。另外，在不期望的排布方案中，栅瓣在仰角 EL＝−10° 方向上较为显著，该角度接近于从阵列理论获得的 17°。

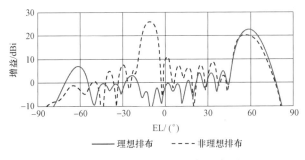

图 2.43 EL＝60° 时的辐射方向图

对于所需的布阵方案，以仰角 A_r 为参数给出了波束扫描特性，如图 2.44 所示。在不同方位角上，并未观察到栅瓣增益的提高或降低。

4. 样机实例[13]

图 2.45（a）给出了一个样机实例，其中将 192 个单元的大型阵列划分为 12 个子阵。每个子阵由 16 个单元组成，每个子阵旋转 60° 排布。这样的阵列满足上述栅瓣抑制条件。

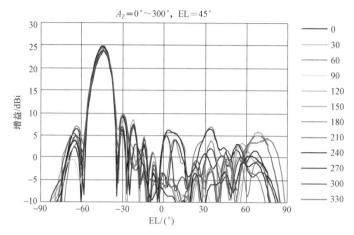

图 2.44　不同方位角时波束 45° 仰角的辐射方向图

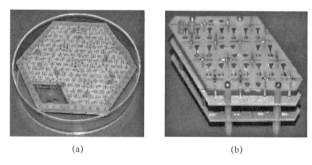

(a)　　　　　　　　　　　(b)

图 2.45　相控阵天线样机的外形

（a）天线整体（除了 1 个子阵）；（b）1 个子阵

2.2.1.5　波束扫描

1.　波束扫描原理

必须对空间天线的辐射波束进行极其精确的控制，并将引向整流器。为了改变辐射波束的方向，即用阵列天线中进行扫描，需要改变从辐射单元发射的无线电波的相位。图 2.46 给出了两个天线单元情况的原理，移相器使从部件左侧进入的无线电波的相位前移 ϕ，然后从右侧出射。因此，从单元 F_1 和 F_2 发射的无线电波 A_1 和 A_2 被赋予 $\phi_1 - \phi_2$ 的相位差。

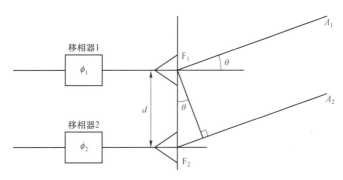

图 2.46　2 辐射单元的辐射波

通常不仅是微波，而且包括声波和海浪，当两个波之间的路径差等于波长（λ）时，如果波形完全相同，那么它们彼此增强。由于波形可由三角函数表示，因此两个波的相位相差 360°，即 $2\pi\,\mathrm{rad}$（实际上可以是 2π 的整数倍）。因此，在图 2.46 中，如果 ϕ_1 和 ϕ_2 的值相同，则从 F_1 和 F_2 出射的波具有相同的相位，因此它们会向右直行。

接下来，考虑从两个单元辐射并沿角度 θ 的方向传播的无线电波 A_2 和 A_1，路径差 F_2H 根据几何关系其长度等于 $d\sin\theta$。将其重写为相位差时，可变为（$d\sin\theta/\lambda$）$\cdot\,2\pi$，因为它是由路径差和波长相对于 2π 的比决定的。考虑两个移相器之间的相位差，则在角度 θ 方向上的两个无线电波之间的相位差可用 $(d\sin\theta/\lambda)\cdot 2\pi-(\phi_2-\phi_1)$ 表示，即

$$2\pi(d\sin\theta/\lambda)-\left(\phi_2-\phi_1\right)=2n\pi \qquad (2.38)$$

如果相位差是整数（n）乘以 $2\pi\,\mathrm{rad}$ 时，波会相互增强。可以看出，通过改变相位差 $\phi_2-\phi_1$，可以自由地改变波束角 θ。

即使以这种方式来控制波束指向，也不可避免发生误差。控制误差的因素包括卫星本身的姿态误差、由于太阳风的影响而引起的姿态波动以及相位设置误差。尤其是当使用数字移相器时，相位量化误差会成为问题。假设指向控制精度是波束宽度的 1/10，则意味着在整流天线周围必须设置 1/10 的接收天线备用区域。因此，如果提高控制精度，则备用区域的量将减小。以 NASA 的基准系统为例，从空间天线到整流天线的预期角度（空间天线波束宽度）的 1/10 为 $1.4\times10^{-5}\,\mathrm{rad}$，因此需要 500 m 或更大的空闲区域。

2. 移相器缩减

当波束扫描时，移相器是必不可少的，但是减少移相器的数量可有效简化系统配置，从而降低价格。因此，可以考虑将巨大的阵列天线划分为空间天线那样的小阵列（子阵），并且每个子阵由相同的相位（单个移相器）馈电。那么，可以缩减多少个子阵或移相器（或者可以设计多大的子阵）呢？

阵列天线的辐射方向图是由子阵方向图 $f_{sa}(\theta)$ 与阵列方向图（阵列系数）$f_a(\theta)$ 的乘积给出的。但是为简单起见，下面考虑一维的情况，即

$$f_t(\theta) = f_{sa}(\theta) f_a(\theta) \tag{2.39}$$

式中：$f_{sa}(\theta)$ 由辐射单元的类型和子阵上的单元数量确定；$f_a(\theta)$ 则由下式表示[5]，即

$$f_t = 1 + e^{j(kd\sin\theta + \beta)} + e^{j2(kd\sin\theta + \beta)} + \cdots + e^{j(N_{sa}-1)(kd\sin\theta + \beta)} \tag{2.40}$$

式中：N_{sa} 是子阵的数量，并且相位 ϕ_n 被赋予子阵 n。在此，阵列方向图表明可以通过改变 ϕ_n 来扫描波束。

在以下条件下给出上述子阵的最大比例：子阵方向图在波束扫描的角度内是恒定的。如 2.2 节所述，天线的波束宽度与辐射单元所在表面的尺寸成反比，因此在这种情况下，子阵方向图比单元方向图要窄。例如，在单个半波偶极子的情况下，单元方向图的半功率波束宽度约为 $\pm 45°$。如果用 4 个单元组成一个方形子阵，则波束宽度将约为 $\pm 23°$。当排列这些子阵并用移相器扫描阵列方向图时，如果将子阵方向图摆动 $\pm 23°$，则子阵方向图的电平将降低 1/2，即 3 dB。而作为天线，其增益降低 3 dB。

以美国的基准系统为例，波束的扫描范围为 $\pm 0.1°$。因此如果子阵方向图的波束宽度是其 10 倍，则即使发生波束扫描，增益也不会降低。即

$$\lambda / D = 2 / 57 \tag{2.41}$$

在 2.45 GHz 处，$\lambda = 122$ mm，因此有 $D = 3.5$ m。

在边长为 3.5 m 的正方形中，半波偶极子数目为

$$(D / \lambda / 2)^2 = 3\,300 \tag{2.42}$$

换句话说，应为 3 300 个元件提供一个移相器，这极大简化了系统。然而，由于即使在波束扫描时也不会出现栅瓣，所以阵列方向图的第二

瓣必须不包含入图 2.47 中的子阵列方向图。不用说,最后一级放大器与所有的馈电单元一样多。

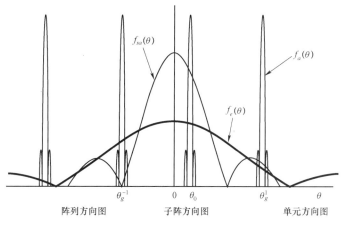

图 2.47 由子阵组成的阵列天线的辐射方向图

2.2.1.6 天线机械结构及相位补偿方法

1. 存在的问题

应根据实际发射途径来确定空间天线的构造和组装方式,但通常在发射时需将其折叠变小并储存在火箭中。对于抛物面天线已经提出了各种展开方法[14,15]。阵列天线非常适合进一步提高存储效率,但是如何将一个天线板简单地堆叠在另一个天线板上存在限制。而且如果将多个天线板堆叠并折叠多次,则展开时在天线板之间会出现很大的台阶。

因此,我们提出并研究了多次折叠多个天线板并执行电校正步骤的方法[16]。

2. 天线构造

图 2.48 所示为阵列天线的构造及展开过程,整个天线由 9 块天线板组成。从存储状态(a)开始,首先翻转 3 块天线板的堆栈,在 +y 方向上将其扩展;然后在 ±x 方向上打开两个天线板;然后 3 层沿 −y 方向向上翻转,并向左和向右打开;最后的展开状态如图 2.48(b)所示,但天线板之间的最大台阶为 8 个天线板厚度。

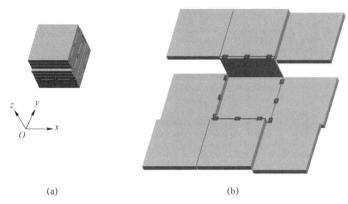

图 2.48　阵列天线的构型及展开过程

（a）收拢状态；（b）展开状态

阵列的辐射单元在此天线板上排列。因此当以相同相位馈电时，整个口径的相位误差非常大。

3. 阶跃校正和辐射特性

如图 2.49 所示为从侧面看到的阶跃。波束 1 在同一个平面上相对于波束 2 偏移相位差为 ϕ_1。另外，由于阶跃引起的相位差，波束 3 从波束 2 进一步偏移。因此当沿 θ_0 方向辐射时，通过下式给出针对波 1 和 3 校正的相位差，即

$$A_1B_1 = d\sin\theta_{0'}, A_2 \cdot B_{2'} = s\cos\theta_{0'} \tag{2.43}$$

$$\phi_1 = kd\sin\theta_0, \phi_3 = -\phi_1 + ks\cos\theta_{0'} \tag{2.44}$$

根据波束方向动态地开展校正过程。

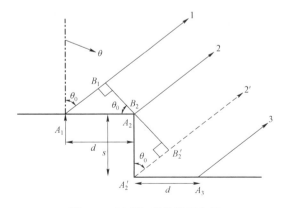

图 2.49　波束扫描的校正步骤

在与台阶正交的平面上，当$\theta_0 = 0°$ 时，计算了辐射方向图。这些单元是各向同性的，每个天线板有 5 个单元，单元间距为$\lambda / 2$，频率为 18.8 GHz，天线板厚度为 8 mm（$\lambda / 2$）。结果如图 2.50 所示。如果不进行相位校正，则峰值不会指向 0° 方向，并且方向图会产生双峰，而通过相位校正，波束会指向 0° 方向，并且旁瓣变低，可以看到获得了所需的特性。

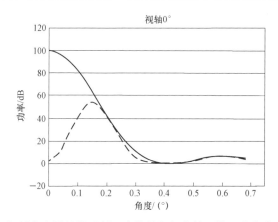

图 2.50　辐射方向图计算示例（实线是经相位校正的，虚线未经校正）

4. 系统优势

根据本方案中的多次折叠，表明 9 个天线板的口面可以折叠并存储在面积为其 1/9、厚度为其 9 倍的区域中。利用所提出的相位校正方法，可以使天线性能与同一平面上的阵列天线几乎相同。

2.2.1.7　空间天线辐射功率和放大器的连接方法

微波功率源（Power Source，PS）和辐射单元之间的连接在系统配置中也很重要。如图 2.51 所示，连接方法可以根据微波功率源和辐射单元的数量而变化。图 2.51（a）显示了一个强大的微波功率源为大量小辐射单元馈电的方案，对应于用磁控管激励偶极子阵列的情况。另外，图 2.51（b）所示是合成小的微波功率源以提供大的辐射单元的方案，对应于用晶体管激励一个抛物面天线的情况。而如图 2.51（c）所示的方案，其思想是通过调整微波功率源和辐射单元的数量来进行功率匹配。

系统中 N_{PS} 为微波功率源的数量，由下式给出，即

$$N_{PS} = P_{TOT} / P_{PS} \tag{2.45}$$

式中：P_{TOT} 为空间天线的总辐射功率；P_{PS} 为每个微波功率源的功率。

此处，所有微波源均具有相同的功率值。以基准系统为例，$P_{TOT} = 1\ GW$，$P_{PS} = 100\ W$。因此，波源数为 $N_{PS} = 10^7$。

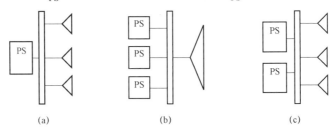

(a)   (b)   (c)

图 2.51 微波源与辐射器连接方式

（a）大功率源配小辐射器；（b）小功率源配大辐射器；（c）中等功率源配辐射器

另外，辐射器的数量 N_{RAD} 由所需的波束宽度或天线增益确定，如 2.1 节所述，但还取决于周期性排列区域和辐射单元尺寸。因此，N_{PS} 和 N_{RAD} 之间的大小关系根据微波源的大小和空间天线的构造方式而变化。

以基准系统为例，如上所述，波源的数量为 $N_{PS} = 10^7$，比偶极子辐射单元的数量 2×10^8 少一个数量级。因此平均而言，某些单元将无法全功率馈电。另外，如果通过稀疏馈电将馈电单元的数量减少到 1/3，则 N_{PS} 将略高于 N_{RAD}。实际上，也就是将图 2.51（a）和（b）以及图 2.51（c）结合使用。

2.2.2 利用无线电波的目标位置估计技术——反向波束控制

为了有效地进行无线电力传输，需要精确地控制天线发射的主波束方向。特别是在 SPS 中，高精度波束指向控制技术是必不可少的要求，因为能量从高度 36 000 km 的静止轨道卫星被传送到直径为数千米的接收站点区域，并且效率达到 90%或更高。另外，由于在电力发射端的航天器的位置和姿态不断变化，因此需要准确地估计能量接收站的方向。在本节中，我们将主要阐述作为目标位置估计技术的反向波束控制。

2.2.2.1 目标位置估计技术在 SPS 中的定位和反向波束控制概述

SPS 可以实现空间能源利用，它是通过组合多个功能来实现的。SPS 系统的形式有多种选择，图 2.52 所示为 SPS 系统功能框图，其重点是具有高度共性的功能。图中的 F2-3-2 和 F2-3-3 之后的功能对应于本节中介绍的"目标位置的方向估计"和"目标方向的主波束控制"。

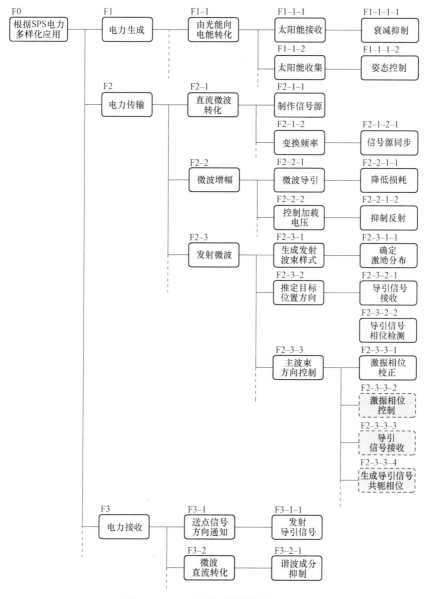

图 2.52　SPS 系统功能框图的示例

在整个 SPS 系统中，上述功能不仅可以最大限度地减小辐射到接收站点外部的溢出功率，以保持能量传输的效率，而且还可以抑制除目标方向和系统以外的其他方向上不必要的辐射波。这对系统运行所需的接收站面积具有重要的影响。例如，当地球静止轨道上的航天器天线口面直径为 1 km，频率为 5.8 GHz 时，波束宽度预计约为 0.003 6°，但是当该天线的指向误差为波束宽度的 1/10 时，考虑到它对应于地面上 226 m 的偏差，可以看出这一因素影响的大小。

可以将方向回溯控制作为在目标方向上实现波束控制的一种方法。这是一种在相控阵天线中向入射无线电波方向回溯并重新辐射无线电波的技术，这样可以将发射的无线电波指向目标位置。因此，当导引信号的频率和发射的无线电波的频率相同时，应该将每个单元天线的接收相位的共轭相位当作发射相位。假设 SPS 应用了这种反向波束控制方法，那么从接收站发射了导引信号，而接收该信号的发射天线继而向接收站发射无线电波。

2.2.2.2　反向波束控制方法和工作原理

反向波束控制大致分为硬件反向波束控制和软件化反向波束控制两种方法。所谓硬件反向波束控制方法，其中相位共轭（符号反转）由组成相控阵的每个天线单元处的模拟电路（相位共轭电路）执行，并由多个天线单元执行；而所谓软件化反向波束控制方法，是从导引信号计算角度信息，并将相位信息提供给每个天线单元移相器。换句话说，硬件反向波束控制无须估计目标位置方向的功能即可实现对目标的波束指向控制，而软件化反向波束控制则通过目标位置方向估计和指向控制两个功能，来实现波束对目标的指向控制。

硬件方向回溯的最简单示例是如图 2.53 所示的 van-atta 阵列天线[1,2]。这是一维阵列，该阵列将相对于口面的中心对称排列的单元用等长的线连接起来，并且只要面对的是平面波，接收相位和发射相位的超前或滞后的关系就会反转，因此可以产生共轭相位。但是，很难在二维方向上扩展 van-atta 阵列天线，并且当导引信号的波源存在于近场区域时，到达的等相位面为球面波。如图 2.54 所示，对于发射和接收，由于上述等相位面不相同，所以波束不能被引导到导引信号源，即目标位置。

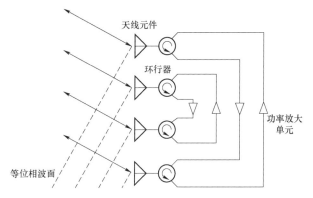

图 2.53　van-atta 阵列天线构造示例（假设图中的所有连接线长度均相等）

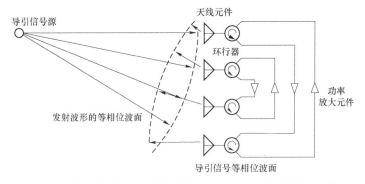

图 2.54　当导引信号源在近场区域时 van-atta 阵列天线的工作状态

作为 van-atta 阵列天线的改进方法，可以使用图 2.55 所示的混频器构造相位共轭电路[3]。在这种方法中，如果将本地振荡器（LO）的频率 f_{lo} 设置为导引信号的频率 f_{rx} 的 2 倍，并且提取由下式表示的混频器输出信号的差分频率分量 $(f_{lo} - f_{rx})$，则其频率与导引信号相同，而且可以产生频率的相位共轭，即

$$
\begin{aligned}
E_{tx} &= E_{rx} \cos(2\pi f_{rx} t + \varphi_{rx}) \cdot E_{lo} \cos(2\pi f_{lo} t) \\
&= \frac{E_{rx} E_{lo}}{2} \big[\cos\{2\pi (f_{lo} - f_{rx}) t - \varphi_{rx}\} + \cos\{2\pi (f_{lo} + f_{rx}) t + \varphi_{rx}\} \big]
\end{aligned}
$$

$$(2.46)$$

该方法的特征之一是不需要移相器，而移相器是通用相控阵天线的基本要求，并且该方法可以实现近乎实时的完全被动的波束控制。另外，与上述 van-atta 阵列天线不同，导引信号的波源可以在近场区域，并且即使每个元件天线的位置存在误差或变化，也不会影响发射波的方向性。

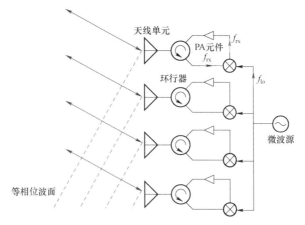

图 2.55 导引信号源在近场时 van-atta 阵列天线的工作状态

另外，在 SPS 中，导引信号与发射的无线电波之间的功率相差非常大，因此图 2.55 中的环行器需要极高的隔离，这样发射和接收相同频率的电波是不现实的。因此，必须实现具有不同发射和接收频率的电路配置，以此来避免发射和接收之间的干扰。作为一个典型的研究实例，图 2.56 所示的导引信号采用了两个不同的频率[4,5]，图 2.57 所示的导引信号采用发射的能量波束无线电波频率的 1/3，此方法[5,6]可以不使用本地振荡器。除此之外，如图 2.58 所示将混频器和分频器组合在一起，可以灵活选择发射、接收频率，然后通过构建一个 PLL 电路来改善发射波的 C/N，这称为 PLL 外差法[7,8]。许多相关研究已经发表[9-12]，并且也正在积极推进研究以用于通信应用[13-15]。

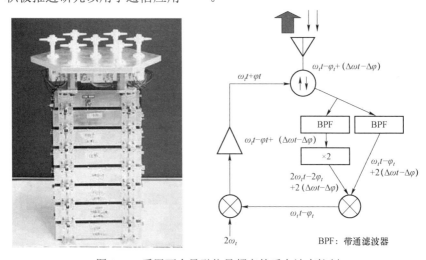

图 2.56 采用两个导引信号频率的反向波束控制

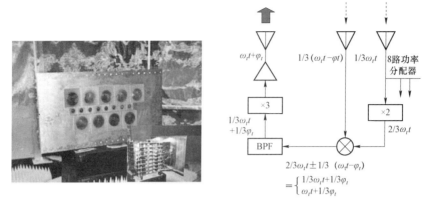

图 2.57　采用发射能量波束无线电波频率的 1/3 作为导引信号的反向波束控制

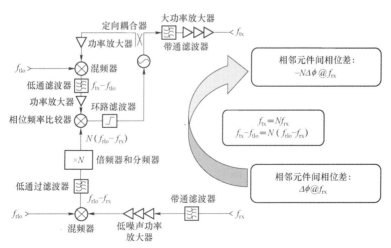

图 2.58　PLL 外差式反向波束控制

在 SPS 中，必须慎重考虑仅使用硬件反向波束控制来实现波束控制的系统。例如，将确认信息调制在导引信号上的情况下，硬件反向波束控制系统对于信号的认证能力有限，或导引信号中途被切断时，因为发射系统为无源系统则不能发射波束；针对以上情况，则必须实施如下保险机能，如中断发射波束进行导引信号的判断，或通过隔离每个天线元件发射频率，使其发射方向图会变成无指向性降低功率密度等方法。另外，即使有多个导引信号到达发射天线也不能形成多波束，所以点对点传输是构建系统的前提，并且还存在一个问题，就是要有对抗外部干扰波影响的对策。

借助软件化反向波束控制，可以将导引信号到达方向的检测和所发射无线电波的波束控制分别以独立的功能实现，因此尽管功能模块的数量增加了，但可以消除上述硬件反向波束控制的问题，还具有能够自由形成发射的无线电波束的优点，获得更低的旁瓣和更高的效率。图 2.59所示为软件化反向波束控制的组成框图，2.2.3 节将进行详细讨论。它检测每个天线单元接收的导引信号相位,利用诸如 MUSIC 或 ESPRIT 之类的算法检测来波信息，并基于该信息控制传输系统的移相器，以控制发射的无线电波波束。图中的实例使用天线单元进行发射和接收，但是这并不是必需条件，可以根据系统设计自由选择发射和接收频率。另外，在导引信号的认证机能方面来说，软件化波束控制与 SPS 系统具有很高的兼容性，因此性能非常突出。

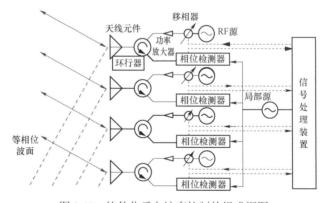

图 2.59　软件化反向波束控制的组成框图

下面还将介绍一种单脉冲方法，该方法不具备软件化方向回溯功能，但在卫星通信和雷达中获得很大的成功，因为它可以轻松实现检测导引信号到达方向的功能。单脉冲方法大致分为幅度比较和相位比较两种方法，如图 2.60 所示为不需要相位检测的单脉冲比幅方法的系统组成。在单脉冲比幅方法中，将两个元件天线以相同相位和相反相位组合，并且提取其和信号 Σ 和差信号 Δ。如果在下一级连接的跟踪接收机上将差值信号除以和信号而生成归一化误差信号 Σ/Δ，则即使航天器与地面之间存在距离波动，由于大气引起的衰减也存在波动，但归一化误差信号不会产生波动，因此可以根据该值估计导引信号的到达角。

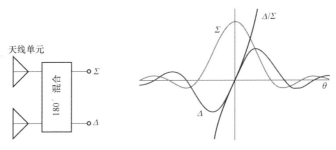

图 2.60　单脉冲比幅法的组成框图和角度测量原理

应用这种方法时，与硬件反向波束控制一样，只能支持单个目标，并且可以检测到到达角的角度范围被限制在差信号的辐射方向图上的双峰峰值间的范围。但是，如果在 SPS 中正确选择了单元间距，则上述限制并不重要，因为地球从静止卫星轨道的视角仅为 ±8.7°。另外，由于可以独立于发射天线的天线单元进行配置，因此选择导引信号频率的自由度高，并且在发射天线的口面上安装与子阵列相对应的数量就足够了，因而具有灵活的结构。

表 2.4 总结了以上阐述的内容。尽管每种方法都有优点和缺点，但是在将其应用于 SPS 系统时，不必一定坚持只采用一种方法，可以采用分级实现的方式。例如，为了在减小系统功能规模的同时增强导引信号识别功能，在构成发射天线的子阵列中应用硬件反向波束控制，可以在子阵列之间的相位控制中应用软件化反向波束控制。考虑与地面接收端相互联的情况下，将每个子阵列配置成具备独立单脉冲模块的发射相控阵，并且通过监测由地面整流阵列产生的功率分布来确定无线电波束的指向。还可以考虑各种补充方法，如计算误差并将其从地面反馈到航天器。

表 2.4　波束控制与到达方向检测方法的比较

功能	波束控制	目标方向检测及波束控制		目标方向检测	
方式	被动波束控制　反向波束控制（van-atta 阵列）	H/W 反向波束控制	S/W 反向波束控制	振幅单脉冲	相位单脉冲
系统构成					
原理	通过将对称位置的天线对用等路径长度的线路连接，合成接收波的相位共轭，使发射波指向到来波方向	采用混频器、合成接收波的相位共轭，使发射波指向到来波方向	检测接收波形的相位，并对其进行数据处理，再通过移相器进行发射波形的相位处理，使发射波指向到来波方向	通过混合电路耦合天线对，通过利用正面方向具有空的双峰性向辐射模式）计算到来方向	通过天线对的接收波的相位差来计算到来方向

续表

功能	被动波束控制	目标方向检测及波束控制		目标方向检测	
方式	反向波束控制（van-atta 阵列）	H/W 反向波束控制	S/W 反向波束控制	振幅单脉冲	相位单脉冲
优点	● 无须移相器 ● 简单的工作原理 ● 无须局部源 ● 宽频率带宽	● 最快速的自动追踪 ● 无须移相器 ● 不止是平面波形，球面波形也可以处理	● 发射/接收信号频率可任意选择 ● 可以对导引信号进行调制，添加其他功能 ● 来波可以为平面波或球面波	● 无须发射/接收天线共用 ● 可使用最小数量的接收阵列	● 无须发射/接收天线共用 ● 可使用最小数量的接收阵列
缺点	● 难实现二维平面阵列 ● 须频率必须一致 ● 大规模阵列较难实现 ● 接收球面波时，波束角度误差较大	● 接收/发射天线共用 ● 接收与发射信号之间的隔离度是重要的传输电气长度的课题	● 所有单元都需要移相器 ● 移相器的调制和计算速度制约了追踪速度	● 可探知来波方向的范围被来波的模式图双峰值的差所限制	● 由于相位差的检测范围为360°，因此可探测到的来波方向的角度范围被元件的数目限制

在过去的研究案例中，对无动力飞机的微波无线供电试验—微波驱动飞机试验（MIcrowave Lifted Airplane eXperiment，MILAX）中[16]，用安装在地面车辆上的相控阵为低空飞行（10 m）的飞机供电。这里包含有一个目标跟踪的实例，它使用安装在这辆车中的 CCD 摄像机通过图像处理进行跟踪。

2.2.3 软件化反向波束控制系统，波束形成和波达方向估计

2.2.3.1 软件化反向波束控制系统

1. 软件化反向波束控制系统

如图 2.61 所示通过检测导引信号的到达方向（Direction Of Arrival，DOA）并将波束指向该方向来实现反向波束控制系统，称为软件化方向回溯方法[5]，可以代替使用硬件方式产生相位共轭信号的方式。第 1 章介绍的 SPS 2000 也使用此方法[6]。软件化方向回溯方法具有以下优点：

（1）导引信号接收频率与能量波束发射频率相互独立。

（2）原则上可以从多个导引信号接收天线的相位差检测到达方向，但是可以使用各种处理方法。

（3）接收天线单元的数量可以明显小于发射天线单元的数量。

（4）可以在发射天线方向图上形成诸如低旁瓣之类的波束（不是对单元进行固定功率分配，而是采用其他方法）。

（5）可以对导引信号进行调制（如果调制速度不太快，则不会影响相位差测量）。

（6）可以对身份验证信息进行加密和调制，以使其不响应假信号（防止电力盗窃）。

尤其是，第（3）条在多单元系统（如 SPS）中具有很大的优势。

已经提出了将扩谱（Spread Spectrum，SS）调制应用于导引信号的方法[7,8]，并且具有以下特征：

（1）抗发射波的噪声、干扰能力强。

（2）安全型号，因为系统不会对单载波做出反应。

（3）可以处理多个导引信号，并且可以在多个方向上传输能量。

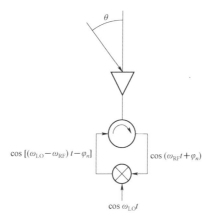

$$\cos\left[(\omega_{\text{LO}}-\omega_{\text{RF}})\,t-\varphi_n\right] \qquad \cos(\omega_{\text{RF}}t+\varphi_n)$$

$$\cos\omega_{\text{LO}}t$$

图 2.61　反向波束控制体制

　　如图 2.62 所示为反向波束控制系统的试验结果[5]。在京都大学的微波能量传输试验设备（METLAB）上，在发射端使用了一个 5.8 GHz 空间太阳能传输系统（SPORTS 5.8）的 12×12 单元 5.8 GHz 贴片天线阵列和波束形成子系统。使用扩频调制的 4.8 GHz 信号作为导引信号。导引信号发射天线所处的发射阵列面与接收天线二者互相间隔 3.3 m，接收天线左右移动。图中，灰色方点连线及左侧坐标轴表示接收到的功率，黑色菱形点连线和右侧坐标轴表示在到达方向上偏离理论值的角度。到中心的距离 x 大约移动 75 cm 之前，这个偏差在 1° 以内，并且接收功率几乎保持恒定，从而显示出反向波束控制的特性。但是如果距离较远，结果将发生很大变化。这是因为用于测量导引信号到达方向的接收天线之间的间隔被设置为 2λ，会引起类似栅瓣原理产生的模糊。

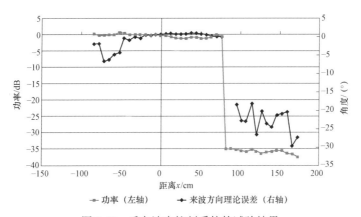

图 2.62　反向波束控制系统的试验结果

2. 频谱扩展导引信号

下面将介绍在 METLAB 开展的试验。如图 2.63 所示是采用频谱扩展导引信号的系统的示例[5,8]。天线接收到的导引信号由下变频器通过环行器转换为 10.7 MHz 的中频，调制后的信号由解扩器在最左侧的模块中获取，扩频信号与载波信号一起输入混频器，后者的输出频率降低到约 10 kHz 并进行模/数（A/D）转换，然后由计算机分析波达方向。复杂的解扩器可以由多个天线共享，而天线单元配备各自的混频器。在软件化反向波束控制方法中，导引信号接收天线的数量可以远小于发射天线单元的数量。

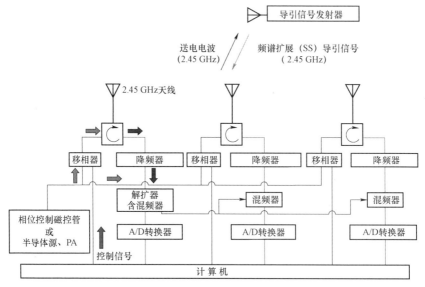

图 2.63 采用频谱扩展导引信号的无线能量传输系统框图

将使用此设备测量到达方向，并介绍试验情况[5,8]。将导引信号发射机移动约 2 m，并测量其到达方向。扩频码采用码片速率为 1.25 Mb/s、码长为 1023 的 M 系列伪噪声（Pseudoradom Noise，PN）码。在 SPS 中，必须在传输环境中检测导引信号的波达方向。尽管可以采用不同的频段，但考虑到频率资源的过度使用，以及与频率相关的传播路径的变化，我们采用同一频率进行试验。因此，基于图 2.63 的框图中频谱扩展导引信号具有宽带（当前约为 1 MHz）的事实，在经过环行器和下变频器的 10.7 MHz 中频带宽的（MIXER）解扩之前，需利用窄带带阻滤波器去除载波外的无线电波，以相同的频率进行微波能量发射和接收试验。每个天线的发射功率为 9 dBm，下变频器输出端的反射功率为 $-12\sim-7$ dBm，通过带阻滤波器后的导引信号即使在 $-60\sim-50$ dBm 的弱信号条件下，波达方向的测量如下。

当波长为λ的无线电波入射到单元间隔为 d 的 8 单元线阵上时，从宽边方向测量的波达方向θ时单元之间的相位差为

$$\varphi = (2\pi d / \lambda)\sin\theta \qquad (2.47)$$

因此 d 越大，测量精度越高，相位差的测量误差的影响越小。图 2.64 显示了以 $d=0.6\lambda$（ANT4-5）和 4.8λ（ANT1-8）的单元间距测量波达角的结果。在 0.6λ 间距的情况下，存在约 1° 的误差，但是可以看出，通过将间距扩大到 4.8λ，误差减小到 0.5° 或更小。但是，如果间隔更大，则相位差会达到 360° 或更大，可能会造成歧义。因此，从间距较小的结果得到的方向准确性较低，而间距较大时的结果会提高精度。以上论述表明，即使在能量传输应用下也可以在相同的频率下测量波达方向。

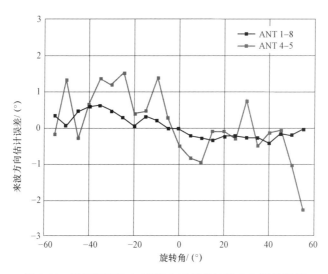

图 2.64　天线间距为 0.6λ 和 4.8λ 时的波达方向测量误差

3. 后续研究方向

采用正弦波反向开发波束控制系统是不切实际的，因为由于错误或恶作剧发出的导引信号存在引发故障的风险。但是即使采用扩频方法，系统也会对已知扩频码而有意发射的扩频信号做出反应，因此在实践中

还需要进一步研究识别机制。

导引信号接收天线的数量可以少于发射天线单元的数量，但是必须在混合采用不同类型的发射和接收天线时才能获得良好的性能。发射天线的校准也是一个重要的问题，同样，如何测量地面上的功率分布以及应该反馈什么样的信息也很重要。

2.45 GHz 频段和 5.8 GHz 频段的 ISM 频段通常用于面向 SPS 应用的试验，该频段仅为试验测试局（日本总务省下属审批试验用无线通信频段的部门）特批的试验频段；若保证 SPS 一定功率的无线电力传输可采用的频率，这在国际电信联盟（International Telecommunications Unit，ITU）中成为一个长期活跃的讨论主题[9]。如无线标签之类的低功率器件已经投入实际应用，其等效辐射功率（Effective Isotropic Radiated Power，EIRP）约为 4 W 或更低[10]。

2.2.3.2　波束形成

1. SPS 所需特性

SPS 所需的微波传输天线系统的特性如下[1]：

（1）必须提高能量发射和接收天线之间的微波能量传输效率。为了提高效率，重要的是增大两个天线直径的乘积，也就是需要巨型天线。

（2）主波束必须精确指向整流天线所在的接收点。当整流天线的直径为几千米时，位于 36 000 km 高度静止轨道的 SPS 向距离整流天线中心 300 m 之内范围发射，相当于指向精度为 0.000 5°。波束方向的误差不仅导致传输的功率降低，而且还引起一系列问题，如无线电波的安全性以及对通信的干扰增加等。

（3）为了提高效率，能量要集中在主波束（Main beam）上，并且有必要尽可能地削弱其他方向上的副瓣（Sidelobe）辐射，这也意味着抑制了对其他通信系统的干扰。为此，要避免从能量发射天线的每个单元均匀发射，而是通过提供锥削功率分布来抑制副瓣，此时发射天线中心功率变强，而在周围逐渐变弱。

（4）还需要注意阵列天线的单元间距超过波长的一半时可能出现栅瓣。方向性是指与主波束强度相同，发射天线每个天线元件自身方向性的乘积。移相器价格昂贵，且会引起额外的损失，所以希望减少移相器的数量，但是在进行子阵相控时需要谨慎。

（5）由于电子管比半导体器件效率更高，而且具有更高的输出功率，因此在阵列天线的情况下，需要采用分配器将功率分到天线单元。特别需要指出的是，高功率的分配器比低功率的分配器的损耗更大，而且成本更高。

（6）整流天线口面上功率密度不是均匀的，而是在中心较高。由于整流天线的效率取决于功率密度，因此需要优化设计和细化布局。另外，如果连接输出功率不同的整流天线，则会发生损耗，因此必须考虑连接方式。

（7）由于发射天线是装配在地球静止轨道上的巨大天线，因此其性能测量方法和校准方法也事关重大。

2. 波束传输效率

对于波束传输效率 η，即接收表面上的功率 P_r 与发射功率 P_t 之比，下面的 Friis 公式（2.48）已经众所周知。

$$\eta = \frac{P_r}{P_t} = \frac{A_t A_r}{\lambda^2 D^2} = \left(\frac{\pi d_t d_r}{4\lambda D}\right)^2 \qquad （2.48）$$

式中：A_t 和 A_r 为发射和接收天线的有效面积；d_t 和 d_r 为使用圆形天线表面时的相应直径；λ 和 D 为无线电波的波长和传输距离。

NASA 的 SPS 基准模型[11]从地球静止轨道以 2.45 GHz 的频率进行约 36 000 km 的传输，发射天线直径为 1 km，功率接收天线直径为 10 km。将这些结果代入上式可得 $\eta = 3.2$，表明接收功率超过发射功率。这是因为天线口径 D 相对于传输距离比较大，并且能量接收表面上的功率密度不均匀，而这是上述公式成立前提条件之外的范围。如果发射天线表面的功率分布均匀，则会形成尖锐的波束，并且主波束中心的功率密度会很高，有利于通信应用。但是为了使功率发射和接收天线之间的传输效率最大化，建议增强功率发射表面中心处上的功率密度分布，并削弱外围功率密度，这样会加宽主波束宽度，但在其中集中更多功率。为获得优化功率分配，常采用以下参数，即

$$\tau = \pi d_t d_r / 4\lambda D \qquad （2.49）$$

图 2.65 中的实线就是利用这个参数获得的效率 η[12,13]。该曲线表示

的效率可近似用下式表示[14]：

$$\eta = 1 - e^{-\tau^2} \tag{2.50}$$

因此在估算效率时常使用上述公式。对于 SPS 基准模型，由于 $\tau = 1.8$，$\eta = 96\%$，说明即使发射天线在静止轨道上也具有很高的传输效率。从式（2.48）和式（2.49）可以看出，根据 Friis 公式有 $\eta = \tau^2$。在式（2.50）中 $\tau \ll 1$ 的情况下，这也可以作为一个近似表达式。其关系在图 2.65 中用虚线表示，据此可以理解 Friis 公式成立的范围。

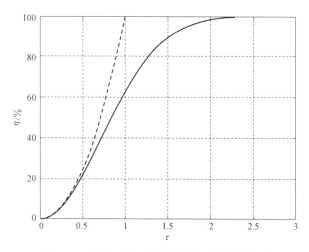

图 2.65　参数 τ 与波束传输效率 η 之间的关系

如图 2.66 所示是将 SPS 能量传输天线设定为圆形口面，并且假设口面上的电场具有相同的相位①，并在 2.45 GHz 频率计算[15]的结果。天线直径等与上述 NASA 基准模型[11]相近。已知最佳口面功率分布可以通过高斯分布来近似，实线是功率高斯分布下的分析结果，此时边缘比中心弱 10 dB，而虚线是功率分布均匀的结果。在 SPS 基准模型中，发射功率为 6.6 GW，地面最高功率密度为 23 mW/cm²，但是在计算时，当发射功率为 6.4 GW 并且采用上述高斯分布的锥削时，可以获得与模型相同的功率密度分布。在半径为 5 km 的接收口面的波束传输效率为 94.5%，接近式（2.50）的结果。距中心 4.9 km 外的功率密度为 1 mW/cm² 以下，

---

① 在 5.8 GHz 的情况下，在距离 $D = 36\,000$ km 处，半径为 r [km] 为发射天线半径，$r^2/（2D）$，若 $r = 1$ km，则其值为 1.4 cm，即相当于 97° 的相位差。

符合基于《无线电波保护准则》[①]的安全标准。第一旁瓣功率密度为 0.09 mW/cm²，比主波束弱 24 dB。另外，如果采用均匀分布，主波束变窄并且最大功率密度高达 26 mW/cm²，但是半径为 5 km 的接收口面上的波束传输效率低至 83.6%。距中心 4.3 km 外的功率密度为 1 mW/cm² 或更低，但第一旁瓣功率密度为 0.46 mW/cm²，比主波束弱 18 dB，外部功率比前一种情况高，增加了干扰其他通信应用的可能性。

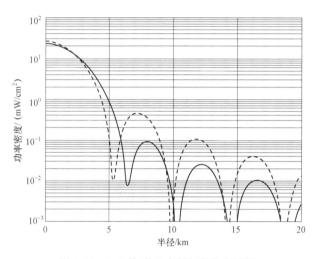

图 2.66　SPS 的地面功率密度分布示例

3. 多波束形成和能量传输

上面介绍了发射天线表面的功率密度分布采用高斯分布的方法，但是由于功率集中导致中心部分温度明显升高，因此要求更加严格的热设计。作为对策，已经提出了一种方法，其中中心部分的功率密度采用均匀分布，而周围部分功率密度呈阶梯分布，从而边沿的功率密度得以降低[17,18]。由于发射天线的很大部分采用均匀分布，所以可以减小中央部分的功率密度，这对于散热是有利的。这里还将介绍了其他方法。另外，还尝试了另一种方法，采用功率的均匀分布，而仅仅改变相位[19]。

为了提高传输效率，SPS 的发射天线要求很大。考虑到经济效率，发射功率变大。如果功率太大，则可以实现在多个方向上发送功率[20]。

---

①《无线电波保护准则》是一种安全规范，规定当人体在使用无线电波时暴露于电磁场（频率范围限制为 10 kHz～300 GHz）时，电磁场不会对人体产生不必要的生物学影响，因此属于建议指南[16]。

可以根据安全标准来确定接收功率和接收天线直径之间的关系。例如，当发射功率降低到原来的 1/10 时，可以将图 2.66 中实线上 10 mW/cm² 的范围视为接收天线的直径，该直径为 5.6 km，约为初始直径的 1/2。

在多个方向上传输的一种方法是建立多波束。通过使用可以控制每个天线单元的相位和振幅的复数权重，容易形成多波束[21]。尽管此方法适用于通信系统，但是在传输效率很重要的情况下，利用发射损耗（振幅改变后发射功率也会改变因而可能会影响接收效率）而形成的多波束方法并不适用。虽然目前计算时间较长，但是可以只通过改变相位而进行多波束的方法是可以实现的[19]。采用多目标遗传算法[22,23]可以使接收部分获得的功率最大化，同时使旁瓣电平最低。如图 2.67 所示是一个分析结果的实例，其中实线为原本生成的副瓣的方向图，虚线则表示包含主瓣的方向图。两个波束方向附近的垂直线表示受电范围。对于前者，第一副瓣电平与主瓣相比低 16.8 dB，针对接收区域的波束传输效率为39%。而对于后者，最高副瓣电平为 – 14.2 dB，针对接收区域的波束传输效率分别为 40% 和 42%。另一种方法是通过根据功率需求以时分方式实现能量传输。但是，有必要分析整流天线的整流时间常数与时分频率之间的关系。扩频方法则可以应用于识别导频信号。

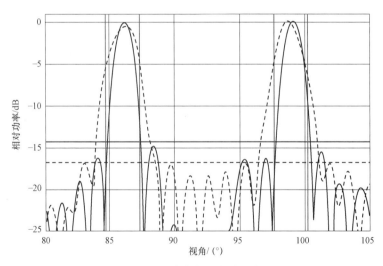

图 2.67 多波束能量传输示意图

4. 后续研究方向

基于卫星的能量传输系统，尤其是能量发射端的热设计必须格外注意，特别是对于中心部分发射功率高的情况。所谓的"三明治"结构模型，是将太阳能电池放置在具有锥削特性的能量传输阵面的背后，NASDA 最初认为"三明治"结构是有前景的，但后来发现存在散热问题[24]。

SPS 需要面临的挑战是前所未有的超大型阵列。例如，对于设定的 SPS 阵列，正在研究失效单元对 10 000 个元素的矩形栅格阵列的影响[25]。随着单元数量的增加，即使有少量单元失效，影响也很小。关于巨型阵列的测量和定标，还有很多需要考虑的因素。

2.2.3.3　高精度波达方向测量

1. 波达方向测量原理和相位测量误差

根据如图 2.68 所示的模型，可以评估噪声对入射波相位的影响[26]。入射波为 $E\cos\omega t$，噪声分为同相分量 $n_i\cos\omega t$ 和正交分量 $n_q\sin\omega t$。信号功率 S 是 E_r 的平方，噪声功率 N 是 n_i 和 n_q 的平方之和，并且 $N = n_i^2 + n_q^2 \equiv n_n^2$，并且 $n_i^2 = n_q^2$。如果信噪比（SNR）高且 $E \gg n_n$，则信号和噪声组合而得的 E_r 及因此导致的相位变化 γ 分别为

$$E_r = (E + n_i)\cos\omega t + n_q\sin\omega t \tag{2.51}$$

$$\gamma \cong \arctan\frac{n_q}{E + n_i} \cong \frac{n_q}{E} = \sqrt{\frac{n_q^2}{E^2}} = \sqrt{\frac{n_n^2}{2E^2}} = \sqrt{\frac{1}{2S/N}} \tag{2.52}$$

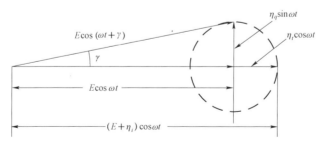

图 2.68　噪声对入射波相位的影响

如果两个间隔为 d 的天线形成连线，而入射信号与垂直于该连线的方向成角度 θ 时，每个天线相对于中心的相位 ψ 由式（2.47）表示，因此

其微分形式可写为

$$\frac{\mathrm{d}\varphi}{\mathrm{d}\theta} = \frac{\pi d}{\lambda}\cos\theta, \quad \mathrm{d}\theta = \frac{\lambda}{\pi d\cos\theta}\mathrm{d}\varphi \tag{2.53}$$

由于两个天线的噪声可以认为是不相关的，因此每个相位的组合相位变化为 22 的均方根 $\sqrt{2\Delta\varphi^2}$。另外，由于 $\Delta\varphi = \gamma$，因此最终到达方向的误差为

$$\Delta\theta = \frac{\lambda}{\pi d\cos\theta\sqrt{S/N}} = \frac{180\lambda}{d\cos\theta\sqrt{S/N}}[°] \tag{2.54}$$

例如，当 $d = 0.5\lambda$ 时，为 360°/SNR，因此在 40 dB 的信噪比下误差达到 3.6°，在 30 dB 的信噪比下误差达到 11°，为了提高精度，有必要大幅提高信噪比。

2. 高分辨率波达方向估计

关于高分辨率波达方向估计方法，文献［27］论述了自适应阵列天线的原理并在硬件整体性的视角上介绍了诸如多信号分类（Multiple Signal Classification，MUSIC）算法和旋转因子不变法（Estimating signal parameters viarotational invariance techniques，ESPRIT）等多种方法。下面我们将介绍 MUSIC 方法的概述，这种方法作为超分辨率颇受关注。

当存在 L 波入射时，单元数为 K 的线阵的输入矢量为 $\boldsymbol{X}$，如图 2.69 所示。可表示为

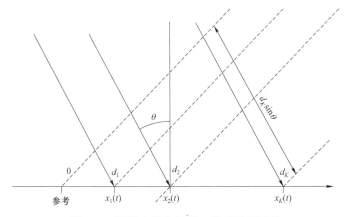

图 2.69　无线电波入射到 K 单元阵列天线

$$\boldsymbol{X}(t) = \boldsymbol{A}s(t) + \boldsymbol{N}(t) \tag{2.55}$$

$$s(t) = \left[s_1(t), \cdots, s_L(t) \right]^{\mathrm{T}} \quad （达到波矢量） \tag{2.56}$$

$$A = \left[a(\theta_1), \cdots, a(\theta_L) \right] \quad （方向行列） \tag{2.57}$$

$$a(\theta_l) = \left[\exp\left\{ -\mathrm{j}\frac{2\pi}{\lambda} d_1 \sin\theta_l \right\}, \cdots, \exp\left\{ -\mathrm{j}\frac{2\pi}{\lambda} d_K \sin\theta_l \right\} \right]^{\mathrm{T}} \quad (l = 1, 2, \cdots, L)$$

$$\tag{2.58}$$

$$N(t) = \left[n_1(t), \cdots, n_K(t) \right]^{\mathrm{T}} \quad （内部噪声谱） \tag{2.59}$$

式中：$s_l(t)$ 和 θ_l 分别为第 l 个到达波的复振幅和到达方向；A 为方向矩阵。

为了简单起见，忽略噪声，则相关矩阵为

$$R_{xx} \cong E\left[X(t)X^{\mathrm{H}}(t) \right] = ASA^{\mathrm{H}} \tag{2.60}$$

式中：$S = E[s(t)s^{\mathrm{H}}(t)]$ 是信号的相关矩阵；上标 H 表示复共轭。

如果入射波彼此独立，则 S 为对角矩阵，秩为 L。如果 A 也到达不同的方向，则它将是不同的列矢量，并且秩将是 L。设特征值为 μ_i（$i=1$, 2, $\cdots$, K），相应的特征矢量为 e_i（$i=1, 2, \cdots, K$），有

$$ASA^{\mathrm{H}}e_i = \mu_i e_i \tag{2.61}$$

由于相关矩阵是非负常数埃尔米特矩阵（Hermitian matrix，又称自共轭矩阵），那么特征值是非负实数，即

$$\mu_1 \geqslant \mu_2 \geqslant \cdots \mu_L \geqslant \mu_{L+1} = \cdots \mu_K = 0 \tag{2.62}$$

由于对应于特征值 0 的特征矢量很重要，因此式（2.62）的右侧为 0，并且 A 和 S 是正则矩阵，有

$$A^{\mathrm{H}}e_i = 0 \quad (i = L+1, L+2, \cdots, K) \tag{2.63}$$

则

$$a^{\mathrm{H}}(\theta_l)e_i = 0 \quad (l = 1, 2, \cdots, L; i = L+1, L+2, \cdots, K) \tag{2.64}$$

所有这些特征矢量都与入射波的阵列响应矢量正交。

下面定义

$$P_{MU_l} = \frac{1}{\left| e_{L+l}^{\mathrm{H}} a(\theta) \right|^2} (l = 1, 2, \cdots, K-L) \tag{2.65}$$

可以通过以下形式构造窄频谱，在 MUSIC 方法中，如同与电阻并联，合成 P_{MN1} 的倒数的倒数，就可以得到以下归一化的 MUSIC 频谱，即

$$P_{MU} \cong \frac{1}{\sum_{i=L+1}^{K}\left|e_i^H a(\theta)\right|^2} \times a^H(\theta)a(\theta) = \frac{a^H(\theta)a(\theta)}{a^H(\theta)E_N E_N^H a(\theta)} \quad （2.66）$$

$$E_N \cong \left[e_{L+1}, \cdots, e_K\right]$$

在存在噪声的条件下，有

$$R_{xx}e_i = \left(ASA_H + \sigma^2 I\right)e_i = \left(\mu_i + \sigma^2\right)e_i \quad (i=1,2,\cdots,K) \quad （2.67）$$

因此，上述的特征向量不变，仅将噪声功率 σ^2 添加到特征值。最小特征值等于噪声功率，但相应的特征向量可写为

$$R_{xx}e_i = \left(ASA_H + \sigma^2 I\right)e_i = \sigma^2 e_i \quad (i=L+1,L+2,\cdots,K) \quad （2.68）$$

那么在给出式（2.65）之后，对于无噪声条件下的讨论是成立的。

3. 误差的影响

当信号波从 $-10°$、$20°$ 和 $30°$ 的 3 个方向到达 6 单元阵列时，MUSIC 算法的结果可用图 2.70 中的实线表示[28]。在波达方向上观察到一个尖锐的峰，可以用高分辨率对其进行测量。另外，短划线和虚线分别是为阵列单元附加平均 $18°$ 和 $54°$ 的随机相位误差的结果。如果存在这样的误差，则尖峰将变钝，并且产生波达方向的误差。

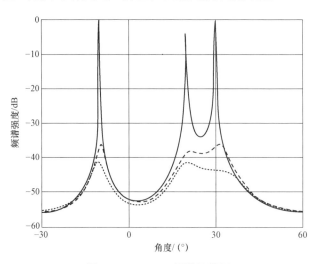

图 2.70 MUSIC 频谱的算例

已经提出了各种方法来估计在有误差条件下的波达方向。例如，在

到达方向为两个或多个的条件下，用阵列元件的增益和相位表示误差矩阵，已经提出的一种方法[29]通过迭代方法获得与 MUSIC 算法中的方向矩阵 *A* 的乘积正交的特征矢量。根据图 2.70 中短划线所示的状态，可以得到实线所示的结果，同时可以得到误差矩阵[30]。

提出一种校准方法时往往会假设，对于线阵中等间距排列的单元，当单元数量很多时，则通过单元的随机相位的相位差之和为零[31]。松本紘等[32]通过 METLAB 中的仿真和试验进行了评估，提出了一种不基于这种假设的新型自动校准方法，并进行了评估。

4. 后续研究方向

信号处理杂志上有许多关于阵列天线的校准的论文，讨论如何提高校准自动化和准确性。但是大多数成果都来自仿真。我们希望评估结果更接近于实际，不仅包括吸波暗室内的试验，还包括需要无线电管理部门许可的室外试验[33]。

2.2.4　REV 方法

在 SPS 中，采用大口径和窄波束宽度的相控阵天线实现大功率传输，因此需要高精度的波束指向。因此，需要对各单元在主波束方向上以相同的相位辐射的电场（以下称为单元电场）进行校正，在主波束方向上的单元电场的测量也是非常重要的技术。在此，重点介绍旋转单元电场矢量法（Rotating Element Electric Field Vector Method，REV）[1]。

REV 方法基于以下事实：当待测单元的激励相位改变 360° 时，阵列天线的合成功率（以下称为阵列合成功率）的变化为余弦形状（以下称为余弦曲线）。测量单元电场的幅度和相位，并具有以下功能：

（1）阵列天线当所有元件都工作时，可以测量单元电场。

（2）仅通过测量阵列合成功率的幅度就可以测量单元电场的幅度和相位。

这里，第（1）项是可以测量各种影响因素下的单元电场，包括构成阵列天线的发射和接收模块的馈电系统变化、元件之间的相互耦合以及周围结构的散射的特征等。第（2）项的特征在于，无须进行相位测量即可获得单元电场的振幅和相位。

2.2.4.1 REV 方法的测量原理

如图 2.71 所示是基于 REV 方法进行测量时的典型天线系统配置图。这里，我们考虑要测量的是接收相控阵的情况，但是测量原理对于发射来说是相同的。图 2.72 显示了此时相控阵接收到的每个单元的单元电场矢量和阵列合成电场矢量。

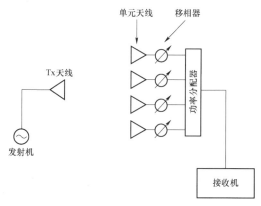

图 2.71 基于 REV 方法的测量系统

图 2.72 中，在改变相位之前的初始状态下，阵列合成电场的幅度和相位分别为 E_0 和 ϕ_0，单元 m 的单元电的幅度和相位分别为 E_m 和 ϕ_m。由该初始状态将单元 m 的激励相位改变 $\boldsymbol{\Phi}_m$，i 时刻的阵合成合电场由下式给出，作为相比于初始状态的相对值，即

$$\begin{aligned}\hat{E}_i &= \frac{1}{E_0 e^{j\phi_0}}\left[E_0 e^{j\phi_0} - E_m e^{j\phi_m} + E_m e^{j(\phi_m + \Phi_{m,t})}\right] \\ &= 1 - k_m e^{jX_m} + k_m e^{j(X_m + \Phi_{m,t})}\end{aligned} \tag{2.69}$$

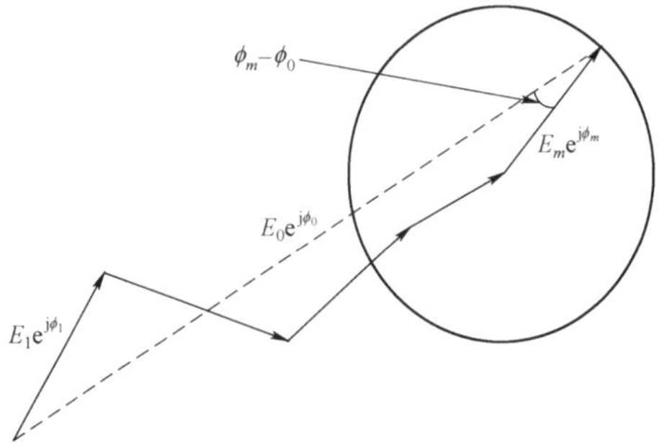

图 2.72 阵列合成电场矢量与单元电场矢量的关系

式中，i 是表示连接到每个单元的移相器相移状态的数字，并且与该相移状态相对应的激励相位为 $\boldsymbol{\Phi}_{m,i}$；k_m 和 X_m 分别是基于初始阵列合成电场的单元 m 的单元电场的相对幅度和相对相位。

根据式（2.69），可以将阵列合成功率的相对值 f_i 表示为

$$f_i \cong \left| \hat{E}_i \right|^2 = \left(Y^2 + k_m^2 \right) + 2 k_m Y \cos \left(\boldsymbol{\Phi}_{m,i} + \boldsymbol{\Phi}_{m,0} \right) \qquad (2.70)$$

其中，

$$Y^2 = \left(\cos X_m - k_m \right)^2 + \sin^2 X_m \qquad (2.71)$$

$$\tan \boldsymbol{\Phi}_{m,0} = \frac{\sin X_m}{\cos X_m - k_m} \qquad (2.72)$$

根据一个单元的激励相位变化而引起的阵列组合功率的变化，可以绘制如图 2.73 所示的余弦曲线，图中的 $-\boldsymbol{\Phi}_{m,0}$ 是使阵列合成功率达到最高的激励相位。在 REV 方法中，因相位 $-\boldsymbol{\Phi}_{m,0}$ 引起的阵列组合功率的最大值和最小值之比 r^2 可以帮助计算单元 m 的单元电场相对幅度 k_m 和相对相位 X_m。根据式（2.70），r^2 表示为

$$r^2 = \frac{(Y + k_m)^2}{(Y - k_m)^2} \qquad (2.73)$$

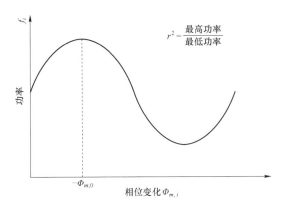

图 2.73　通过 REV 方法改变阵列合成功率（余弦曲线）

因此，r 可取以下两个值，即

$$r = \pm \frac{Y + k_m}{Y - k_m} \qquad (2.74)$$

式中：k_m 和 X_m 取决于式（2.74）右侧的符号，取以下两个值。

（1）取正号的情况（解 1）：

$$k_m = \frac{\Gamma}{\sqrt{1 + 2\Gamma\cos\Phi_{m,0} + \Gamma^2}}, \quad \tan X_m = \frac{\sin\Phi_{m,0}}{\cos\Phi_{m,0} + \Gamma} \qquad (2.75)$$

（2）取负号的情况（解 2）：

$$\begin{cases} k_m = \dfrac{1}{\sqrt{1 + 2\Gamma\cos\Phi_{m,0} + \Gamma^2}}, \\ \tan X_m = \dfrac{\sin\Phi_{m,0}}{\cos\Phi_{m,0} + 1/\Gamma} \end{cases} \qquad (2.76)$$

其中，

$$\Gamma = \frac{r - 1}{r + 1} \qquad (2.77)$$

从式（2.75）或式（2.76），可以得到单元 m 的单元电场相对幅度 k_m 和相对相位 X_m。如果对所有元件进行上述测量，则可以确定观察方向上所有单元电场的相对幅度和相位。

解 1 对应着"从阵列合成电场中排除单元 m 的单元电场而获得的电场振幅 Y"大于"单元 m 的单元电场振幅 k_m"的请情况，解 2 则对应着相反的情况。

2.2.4.2 实测结果

从测量原理可以清楚地看出，在 REV 方法中，当单元的激励相位改变时，根据阵列合成功率的最大值与最小值之比 r，以及给出阵列合成功率最大值的激励相位 $-\Phi_{m,0}$，可以求解单元电场幅度和单元相位。但是，由于经常用数字移相器作为调整实际相控阵中每个单元激励相位的手段，所以移相器的相移量并不总是给出最大值或最小值。此外，还有一些误差因素，例如数字移相器的传输特性误差和测量系统的热噪声。因此，实际测量的阵列合成功率与理想余弦曲线略有不同，如图 2.74 所示。

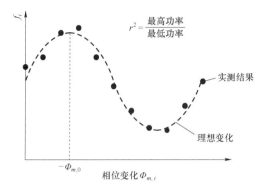

图 2.74　使用数字移相器时余弦曲线测量结果实例

在实际测量中，按傅里叶级数展开图 2.74 所示的测量结果，并提取余弦曲线分量。如果对应于单元 m 的激励相位 $\Phi_{m,i}$ 的阵列合成功率测量值是 f_i，则通过傅里叶级数展开的余弦曲线可以表示如下：

$$f_i = \frac{\alpha}{2} + c \cdot \cos\Phi_{m,i} + s \cdot \sin\Phi_{m,i} \qquad (2.78)$$

其中，每个傅里叶系数分别由下式给出，即

$$\alpha = \frac{2}{N} \sum_{i=1}^{N} f_i \qquad (2.79)$$

$$c = \frac{2}{N} \sum_{i=1}^{N} f_i \cos\Phi_{m,i} \qquad (2.80)$$

$$s = \frac{2}{N} \sum_{i=1}^{N} f_i \sin\Phi_{m,i} \qquad (2.81)$$

式中，N 为通过改变单元激励相位而进行的测量次数，并且在正常测量中，N 为移相器的相移状态的总数。

由此，可以通过下式计算 $\Phi_{m,0}$ 和 r，即

$$\tan\Phi_{m,0} = -\frac{s}{c} \qquad (2.82)$$

$$r^2 = \frac{\alpha + 2\sqrt{c^2 + s^2}}{\alpha - 2\sqrt{c^2 + s^2}} \qquad (2.83)$$

通过 REV 方法测量并校准单元电场之前和之后测量了相控阵天线方向图，结果如图 2.75 所示。由此可以看出，在通过 REV 方法校准之后获得了良好的天线方向图。

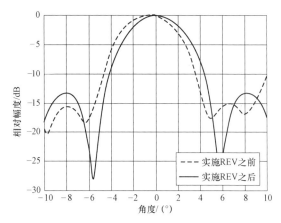

图 2.75　通过 REV 方法校准前后相控阵方向图测量实例

2.2.4.3　与 REV 方法有关的各种技术

由于 REV 方法具有前文提到的出色功能，因此被广泛用作相控阵的校准方法[1-5]。另外，还应用于相控阵自诊断系统[6]、仅通过振幅测量的近场测量方法[7]、通过测量多个观察点的波束指向方法[8]以及阵列天线口面的机械变形的电校准[9]等方面。

另外，基于 REV 方法发展了其他的测量技术，其中一种测量方法[10-12]是用来确定数字移相器的每个相移状态下的单元电场，另外一种测量方法[13]是通过改变单元的激励相位来同时测量多个单元的单元电场。

还进行了测量精度的研究，并且从理论上厘清了因数字移相器传输特性误差和热噪声导致的 REV 方法的测量误差[14,15]。此外，已经研究了这些测量误差对相控阵天线性能（如波束指向精度）的影响[16]。这些研究表明，REV 方法可以实现很高的测量精度。另外，REV 方法要求每个单元天线具有 360° 的相位变化，这就引起需要测量时间的问题。也已经提出了一种缩短 REV 方法测量时间的方法，但也已经阐明缩短时间与测量精度之间存在折中关系[13]。如本节开头所述，SPS 需要高精度的波束指向，因此提高单元电场测量方法的精度非常重要。另外，因为当面临SPS 的实际应用时，所用单元天线的数量很大，因此还需要提高单元电场测量方法的速度。因此，在 SPS 中应用 REV 方法时，必须仔细确定系统所需的测量精度和测量时间。

2.2.5　PAC 法

2.2.5.1　基本原理

位置和角度校正（Position and Angle Correction，PAC）方法是在每个输电天线板上检测来自地面电力接收设备的导引信号的到达相位和角度，并使用与参考输电天线板的相位差和天线板之间的角度信息。这是一种通过估计和校正失准来匹配多个输电天线板的微波波束相位的方法。具体通过以下步骤来校正在轨输电天线板的微波相位（图 2.76）：

（1）导引信号从地面受电设备发送到电力传输天线板。

（2）每个输电天线板根据软件回溯指令[1]同步检测导引信号的到达相位和角度。

（3）从基准输电天线板开始，在相邻天线板之间交换上述第（2）步得到的信息，并且针对每个输电天线板，根据导引信号与基准输电天线板的相位差来估计位置偏差。然而，由于相位差存在多值问题，其周期为 2π，因此通过考虑相邻天线板的物理位置，可以从角度信息唯一地确定位置偏差。

（4）在每个输电天线板中，对信号源进行了相位同步[2]，并基于与基准输电天线板的位置偏差，在天线板之间进行了相位校正。

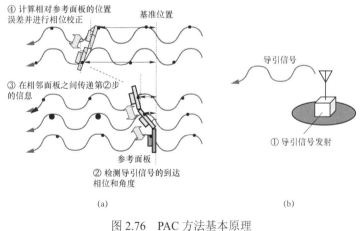

图 2.76　PAC 方法基本原理

（a）在轨输电天线板；（b）地面受电设备

下面说明步骤（2）和（3），它们是 PAC 方法的关键技术。为了简化说明，在二维平面内考虑这一问题。从与参考天线板相邻的天线板开始，天线板序数为 n（$n=1$，2，3，$\cdots$，$n-1$），如图 2.77 所示。

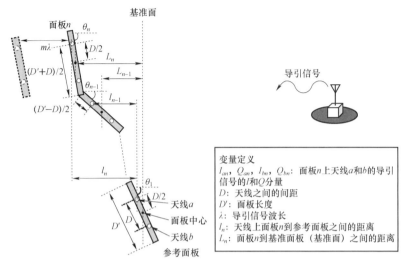

图 2.77　天线板架构概貌

首先，由式（2.84）和式（2.85）给出在天线板 n 的天线 a 和 b 处的导引信号的到达相位（P_{an}，P_{bn}）。注意，$-\pi/2 < P_{an}$，$P_{bn} < \pi/2$。此外，根据式（2.84）和式（2.85），如果导引信号的发射点很远，则导引信号在天线板 n 上的到达角 θ_n 可由式（2.86）计算。

$$P_{an} = a\,\mathrm{rctan}\left(Q_{an}/I_{an}\right) \;\text{〔rad〕} \tag{2.84}$$

$$P_{bn} = a\,\mathrm{rctan}\left(Q_{bn}/I_{bn}\right) \;\text{〔rad〕} \tag{2.85}$$

$$\theta_n = a\,\mathrm{rccos}\left(\left(\lambda\left(P_{an} - P_{bn}\right)/2\pi\right)/D\right) \;\text{〔rad〕} \tag{2.86}$$

因此，根据式（2.84）～式（2.86），天线板 n 中的天线与基准天线板之间的距离为

$$l_n = \lambda\left(P_{an} - P_{al}\right)/2\pi \pm m\lambda \;\text{〔m〕} \tag{2.87}$$

式中：m 为自然数（包括 0）。

由于在式（2.87）中有多个取决于 m 的可能值，因此可根据式（2.88）从相邻天线板的物理位置获得每个天线板中的天线与参考天线板之间的距离。比较可能值 l'_n 和式（2.87），并采用最接近 l'_n 值的 l_n，即

$$l'_n = l_{n-1} + (D'-D)/2 \times \cos\theta_{n-1} + (D'+D)/2 \times \cos\theta_n \;\text{〔m〕} \tag{2.88}$$

式（2.87）和式（2.88）的思想是 PAC 方法的核心要点。如果简单

考虑，则可以根据相邻天线板之间的角度信息、天线之间的距离和天线板长度来计算相邻天线板之间的天线之间的距离，因此通过将它们依次相加，可以计算天线板 n 及其中的天线与参考天线板之间的距离。然而，该方法的缺点在于，随着 n 的增加，天线之间的距离误差发生累积。另外，在 PAC 方法中，如式（2.87）所示，只能由天线板 n 和基准天线板之间的相位差来确定位置偏差，因此即使 n 变大，误差也不会累积。

最后，对于从式（2.87）和式（2.88）获得的 l_n，校正从天线到天线板中心的距离，并且利用式（2.89）中给出天线板 n 相对于参考天线板的位移 L_n，即

$$L_n = l_n + D/2 \times \cos\theta_1 - D/2 \times \cos\theta_n \,[\text{m}] \tag{2.89}$$

2.2.5.2　特点

根据前面阐述的基本原理，可以将 PAC 方法的特点总结如下。

1. 导频信号频率的选取自由度

在 PAC 方法中，利用导引信号频率来计算每个功率发射天线板与基准天线板的位置偏差（物理距离），并且对其传输功率所发射的微波频率确定相位补偿量，进行相位校正。因此，不存在诸如导引信号频率与所发射的微波的频率之间的倍数关系之类的限制，并且除了法规限制之外，可以自由选择导引信号的频率。

2. 地面与轨道之间的异步控制

原则上，PAC 方法不断地从地面电力接收设备向轨道上发送的导引信号，并且轨道上的功率发射天线板会同步每个天线板上的时序，以检测导引信号的到达相位和角度。另外，对于在天线板之间进行相位同步的信号源，需要基于位置偏差进行相位校正。因此，可以仅在轨道上执行同步控制，而在地面和轨道之间可以执行异步控制。

3. 研发情况

2010 年，三菱重工开发了用于导引信号空间辐射的基本试验装置，并交付京都大学[3]。基于此，我们成功地利用模拟两个输电天线板和地面受电的设备以 1° 或更高的精度检测出了导引信号的相位差。下面将进

行详细说明。

1）设备概述

基本试验单元由一个相位检测单元、一个导引信号发射单元和一个控制 PC 组成，如图 2.78 所示。导引信号发送器通过频谱扩展对 2.945 33 GHz 导引信号进行编码并发射。位置检测单元通过天线从导频信号传输单元接收该导频信号，该天线模拟两个功率传输天线板，并进行信号解码、下变频和 I/Q 解调。控制计算机从 I/Q 解调数据中检测出两个天线处的导引信号的相位误差，如图 2.79 所示。

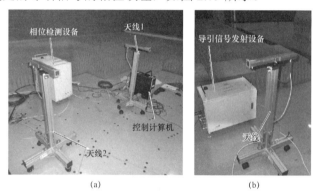

图 2.78　PAC 法基础试验单元和设备外观

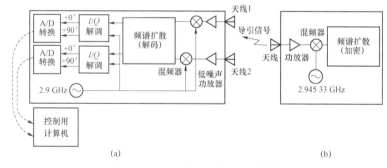

图 2.79　PAC 法试验单元和系统框图

（a）相位检测单元；（b）导引信号发射单元

2）试验结果

在 PAC 方法基本试验设备方面，如图 2.80 所示模拟 2 个发射信号源的天线之间的距离为 ±1.4 mm（2.945 33 GHz 的导引信号的相位差相当于 ±5°），经试验确认，检测到的导引信号的相位差精度在 ±1° 之内如图 2.81 所示。

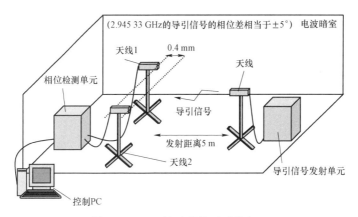

图 2.80　PAC 法试验单元试验布局

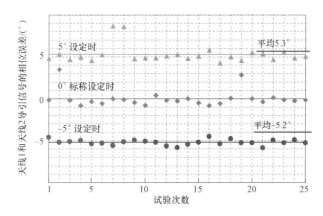

图 2.81　PAC 法基础试验单元及试验结果

2.2.6　并行化法

2.2.6.1　基本原理

并行化法是指将发射天线板的每个天线元件进行相位调制，其微波波束被地面接收设备接收且进行信号处理，检测每个发射天线板的相位差，并对其进行补偿修正，从而得到复数个发射天线板的波束相位的方法原理如图 2.82 所示。根据以下步骤，对发射天线板的相位进行补偿修正。

（1）分配给每个发射天线板特定频率，并对发射的微波波束进行相位调制。

（2）地面接收设备接收相位调制信号，与基础频率的微波进行同步检波。对于相位调制信号与基础频率信号之间的相位差，对于调制频率会产生相应的输出，基于次原理计算出每个发射天线板之间的相位差。

（3）以上（2）结果输出为相位补偿信息，并由地面接收设备发送给发射系统。

（4）发射系统接收每个发射天线板的相位补偿信息，并根据次相位补偿信息进行相位调整。

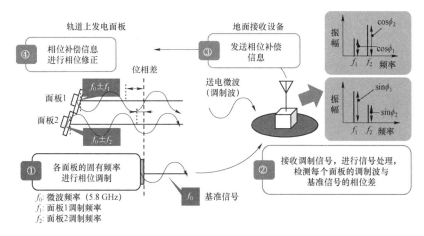

图 2.82　并行化法原理图

作为并行化法的核心技术步骤（1），在以下进行详细的说明。为了简要说明，这里假定发射天线板数为2。天线板1、天线板2的发射频率为f_1及f_2，输出微波频率为f_0，其振幅为A_1和A_2，与地面接收设备的基础频率的相位差为ϕ_1和ϕ_2，相位调制指数分别为α_1和α_2（且 $0<\alpha_1$，$\alpha_2\leqslant1$）。地上接收设备接收到的微波理论式为

$$E = A_1 \cos\left(2\pi f_0 t + \varphi_1 + \alpha_1\left(\cos\left(2\pi f_1 t\right)\right)\right) + \\ A_2 \cos\left(2\pi f_0 t + \varphi_2 + \alpha_2\left(\cos\left(2\pi f_2 t\right)\right)\right) \tag{2.90}$$

与地面接收信号的基础信号 $\cos 2\pi f_0 t$ 相乘，并使用三角函数的积化和差公式可得

$$E' = E \times \cos(2\pi f_0 t) \\ = A_1/2\left\{\cos\left(2\times2\pi f_0 t + \varphi_1 + \alpha_1\left(\cos\left(2\pi f_1 t\right)\right)\right) + \cos\left(\varphi_1 + \alpha_1\left(\cos\left(2\pi f_1 t\right)\right)\right)\right\} \\ + A_2/2\left\{\cos\left(2\times2\pi f_0 t + \varphi_2 + \alpha_2\left(\cos\left(2\pi f_2 t\right)f\right)\right) + \cos\left(\varphi_2 + \alpha_2\left(\cos\left(2\pi f_2 t\right)\right)\right)\right\}$$

$$\tag{2.91}$$

这里，采用低通滤波器将 2 倍基础频率成分 $\cos 2 \times 2\pi f_0 t$ 滤掉，式（2.91）可表示为

$$
\begin{aligned}
E' = & \left(A_1 / 2 \right) \left\{ \cos \left(\varphi_1 + \alpha_1 \left(\cos \left(2\pi f_1 t \right) \right) \right) \right\} + \\
& \left(A_2 / 2 \right) \left\{ \cos \left(\varphi_2 + \alpha_2 \left(\cos \left(2\pi f_2 t \right) \right) \right) \right\}
\end{aligned}
\tag{2.92}
$$

由于 α_1，$\alpha_2 \ll 1$，以 α_1 为例，$\sin(\alpha_1(\cos(2\pi f_1 t))) \approx \alpha_1(\cos(2\pi f_1 t))$，$\cos(\alpha_1(\cos(2\pi f_1 t))) \approx 1$ 进行近似计算，式（2.92）可表示为

$$
\begin{aligned}
E' \approx & \left(A_1 / 2 \right) \left\{ \cos \varphi_1 - \alpha_1 \sin \varphi_1 \cos \left(2\pi f_1 t \right) \right\} + \\
& \left(A_2 / 2 \right) \left\{ \cos \varphi_2 - \alpha_2 \sin \varphi_2 \cos \left(2\pi f_2 t \right) \right\}
\end{aligned}
\tag{2.93}
$$

除去直流成分，符号反转，振幅扩大 2 倍后，式（2.93）可表示为

$$
E' \approx A_1 \alpha_1 \sin \varphi_1 \cos \left(2\pi f_1 t \right) + A_2 \alpha_2 \sin \varphi_2 \cos \left(2\pi f_2 t \right)
\tag{2.94}
$$

地面接收设备接收到的微波信号（E）与基准频率信号相位差 $-90°$ 的信号 $\sin \left(2\pi f_0 t \right)$ 相乘，式（2.90）～式（2.94）进行相同的计算，其结果为

$$
\begin{aligned}
E'' = & E \cdot \sin(\omega t) \\
\approx & A_1 \alpha_1 \cos \left(\varphi_1 \right) \cos \left(2\pi f_1 t \right) + A_2 \alpha_2 \cos \left(\varphi_2 \right) \cos \left(2\pi f_2 t \right)
\end{aligned}
\tag{2.95}
$$

基于地面接收设备中的式（2.94）与式（2.95）的波形，进行汉宁窗口函数的（快速傅里叶变换，FFT），抽出其振幅成分。例如，调制频率 f_1 的发射天线板 1，对波形式（2.94）进行 FFT，得到振幅成分 X。其波形式（2.95）进行 FFT 操作，得到振幅成分 X、Y 如下：

$$
X = A_1 \alpha_1 \sin \varphi_1
\tag{2.96}
$$

$$
Y = A_1 \alpha_1 \cos \varphi_1
\tag{2.97}
$$

因此，地面接收设备接收波形与天线板 1 的相位差 ϕ_1 可用下式计算，即

$$
\varphi_1 = \arctan \left(\tan \left(\varphi_1 \right) \right) = \arctan \left(\sin \left(\varphi_1 \right) / \cos \left(\varphi_1 \right) \right) = \arctan(X / Y) \, [\text{rad}]
$$

$$
\tag{2.98}
$$

对于地面接收设备与天线板 2 的相位差也可采用同样方法求得。对发射信号进行相位调制，每个发射天线板与地面接收设备的基本频率相位差可以检测出来。

2.2.6.2　特征

基于 2.2.6.1 小节中所述的基础原理，并行化法的特征可以整理为以

下几点。

1. 高速的相位修正

在并行化法中，分配给每个发射天线板固有的频率，并对发射的微波进行相位调制，能够进行复数个发射天线板的同时相位补偿，实现高速的相位补偿。调制频率以 x [Hz] 间隔分配，若发射微波的频率带宽（申请微波频段带宽）为 y [Hz]，则同时可以进行相位补偿修正的天线板数量为 y/x。调制频率的间隔，对于最终允许的相位差的检测误差范围，必须兼顾谐波成分或调制频率间的相互影响而设定。若将调制频率间隔设定得较小，则可以实现高速的相位补偿修正。

2. 轨道上发射天线板的构成简单化

对于并行化法而言，原理上可以检测出发射天线板的调制频率与地面接收设备的基础频率之间的相位差，基于此方法可以进行相位同步操作。此外，相位调制设备构成的电路（调制信号源，电力分配器，混频器）本身也十分简单，并且继续信号处理的 FFT 处理在地面接收设备上进行，因此可以实现轨道上发射天线板的简易化构成。

2.2.6.3 开发状况

1. 原理验证

作为并行化法的原理验证，以京都大学/三菱重工为核心，在 2004 年开发了原理验证的试验装置，该装置模拟了 2 个发射天线板以及地面接收设备，2.5 GHz 的微波频率进行换算，成功实现了精度为 5.7° 以内的相位差检测。以下进行详细说明。

1）装置概要

原理验证装置由相位调制器、空间模拟电路、接收机电路构成（图 2.83）。模拟 2 块发射天线板的相位调制器，由 2.5 GHz 的微波源为基础，进行 100 kHz 和 130 kHz 的相位调制，经过空间模拟电路，调制信号由接收器接收，将接收的调制信号与基础频率波形对照，进行 I/Q 解调（图 2.84）。

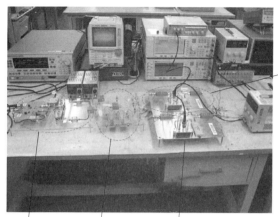

接收机电路　　空间模拟电路　　相位调制器1

图 2.83　原理试验设备和设备外观

2）试验结果

在空间模拟电路中，将一个相位调制波的相位与另一个相位调制波换算成 2.5 GHz 微波，在 0°～405° 范围内以 45° 的间隔变化，接收机电路检测出与参考信号的相位差。试验结果确认了对于每个设定值检测出精度 5.7° 以内的相位差。

2. 基本验证

此外，三菱重工为京都大学在 2010 年开发并安装了相位调制设备的空间发射装置[2]。在之前的原理验证设备上，因为设备中产生了多重反射而影响了相位差检测精度。为了避免此影响，这次验证中，提高了每个 RF 元件的匹配度。其结果显示，在模拟 2 个发射天线板以及地面接收设备中，以 5.8 GHz 微波频率进行换算，成功检测出了精度在 1° 以内的相位差。以下进行详细说明。

1）装置概要

基础试验设备是由微波发射单元、监控设备、控制计算机部分组成（图 2.85）。在微波发射单元，以 5.8 GHz 为基础，进行 100 kHz 和 130 kHz 的相位调制，并通过模拟 2 个发射天线板的天线发射每个调制波形。模拟地面接收设备的显示单元接收调制波形，并与基础频率相对照，进行 I/Q 解调。控制 PC 对于 I/Q 解调数据进行 FFT 计算，检测出 2 个天线的相位差（图 2.86）。

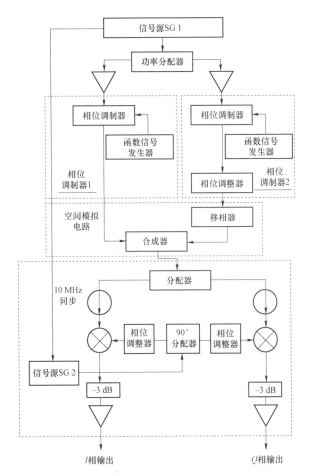

图 2.84 原理验证装置和系统框图

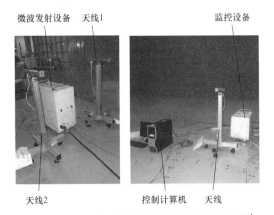

图 2.85 并行化法基础试验设备和设备外观

2）试验结果

在并行化法的基础试验设备，模拟 2 个发射天线板的天线间隔为 ±0.7 mm（5.8 GHz 的微波换算间隔 5° 左右），2 个天线与显示单元的基础频率为基础检测出精度 1° 以内的相位差（图 2.87～图 2.88）。

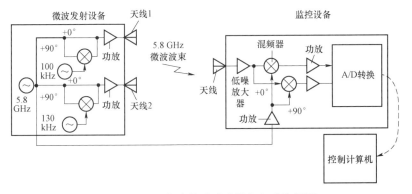

图 2.86　并行化法基础试验设备和系统框图

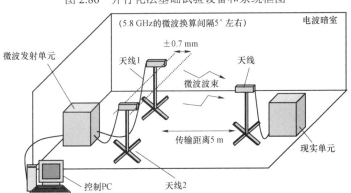

图 2.87　并行化法基础试验设备和试验布局

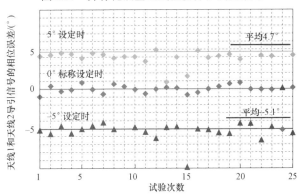

图 2.88　并行化法基础试验设备和试验结果

2.3 高功率微波波束传输

2.3.1 大气中传播

如前所述，虽然空气对于微波频段传输的衰减基本可以忽略，但是降雨等产生的损耗在精确计算中不能忽略。对于 SPS 或者微波无线能量传输来说，应该准确预估这种影响。

大气对 2.45 GHz 微波传输的影响（空间–地面）在文献［1］中已经详细说明了。基于此，利用 1980 年 NASA/DOE 参考模型参数（2.45 GHz，地面峰值功率密度 23 mW/cm^2，5 GW 地面整流功率，线极化）计算如下：

（1）大气气体（主要为氧气）吸收：0.05 dB（60 MW）；

（2）降雨减衰（50 mm/h 时，前方散射）：0.07 dB（70 MW）；

（3）折射率不稳定引起的散射：0.001 3 dB（1.5 MW）；

（4）降雨引起的后向散射：0.1～1 mW（50～150 mm/h 的降雨情况下）。

如果要评估这些损失能量对于其他系统的影响，应该不考虑上述相互作用而直接评估 SPS 发射波束（如杂波、发射天线方向图等）的影响。综上所述，可以认为上述能量损耗非常小而不会影响系统，并且在 SPS 系统设计中，将上述损耗能量计算在内即可。其中问题最大的是（4）中降雨引起的后向散射。虽然在加热方面考虑没有问题，但是降雨散射 0.1～1 mW 的水平已经超过了对地面通信系统的干扰水平的最大值，对于与 SPS 能量波束相干涉的无线通信系统影响较大，今后有必要进行详细的探讨。

对 5.8 GHz 的微波也可以使用文献［1］的相同方法进行评估。评估中采用 JAXA 2004 模型[2]的 SPS 参数进行计算。JAXA 2004 模型微波参数为微波频率 5.8 GHz，地面峰值功率密度为 100 mW/cm^2，地面整流输出功率 1 GW，为了简化计算，微波极化方式与文献[1]一样采用线极化。

首先讨论大气气体对于微波的吸收特性。大气气体的吸收主要考虑氧气以及水蒸气的吸收，它们的吸收特性如图 2.89 所示。与 2.45 GHz 频段相同，5.8 GHz 频段也主要是氧气吸收微波能量。这两个频段上氧气吸收系数均约为 0.007 dB/km。根据图 2.90，天顶方向 5.8 GHz 大气气体（主要是氧气）的总吸收量约为 0.05 dB。仰角 47° 的情况下，衰减大约为 0.07 dB。总功率为 1 GW 时，损失功率达到 16 MW。

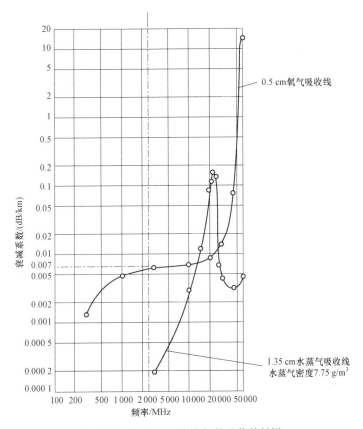

图 2.89　氧气以及水蒸气的吸收特性[1]

A—指定高度；*B*—天顶方向单方向衰减量最小值；*C*—因氧气分子构造产生的变动幅度。

雨衰特性如图 2.91 所示。由于大气降水造成前向散射，5.8 GHz 频段微波在降雨为 50 mm/h 和 150 mm/h 降水率（大雨）的情况下，其减衰率分别为 0.3 dB/km 以及 1.2 dB/km。假设降水范围 50 mm/h 而高度为 5 km，或者降水 150 mm/h 而高度为 3 km，在接收仰角 47° 的情况下减衰分别计算如下。

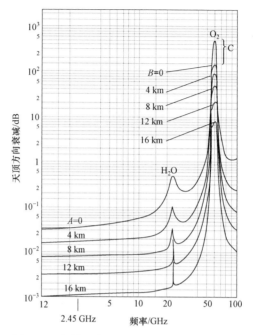

图 2.90　中等湿度（地面 7.5 g/m³）条件下，
从指定高度到大气层天顶方向大气层单方向衰减量[1]

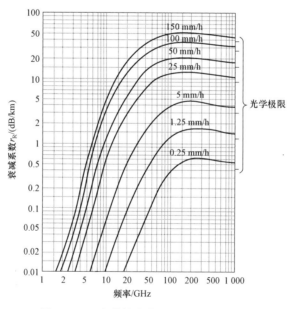

图 2.91　雨衰特性参数与降雨强度的关系

（1）50 mm/h 时，有

$$0.2 \, [\text{dB/km}] \times 5 \, [\text{km}] \times \sec 47° = 1.3 \, [\text{dB}]$$

（2）150 mm/h 时，有

$$1.2 \, [\text{dB/km}] \times 3 \, [\text{km}] \times \sec 47° = 4.9 \, [\text{dB}]$$

前者在 1 GW 功率下产生 26% = 260 MW 的损耗；后者产生 68% = 680 MW 的损耗；这样的结果对于能量传输来说显得损耗过大。那么就取决于每年 50 mm/h 的大雨会有多少次，对于 5.8 GHz 的 SPS 系统，也必须提出解决雨衰问题的方法。

因降雨产生的后向散射如文献 [1] 所述，可用下式计算，即

$$P_{r,\max} = \frac{P_t G_t}{4\pi r_1^2} \times 8.4 \times 10^{-15} \frac{R^{1.4} h \eta}{\lambda^2} \tag{2.99}$$

式中：$P_t G_t / 4\pi r_1^2$ 为地表附近的微波功率密度；R 为降雨强度 [mm/h]；h 为散射体在接收方向的扩散范围，它等于降雨范围的大小；η 为天线的接收效率；λ 为波长。

对于 JAXA 2004 模型的情况，若假设 $P_t G_t / 4\pi r_1^2 = 1\,000 \, \text{W/m}^2$，$\lambda = 0.052 \, \text{m}$，$\eta = 50\%$，$R = 50 \, \text{mm/h}$，$h = 5 \, \text{km}$，则可知 $P_{r,\,\max} = 1.9 \, \text{mW}$；若 $R = 150 \, \text{mm/h}$，$h = 3 \, \text{km}$，则 $P_{r,\,\max} = 5.2 \, \text{mW}$。此结果比文献 [1] 中的 NASA/DOE 模型要更高，所以今后必须深入论证。

其次要考虑因大气层折射率的不规律性而产生的散射。若波数 $k = 2\pi/\lambda$，湍流介质内的传输距离为 z，波束稳定时振幅为 I_0，则大气折射率不稳定时介质中的电磁波密度复数表达式为

$$I_0 \exp(-2\alpha z) \tag{2.100}$$

式中：α 为衰减系数，可用下式定义，即

$$\alpha = 2\pi^2 k^2 \int_0^\infty dK K \Phi_n(K,0) \approx 0.391 C_n^2 k^2 L_0^{5/3} \quad (k_m L_0)^{-2} \ll 1 \tag{2.101}$$

式中：C_n^2 为折射率构造函数系数 [m$^{-2/3}$]，表示折射率的变化大小；L_0 为湍流外部尺寸，表示折射率波动的空间的最大尺度。

这里，若 $k = 121.6 \, \text{m}^{-1}$，$C_n^2 = 10 - 14 \, \text{m}^{-2/3}$，$L_0 = 50 \, \text{m}$，折射率波动层厚度 $L = 10 \, \text{km}$，根据式（2.101）可得 $aL = 3.9 \times 10^{-3} \ll 1$，对于 2.45 GHz 系统结果也是相同的。因此在 5.8 GHz 系统中，因折射波动引起的衰减基本可以忽略。

此外，杂散波的电磁强度复数表达为

$$I_i = I_0[1 - \exp(-2\alpha z)] \approx 2\alpha z I_0 \qquad (2.102)$$

如图 2.92 所示，以入射角 θ 向对流层入射时，以参数表达式（2.102）可计算杂散波的电磁强度的占比为 I_i / I_0，如 $\theta = 30°$ 的情况下，$I_i / I_0 = 1.69 \times 10^{-3}$，相当于 0.007 3 dB，比雨衰低了 3 个数量级。

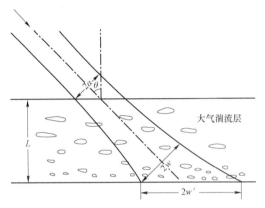

图 2.92　波束传播模型

总结以上的计算结果，用 JAXA 2004 模型得出 5.8 GHz SPS 系统的大气影响数据如下：

（1）大气气体（主要为氧气）的吸收：0.07 dB；

（2）雨衰（50 mm/h 时前向散射）：1.3 dB；

（3）折射率波动引起的散射：0.007 3 dB；

（4）降雨引起的后向散射：1.9～5.2 mW（50～150 mm/h 时）。

5.8 GHz 系统比 2.45 GHz 系统衰减量和散射量都更大，并且能量传输系统的雨衰也更大，这又引出了降雨频次的问题。并且此前的各种计算都是基于某些参数假定进行的，必须开展与实际现象的对比试验。5.8 GHz SPS 系统相对 2.45 GHz 系统来说虽然发射和接收天线面积更小，但是也有总体变换效率更低、雨衰更强等劣势。今后也需要对该课题进行折中研究。

2.3.2　等离子体中的传输

研究表明，微波通过电离层等离子体传输时会发生折射、法拉第旋转效应（极化面随着微波传输方向而旋转）、微波放电（等离子体加一定频率的电场而产生的放电现象）及被吸收等现象。除这些现象以外，微波的振幅增大时，会与等离子体发生非线性相互作用。可以预测，这些现象在过去通信中使用微弱微波信号时是无法想象的。除了等离子体的欧姆加热，大幅度微波与电离层等离子体的非线性相互作用还包括低频率电磁波的激发现象（三波共振）、微波不稳定性、等离子体的穿孔现象等。

2.3.2.1　三波共振理论

强电磁波传输过电离层的等离子体时，经过非线性相互作用，微波能量的一部分被转换成各种模式的等离子体波。由于拉曼散射、布里渊散射而产生朗缪尔波（Langmuir wave）、离子声波，并且会继续成长，这些现象可以根据流体近似理论来预测[3-6]。这种非线性波动相互作用的物理机理阐述如下。在频率为 ω_0、波数为 k_0 的微波传播的等离子体中，假设以噪声电平产生频率为 ω_2、波数为 k_2 的静电波，且存在密度波动。通过大振幅微波的作用，等离子体电子速度在时间上以频率 ω_0，空间上以波数 k_0 受到调制。用密度和速度的乘积表示的等离子电流存在频率为 $\omega_0 \pm \omega_2$、波数为 $k_0 \pm k_2$ 的分量。该电流分量也可以用麦克斯韦方程解释，其产生属于微波频段的高频 $\omega_0 \pm \omega_2$ 的边带波[6]。原始的微波与该边带波产生频率为 ω_2、波数为 k_2 的非线性电动势，使等离子体的粒子运动，则原有的频率为 ω_2、波数为 k_2 的噪声电平静电波会持续增强。

若频率为 ω_0、波数为 k_0 的大振幅微波，其后向散射波和激发静电波的频率分别为 ω_1、ω_2，波数分别为 k_1、k_2。由于这 3 个波之间的相互作用，为了获得时间激发波的增长解，需要以下 3 个波谐振的条件表达式[6]，即

$$\omega_0 = \omega_1 + \omega_2 \tag{2.103}$$

$$k_0 = k_1 + k_2 \tag{2.104}$$

将式（2.103）、式（2.104）两边乘以普朗克常数 $\hbar$，则式（2.103）成为能量守恒定律，式（2.104）则成为动量守恒定律。也就是说，能量在 3 个波之间交换，以满足两个守恒定律。如图 2.93 所示，等离子的 $\omega - k$ 图说明了该方程。

3 个波之间的能量交换可用以下的模式耦合方程定量地描述[6]，即

$$\frac{\mathrm{d}E_0(t)}{\mathrm{d}t} = \mathrm{i}\beta_0 E_1(t) E_2(t) \tag{2.105}$$

$$\frac{\mathrm{d}E_1(t)}{\mathrm{d}t} = \mathrm{i}\beta_1 E_2^*(t)E_0(t) \tag{2.106}$$

$$\frac{\mathrm{d}E_2(t)}{\mathrm{d}t} = \mathrm{i}\beta_2 E_0(t)E_1^*(t) \tag{2.107}$$

式中：E_0、E_1、E_2 分别表示为输入微波、后向散射波、激发静电波的电场强度的复振幅；*为表示复共轭分量；β_0、β_1、β_2 为复模式耦合系数，是表示 3 种波之间耦合强度的系数。

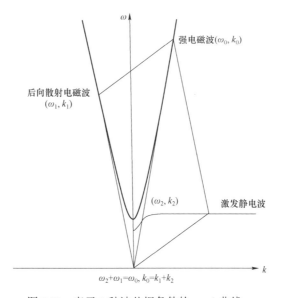

图 2.93　表示 3 种波共振条件的 $\omega - k$ 曲线。

用上述模式耦合方程可以评估激发波的初期增长率。如果输入的微波非常强，且初期的后向散射波及激发波非常弱，也就是说 $|E_0(0)| \gg |E_1(0)|$、$|E_2(0)|$，那么与两个激发波的幅度变化相比，初始输入波幅度的变化可以忽略不计，可以假设 $\mathrm{d}E_0/\mathrm{d}t = 0$。将式（2.107）对时间进行微分，并将式（2.106）代入式（2.107），可得

$$\frac{\mathrm{d}^2 E_2}{\mathrm{d}t^2} = \beta_1 \beta_2 |E_0|^2 E_2 \tag{2.108}$$

因此，激发波电场的初期增长率为

$$\gamma = \sqrt{|\beta_1 \beta_2|} |E_0| \tag{2.109}$$

换言之，若已知初期的复模式耦合系数与输入微波的电场强度，便

可以算出初期增长率 γ。

　　由于可以使用模态耦合方程来评估引起非线性相互作用的三个波的初始增长率和激发能级，也可以使用模态耦合方程来评估能量交换周期等，因此找到该模态耦合常数对定量地分析非线性波 – 波相互作用是很有意义的。根据等离子体、入射波、后向散射波和激发波的特性可以确定该模式耦合常数。在之前的火箭试验（MINIX）[7-9]以及计算机仿真中已经发现，如果 2.45 GHz 的微波通过电离层等离子体，就会激发朗缪尔波与电子自旋加速谐波这两种波。朗缪尔波是与外部磁场平行传输的静电波，电子自旋谐波则是垂直于外部磁场的静电波。耦合系数的推导过程相当复杂烦琐，可以参考相关文献。在这里列出激发波为电子自旋谐波的一部分形成 SX 模式（SX – mode）高频混合波的耦合系数与激发波为朗缪尔波时的耦合系数。在微波频率下，电离层中的 O 模式（O – mode）波、X 模式（X – mode）波、R 模式（R – mode）波、L 模式（L – mode）波几乎都退化了，因此这里只讨论 O – O – SX 模式、R – R 模式朗缪尔波。

　　SX 模式的各个耦合系数如下：

$$\beta_0 = \sum_s \frac{q_s}{m_s} \frac{k_2}{4\omega_1} \tag{2.110}$$

$$\beta_1 = -\sum_s \frac{q_s}{m_s} \frac{k_2}{4\omega_0} \tag{2.111}$$

$$\beta_2 = -\sum_s \frac{q_s}{m_s} \Pi_s^2 \frac{\omega_2 \left(1 - Y_2^2\right)^2}{4\left\{\omega_2^2 \left(1 - Y_2^2\right)^2 + \Pi_s^2 Y_2^2\right\}} \frac{k_2}{\omega_0 \omega_1} \tag{2.112}$$

式中：$Y_2 = \Omega_2/\omega_2$；m_s、q_s 分别为 S 类粒子的质量、电量；$\sum$ 为 S 类等离子体粒子的贡献；Π_s 为 S 类粒子的等离子频率；ω_s 为 S 类粒子的自旋频率。

　　SX 模式波的磁场矢量与外部磁场平行，电场矢量与外部磁场垂直。等离子体可用冷等离子体模型近似处理。

　　采用相同冷等离子体近似模型计算朗缪尔波的各耦合系数如下：

$$\beta_0 = \sum_s \frac{\frac{q_s}{m_s}\left[(k_2\Omega_s - \omega_2 k_0)\left(\omega_1 - \frac{(ck_1)^2}{\omega_1}\right) - k_2\Pi_s^2\left(1 - \frac{\omega_2 k_1}{\omega_1 k_2}\right)\right]}{\Pi_s^2}}{2\left[\frac{\Pi_s^2\Omega_s}{(\omega_0 + \Omega_s)^2} - 2\omega_0\right]}$$

(2.113)

$$\beta_1 = \sum_s \frac{\frac{q_s}{m_s}\Pi_s^2\left[(\omega_2 k_1 - k_2\Omega_s)\left(\omega_0 - \frac{(ck_0)^2}{\omega_0}\right) - k_2\Pi_s^2\left(1 - \frac{\omega_2 k_0}{\omega_0 k_2}\right)\right]}{2\left[\frac{\Pi_s^2\Omega_s}{(\omega_1 + \Omega_s)^2} - 2\omega_1\right]}$$

(2.114)

$$\beta_2 = \sum_s \frac{q_s}{2m_s}\left[\frac{\omega_0^2 k_1 - \omega_1^2 k_0 - c^2 k_0 k_1 k_2}{\omega_0\omega_1\omega_2}\right]$$

(2.115)

这些耦合系数也可以利用基于动力学理论假设的热等离子体加以推导[10]。

这时，入射微波与后向散射波为 R 模式，激发波为朗缪尔波。R 模式波的电场与磁场在与外界磁场垂直的平面内，极化方式为右旋圆极化。而朗缪尔波不存在磁场成分，是电场矢量与外界磁场平行的静电波。

2.3.2.2 三波谐振现象相关观测结果与计算结果

在 1983 年京都大学实施的微波能量传输火箭试验——微波等离子体非线性相互作用试验（Microwave Ionosphere Nonlinear Interaction Experiment，MINIX）中，观测到了上述三波谐振理论预测的静电波激发现象。MINIX 试验是世界上最早的空间微波无线能量传输试验，首次验证了微波与等离子体的非线性相互作用。在 MINIX 火箭试验中观测到的电磁波频谱如图 2.94 所示，可以看到激发了朗缪尔波和电子自旋谐波[10]。但是，观测到的激发波与理论预测[3,10]有些偏差，特征分述如下。

（1）在理论计算中，朗缪尔波的增长率及饱和时的强度都比电子自旋谐波的增长率、饱和时强度高。但是，MINIX 试验结果表明电子自旋谐波的增长率、饱和时强度更高。

（2）观测频谱与基于三波谐振理论的预想频谱[3,6]不同，是宽带宽的频谱。尤其是朗缪尔波展现了更宽的频谱范围。

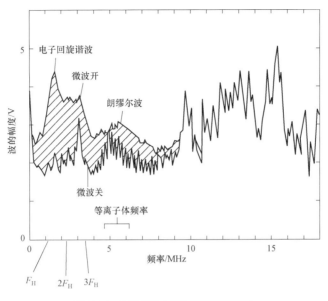

图 2.94　MINIX 火箭试验观测频谱

图 2.94 所示的静电波频谱具有宽带特性，并且激发了复数电子自旋谐波。这可以通过因激发波与等离子体的非线性相互作用而引起的连续三波谐振与并列三波谐振的概念来解释。连续三波谐振可以分为第Ⅰ类和第Ⅱ类两种[10]。这是由三波谐振产生的后向散射波成为第二个输入波并引起 2 次三波谐振的现象。此后每次产生的后向散射波入射到等离子体，从而引起下一次三波谐振的连续现象就称为连续三波共振。因此在波数少的区域，波被一个接一个地激发，并且波谱变宽。另外，在第Ⅱ类连续三波谐振中，波被激发并在背景中加热等离子体，破坏了波的色散关系，但是加热后等离子体的色散关系导致产生新的三波谐振。在并列三波谐振中，当有多个模式可以激发时，如电子回旋加速器谐波，则三波谐振对每种模式都保持不变，并激发多个波。在这种情况下，由于激励是同时发生的，因此从入射波到激励波有多个能量流，它们的大小由模式耦合系数确定。电子自旋谐波的情况下，由模式耦合系数决定的初期增长率按 3/2、5/2、7/2 的顺序增大，这个结果与 MINIX 火箭试验结果一致。

这类现象利用电磁粒子代码（Kyoto University Electro Magnetic Particle Code，KEMPO）[12]进行计算机仿算，并可进行理论解释。

图 2.95 所示为计算机仿真一维模型的示意图。波矢量 k 的方向设为 x 方向，通过在除衰减区域之外的物理区域的末端 $x=0$ 处，以角频率 ω_0

激发表面电流 J_z 来将电磁波入射到系统中。此外，通过获取 x 或 z 方向上的外部磁场，我们实现了一个模型，在该模型中，入射电磁波分别在平行于和垂直于外部磁场的方向上传播。

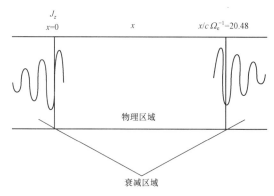

图 2.95　利用电磁粒子代码的一维计算机仿真模型

计算机仿真使用的电磁粒子代码 KEMPO 是一个计算程序，它使用空间和时间作为离散网格点，并求解带电粒子的运动方程和电磁场的麦克斯韦方程（以及泊松方程），而不会产生矛盾[12]。这些方程可以通过时间或空间的中心差分法进行求解。在离散的时间及空间网格点上定义电磁场，而网格间的任意点上采用内插法进行计算。在计算机仿真试验中，由于计算的内存与 CPU 等限制，不能进行大规模的粒子运动求解，因此在 KEMPO 代码中，采用比实际粒子质量和电荷都大的"超粒子"进行计算。当然，超粒子所形成的等离子体模型具有与实际等离子体相同的动能密度、数量密度、电荷密度。如果计算数量较少的超粒子，结果会产生一定的偏差，但是经验表明，如果每个网格内有 16 个以上的超粒子，计算就不会与真实的物理现象相违背。另外，由于空间等离子体足够稀薄，因此可以认为在这些粒子之间没有碰撞。

首先基于垂直传播模型，考虑电子回旋加速器谐波的激发和饱和状态。此处，Π 为等离子体的角频率，Ω 为回旋加速器角频率，下标 e 为电子，p 为质子。如图 2.96 所示是入射电磁波（O 模式波：E_z 强度的时间变化，激发波（静电电子自旋谐波 E_x）的强度的时间空间变化以及背景等离子体温度的时空变化。如图所示，$\Omega_e t \approx 70$ 附近静电波开始被激发，入射电磁波大约同时开始衰减。这表明因为三波谐振，入射电磁波的能量转化为被激发的静电波。通过傅里叶分析证实，波数的谐振条件在这 3 个波之间也成立[13]。

可以通过如下的三波谐振来解释为什么电场强度部分（图 2.96 中的红色部分）比真空中入射时更强的原因。红色部分的位置与静电波在其中增长的部分重合。认为这是因为在该位置发生了三波谐振，其结果是后向散射波以光速（图 2.96 的左侧）向负方向传播，并且振幅与入射电磁波的振幅叠加从而增强。之后，背景等离子体开始在 $\Omega_e t \approx 90$ 附近加热，并且在传播路径的后半部分，被激发的静电波逐渐饱和并衰减。

在上述计算机仿真试验（垂直传输模型）中，其加热原理可以认为是非谐振加热。不存在具有与激发静电波产生谐振速度的电子，若假设与电子自旋谐波的相位速度相同的 v_x 谐振电子存在，也会在极短的时间内偏离谐振速度。其原因是谐振电子会因 z 轴方向的垂直磁场而向 y 轴方向旋转，x 轴的分量速度会马上偏离谐振速度。正因为如此不会产生长时间与波的相互作用，也就不会引起谐振加热。另外，静电波的振幅很小，因静电波电场而移动的电子移动距离与静电波的波长相比基本可以忽略，从电子尺度来观察到的静电波相位基本与正弦波一致，电子只因电场而产生运动，所以不会被加热。但是当振幅增大时，从电子尺度看到的电场便与正弦波不同，电子的加速空间也会增加，便产生了非谐振加热。

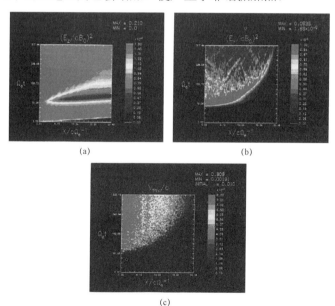

图 2.96　一维垂直传输模型的仿真计算结果

（a）入射微波强度的时空变化；（b）激发静电波强度的时空变化；

（c）背景等离子体温度的时空变化

计算机仿真试验的结果表明，随着等离子体的密度或等离子体的角频率增加，增长率也会相应增加。因输入微波的频率而变化的速度分量与等离子体中的密度变化分量的乘积决定了电流，这个电流又会影响电磁场和静电场，这样的过程形成了正反馈环路并使激发波增长。在上述过程中，激发的静电波的电场对粒子进行相同的速度调制，那么等离子体密度越高，耦合频率下的电流就越大。因此正反馈的放大增益增加，并且激发的静电波的增长率增大。当等离子体密度设置为无穷大时，增长率不会变为无限，而是具有一定的极限值[6,10]。另外结果表明，激发波的增长率随着与等离子体温度相对应的热速度的增加而降低。热速度越高，粒子速度的随机分量越多，因此，由于激发波的电场而导致的粒子的速度调制的相位不同步。相反，这些参差不齐的电子速度会激发波的电场产生消极影响，使之发生畸变，所以激发波会变得难以增长。

在微波参数中，入射波的频率可以从理论计算和计算机仿真的结果中得出，初始增长速率随着频率的增加而降低。朗缪尔波和 SX 模式波都显示出这种趋势。随着输入波的频率增加，后向散射波的频率也增加，但是因受电场影响而发生的粒子速度变化会变小，因为它与频率成反比。即使入射电磁波的能量强度不变，速度变化率也会变小，因此入射电磁波的能量强度与粒子速度变化率的相关性变小，三波间的能量交换也随之变小。另外，当输入波的频率接近无穷大时，可计算得朗缪尔波和 SX 波的初始增长率为零。

我们还知道初始增长率 γ 和微波电场强度 E_0 成正比关系。但是，实际静电波的激发水平与三波共振理论预测的静电波激发水平相比较低，其原因可以说明如下。首先，在某一瞬间符合三波谐振的条件，静电波（朗缪尔波与电子自旋谐波）则被激发，并且增长。在激发波增长的过程中，它开始加热其所处的背景等离子体。随着此过程的演进，支撑激发波的等离子体的色散关系开始改变，三波谐振的条件逐渐变得不满足，并因此偏离了频率谐振条件[4]。若不再满足三波谐振条件，由入射微波转化为激发波的能量也会逐渐变小，并最终停止能量转化，激发波的增长也随之停止。这个激发→加热→饱和的过程相比激发波的增长过程快得多，并且激发波增长为小于根据三波谐振理论预测的激发波的最大能级的波。

此外，电子自旋谐波的激发水平比朗缪尔波的激发水平更高，其原因可以通过支持各波的色散关系的温度依赖性来理解。等离子加热而引起的等离子波的色散关系变化如图 2.97 所示。图中的 $\Delta\omega$ 为三波谐振的条件式（2.103）以及式（2.104）的频率差，可以写成 $\Delta\omega = \omega_0 - \omega_1 - \omega_2$。由图 2.97 可知，朗缪尔波的色散关系比电子自旋谐波对背景温度的变化更敏感，并且很快就会趋于饱和。

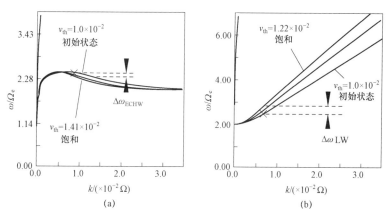

图 2.97 因等离子体加热而产生的等离子波的分散关系式变化
（a）电子回旋谐波；（b）朗缪尔波

在计算机仿真试验中，由于计算机性能的限制，很难实现实际 SPS 系统中的等离子体和微波系统参数。可以通过数值分析来代替计算机仿真，估计静电波激发水平。数值分析利用的方程式是模式耦合方程[10]、激发静电波的色散关系式以及粒子的运动方程。

三波谐振未必严格满足其条件式，即使在稍微偏离条件的情况下也可以发生三波的能量交换。上述条件的偏离为[4]

$$\Delta\omega = \omega_0 - \omega_1 - \omega_2 \qquad (2.116)$$

激发波的初期增长率为

$$\gamma_{\text{off}} = \sqrt{\left|\beta_1\beta_2 \parallel E_0\right|^2 - \Delta\omega^2} \qquad (2.117)$$

式中：下标 0、1、2 分别对应入射波、后向散射波及激发静电波。

式（2.117）的值可由三波谐振的条件式（2.104）和式（2.105）、波的色散关系式与麦克斯韦方程求得。利用此关系，$\gamma_{\text{off}} = 0$ 可以定义为激发波的饱和状态。由 $\gamma_{\text{off}} = 0$ 时的 $\Delta\omega$ 所产生的背景等离子体加热可由激发波的色散关系式求得。入射波与后向散射波同为光速波，几乎不受所处背景等离子体变化的影响，所以产生的$\Delta\omega$是由于激发波的分散关系变化所致。根据粒子的运动方程求出产生背景等离子体加热所需的最小限度的电场强度，并将该电场强度定义为激发波的饱和电场强度。

利用 SPS 系统的微波参数，频率 2.45 GHz，最大电场强度 200 V/m（相当于 23 mW/cm²）推算出静电波的激发水平。在不考虑饱和状态的前提下，计算只因三波谐振而引起激发波水平，其结果为朗缪尔波 11.1 V/m，电子自旋谐波 9.8 mV/m。但是若考虑饱和状态，其结果为朗缪尔波约为 6.9 mV/m，电子自旋谐波约为 27 mV/m。后者的值低于 SPS 系统微波电场强度的 0.01%，实际上可以认为对系统无任何影响。

2.3.2.3 微波成丝不稳定性

大功率微波在等离子体中传输时，早期微波功率密度的波动会增长，微波波束的自聚焦现象已经被证实了，这种不稳定性称为成丝不稳定性。成丝不稳定性不是因电子碰撞而导致的等离子被加热的成丝[14-16]效果，而是由微波功率密度空间梯度的存在所产生的质动力所引起的现象。微波波束自聚焦的概念如图 2.98 所示，图中α和$\Delta_{\perp}a$这两个参数分别对应于微波光束强度和光束强度的空间梯度，体现在后面的理论方程式中。等离子体被热加而引起的波束自聚焦现象发生频度与等离子体密度成正比，因此在电离层以外的空间内很难产生这一现象。但是即使等离子密度和微波强度较小，仍然可能因微波波束强度空间梯度的存在而产生波束的自聚焦现象，如果根据理论进行预测可能会有问题。因此，在微波能量传输系统的设计中预先寻找上述现象的产生条件是非常重要的。

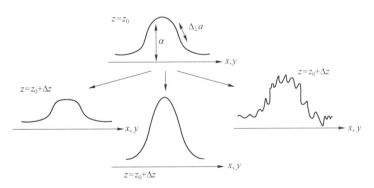

图 2.98　因微波波束强度空间分布而产生的波束自聚焦模型

成丝不稳定性现象对于 SPS 工程的主要影响可以表述为以下两点。首先，微波波束的自聚焦引起的波束中心功率密度会比设计值更强，从而引起电离层加热或地面接收功率密度升高等问题。另外，因为微波能量发射天线的部分故障或自然电离层等离子体的密度不均匀而引起微波波束功率密度的波动增强，地面上其他区域（如非整流天线布置区、人类生活区等）的微波波束功率密度变得更强。

因微波波束功率密度梯度而产生的波束自我收敛现象可以用以下非线性方程式表述[17]：

$$2ik\frac{\partial a_\alpha}{\partial z} + \Delta_\perp a_\alpha = -\frac{\omega_e^2}{c^2} a_\alpha \frac{|\boldsymbol{a}|^2}{2v_{th}^2} (\alpha = x, y, z) \qquad （2.118）$$

这时，$\boldsymbol{E}$ 和 $\boldsymbol{A}$ 分别可表示为

$$\boldsymbol{E} = -\frac{\partial \boldsymbol{A}}{\partial t} \qquad （2.119）$$

$$\boldsymbol{A} = \frac{m}{e} \boldsymbol{a} \exp\left(\mathrm{i}\int k\mathrm{d}z - \mathrm{i}\omega t\right) \qquad （2.120）$$

式中：$\Delta_\perp = \dfrac{\partial^2}{\partial_x^2} + \dfrac{\partial^2}{\partial_y^2}$；$\boldsymbol{E}$ 为微波波束的电场强度；$\boldsymbol{A}$ 为矢量势；z 轴为微波波束的传播方向，假设微波波束为线极化，且电场存在于 $x-y$ 空间；k 与 ω 分别为微波波束的波数与角频率；e 为电子电荷，m 为电子质量；ω_e 为等离子体电子的角频率，v_{th} 为电子的热速度，c 为光速。

上述非线性方程式可以利用麦克斯韦方程与电动力学方程式求解[17]，以下进行简要说明。首先把麦克斯韦方程利矢量失势 $\boldsymbol{A}$ 进行改写，这时将导通的电流分量分成线性项与非线性项；然后，利用汉密尔顿函数 $\boldsymbol{H}$ 求解电动力学方程[18]，通过积分速度分布函数获得非线性电流项，并将其代入从麦克斯韦方程获得的波动方程式中，最后获得式（2.118）。在推导上述等式的过程中做出以下假设[17]。

（1）微波角频率为 ω，远大于等离子体电子角频率 ω_e 与电子自旋角频率为 Ω_e（$\omega \gg \omega_e$，Ω_e），因此以下近似式成立：

$$\mathrm{div}\,\boldsymbol{A} = 0 \qquad （2.121）$$

（2）微波的波数非常大，基本可以说是个常数（$k^2 = \varepsilon_0\mu_0(\omega^2 - \omega_e^2) \simeq \varepsilon_0\mu_0\omega^2 = \omega^2/c^2$），因此满足以下不等式：

$$k \frac{\partial a_\alpha}{\partial z} \gg \frac{\partial^2 a_\alpha}{\partial z^2} \tag{2.122}$$

$$k \frac{\partial a_\alpha}{\partial z} \gg \frac{\mathrm{d}k}{\mathrm{d}z} a_\alpha (\alpha = x, y, z) \tag{2.123}$$

（3）标量化的矢量势 $\boldsymbol{a}$ 与等离子体电子热速度相比非常小，即

$$|\boldsymbol{a}|^2 / v_{th}^2 \ll 1 \tag{2.124}$$

另外，由于该方程式是随时间平均的，因此它仅取决于空间项。该方程式的右边是非线性电流项，它代表了动力，并包括了来自等离子体的所有影响。

利用式（2.118）进行数值仿真计算，结果如图 2.99 和图 2.100 所示。

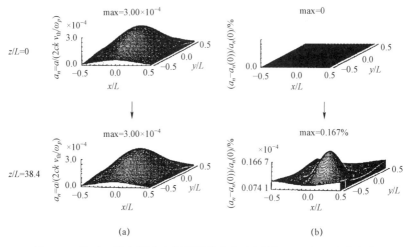

图 2.99　基于二维高斯分布模型的数值仿真解析——a_n 的 z 方向变化
（a）an；（b）初始值的变化量/%

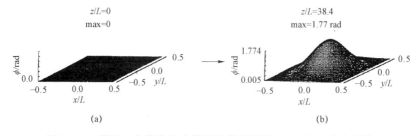

图 2.100　基于二维高斯分布模型的数值解析——Φ 的 z 方向变化

因为 $|\boldsymbol{a}| = e|\boldsymbol{E}|/m\omega$ 的关系，$|\boldsymbol{a}|$ 的增加与电场强度 $|\boldsymbol{E}|$ 的增加具有相同的意义。假设微波波束具有 $x-y$ 平面的空间梯度，沿着 z 方向进行传播并

具有线极化。微波的波束强度 a_n 的空间部分的初始值为高斯分布模型。
此解析使用的初始值 a_n 为实际电离层等离子体的参数，SPS 参考模型中
使用的微波波束强度高 3 个数量级左右，并且假设其空间梯度与 SPS 参
考模型中相同。在 SPS 参考模型中，微波波束中心功率密度为
23 mW/cm²，距离中心 5 km 处为接收端的边界，此处平均功率密度为
1 mW/cm²，假设其分布为高斯分布模型，其初始值的强度高于上述值 3
个数量级。这里微波频率为 2.45 GHz。由图 2.100 可知，我们可以明确
地推断出微波中心强度 z 越大，波束 a_n 也会高于初始值，并且相位 ϕ 越
靠近中心部分越向前。并且观察距 a_n 中心较远区域的初始值变化可知，
在此区域为负变化，换言之，随着微波强度 z 的变化其值在减少。这说
明波束全体向中心聚焦，即产生了自聚焦现象。

　　通过这些数值仿真计算结果可知，成丝不稳定性有参数依赖特征。
微波波束的自聚焦现象存在相关 5 个参数，即微波电场强度、微波频率、
微波束空间梯度、等离子体密度及等离子体温度。尽管省略了细节，成
丝不稳定性的参数依存性倾向如图 2.101 所示。其结论为在各种 SPS 的
参数下不会发生此现象。

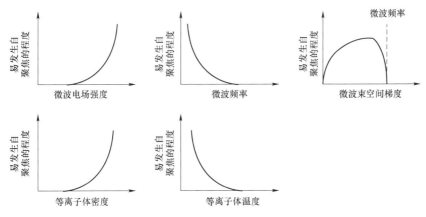

图 2.101　成丝不稳定性的参数依存关系

2.3.2.4　等离子体穿孔现象

　　众所周知，在空间变化的高频电场中存在有质动力。通过它的作用，
微波在有着电场强度分布的等离子体中传播时，等离子体密度会下降，
产生穿孔现象。以下进行简要说明。考虑在高频波电场 $E(t) = E_0 \cos\omega t$

中振荡的带电粒子，$E(x, t) = E_0(x)\cos\omega t$ 的电场振幅 $E_0(x)$ 为空间平滑函数。如果左侧较弱且右侧较强，当粒子由于电场引起的振动而进入具有强电场的区域时，会被强烈推向左侧。当电场的方向发生变化时，由于粒子进入电场弱的区域，因此粒子又被推向右侧，而作用力却不是那么强，其结果为一个周期后电子向左移动。上述过程在连续周期中循环重复，粒子继续加速离开电场强的区域。然后，等离子体粒子从电场强的区域逸出，电场强的区域中的等离子体密度降低，并且发生称为等离子体穿孔的现象。

有质动力 F_p 可以用下式表示，即

$$F_p = -\frac{q^2}{4m\omega^2}\frac{\mathrm{d}}{\mathrm{d}x}(E_0^2) \qquad (2.125)$$

式中：q 为粒子电荷；m 为粒子质量；ω 为电场角频率。

据式（2.125）可知，有质量依存性的有质动力对电子的作用比对带电离子的作用更强。

到目前为止，已经定量分析了因有质动力而产生的等离子体穿孔现象相关的密度变化，并且明确了其更多的参数依存性[20]。此外，这些性质通过计算机仿真得到证实，并已明确分析穿孔现象因在等温等离子体中离子声波的朗道衰减而产生的完全不同的密度变化。基于这些结果，以下对由于 SPS 和 SPS 演示试验中预期的动力产生的等离子体穿孔现象的发生水平进行试验计算。为简化计算，假设等离子体为等温等离子体 $T_e = T_i = 1\,500$ K，粒子数密度为 $n_e = n_i = 10^{12}/m^3$；且假定 SPS 系统发射的微波波束功率密度分布为高斯分布，其波束半径 $r_0 = 1$ km，频率 $f = 5.8$ GHz 或 2.45 GHz，波束中心功率密度分别为 $S_0 = 200$、400、$1\,000$ W/m² 的情况下，基于理论计算密度变化非常小，最大也只有 0.002 7%左右。此时，由于光束半径在达到稳定状态的时间内是恒定的，因此在所有情况下都有 $4t_0 = 4\ r_0/C_s = 4 \times 1.0$ km/5.0 km/s = 0.8 s。相反，为了引起大约 10%的密度波动，在功率为 2.45 GHz 时功率密度 $S_0 = 4 \times 10^5$ W/m²，5.8 GHz 下功率密度必须为 $S_0 = 2.2 \times 10^6$ W/m²，都属于非常强的微波波束。目前设计的 SPS 参数的微波波束只能产生非常小的密度变化，可以认为等离子体穿孔现象在 SPS 中无关紧要。

在非常强的微波束作用下强行产生的等离子体穿孔现象的计算机试验如图 2.102 所示[20]。从 $\omega t/2\pi = 25 \sim 75$ 的等离子体密度 ρ 的平均来看，

电场强度平均范围（内圆内侧）与强度分布范围（内圆与外圆之间）的边界处随着电子密度的减少，该圆周电子密度增加的中心部分为 0。换而言之，电子向电场较弱区域移动。而在 $\omega t/2\pi$ =100～150 时，位移随着时间推进而增加，密度差逐渐增大。可以观察到中心电子被移动以弥补它们周围电子的不足，而中心部分只残留下带电离子。

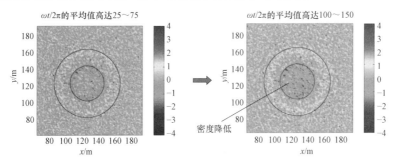

图 2.102　等离子体穿孔现象的计算机仿真计算结果示例

（高频波频率/等离子体频率 = 10，电场强度 = 50 000 V/m）

2.3.2.5　等离子体的欧姆加热

电离层中传导的电波使电子与离子或中性子互相碰撞因而被吸收，同时被吸收的电波能量转化为电子的热能。电离层的加热不仅会改变周围的环境，还会由于加热而导致微波束的自收缩。

若微波波束的功率密度为 $W[\mathrm{W/m^2}]$，加热源能量强度为 $Q[\mathrm{W/m^2}]$，则可以得出以下方程，即

$$Q = kF = \frac{F}{c}v_e\left(\frac{aX}{\mu}\right) = \left(\varepsilon_0 E^2\right)v_e\left(\frac{aX}{\mu}\right) \tag{2.126}$$

$$\approx \frac{F}{c}v_e\left(\frac{\Pi_e}{\omega}\right) = \frac{F}{c}v_e\left(\frac{\Pi_e}{\omega}\right)\quad (X\ll 1, Z\ll 1)$$

$$\mu^2 = \frac{1}{2}\left[1 - aX + \sqrt{(1-aX)^2 + a^2 x^2 z^2}\right] \tag{2.127}$$

$$a = \frac{1}{1+Z^2} \tag{2.128}$$

$$Z = \frac{v_e}{\omega} \tag{2.129}$$

$$X = \frac{\Pi_e^2}{\omega^2} \tag{2.130}$$

式中：Π_e 为等离子体频率；ν_e 为电子碰撞频率；μ 为折射率的实部；ω 为微波频率；E 为微波电场强度（V/m）。同时，因为微波频率非常高，所以假设 $X \ll 1$、$Z \ll 1$。

Perkins 和 Roble 对 SPS 微波波束的电离层等离子体加热现象进行了理论计算[21]，图 2.103 为计算结果。根据计算，在 200 km 以下高度，温度几乎沿着光束上升；在约 100 km 的高度，温度从正常的约 200 K 上升到约 900 K。而在 200 km 以上的海拔高度，温度沿微波辐射的磁力线升高。结果表明，随着温度的升高，电子密度的变化相对较小。

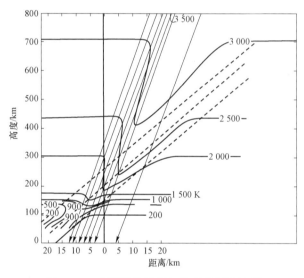

图 2.103　电离层的欧姆加热相关理论计算

参考文献

2.1　能量传输系统

2.1.1　引言

[1] 株式会社三菱総合研究所，"2005 年度宇宙航空研究開発機構委託業務成果報告書「宇宙エネルギー利用システム総合研究」，"March 2006.

[2] Brookner, E., "Phased Arrays and Radars-Past, Present and Future,"

Microwave Journal, Cover Feature, 2006. 1.

［3］大塚昌孝，千葉勇，片木孝至，鈴木龍彦，"フェーズドアレイアンテナにおけるモノパルス差パターンのビーム方向に関する検討，"電子情報通信学会論文誌 B，vol.J82 − B，No. 3，pp. 427 − 434，1999.

［4］電子情報通信学会 編，"アンテナ工学ハンドブック，"オーム社，2008.

［5］株式会社三菱総合研究所，"平成 16 年度宇宙航空研究開発機構委託業務「宇宙エネルギー利用システム総合研究」，"March 2005.

［6］Shinohara, N., H. Matsumoto, K. Hashimoto, "Solar Power Station/Satellite (SPS) with Phase Controlled Magnetrons," IEICE Trans. Electron, vol. E86 − C, No. 8, pp. 1550 − 155, 2003.

［7］Shinohara, N., B. Shishkov, H. Matsumoto, et al., "New Stochastic Algorithm for Optimization of Both Side Lobes and Grating Lobes in Large Antenna Arrays for MPT," IEICE Trans. Communications, vol. E91 − B, No. 1, pp. 286 − 296, 2008.

［8］Shinohara, N., B. Shishkov, H. Matsumoto, et al., "New Stochastic Algorithm for Optimization of Both Side Lobes and Grating Lobes in Large Antenna Arrays for MPT," IEICE Trans. Communications, vol. E91 − B, No. 1, pp. 286 − 296, 2008.

［9］Shinohara, N., H. Matsumoto, K. Hashimoto, "SolarrPower Station/Satellite (SPS) with Phase Controlled Magnetrons," Proc. of 2002 Asia-Pasific Microwave Conference (APMC) pp. 2 − 795 − 798, 2002.

［10］Mikami, I. et al., "Some Proposals for the SSPS Actualization from Innovative Component Technology Standpoint," Proc. of 2004 URSI EMT-S, pp. 317 − 319, 2004.

2.1.2　发射端半导体放大器

［1］V. J. Tyler, "A new high-efficiency high power amplifier," Marconi Rev., vol. 21, No. 130, pp. 96 − 109, Fall 1958.

［2］P. Colantonio, F. Giannini, G. Leuzzi, et al., "On the class-F power amplifier design," Int. J. RF Microw. Computer-Aided Eng., vol. 9, No. 2, pp. 129 − 149, March 1999.

［3］F. H. Raab, "Class-E, class-C, and class-F power amplifiers based upon a finite number of harmonics," IEEE Trans. MTT, vol. 49, No. 8, pp. 1462－1468, Aug. 2001.

［4］K. Honjo, "Applications of HBTs," Solid-State Electron., vol. 38, No. 9, pp. 1569－1573, Sep. 1995.

［5］K. Kuroda, R. Ishikawa, K. Honjo, "Parasitic compensation design technique for a C-band GaN HEMT class-F amplifier," IEEE Trans. MTT, vol. 58, No. 11, pp. 2741－2750, Nov. 2010.

［6］Y. Abe, R. Ishikawa, K. Honjo, "Inverse class-F AlGaN-GaN HEMT microwave amplifier based on lumped element circuit synthesis method," IEEE Trans. MTT, vol. 56, No. 12, pp. 2748－2753, Dec. 2008.

［7］K. Honjo, "A simple circuit synthesis method for microwave class-F ultra-high-efficiency amplifiers with reactance-compen-sation circuits," Solid-State Electron., vol. 44, No. 8, pp. 1477－1482, Aug. 2000.

［8］A. Ando, Y. Takayama, T. Yoshida, et al., "A predistortion diode linearlizer technique with automatic average power bias control for a class-F GaN HEMT power amplifier," IEICE Trans. Electron, vol. E94－C, vol. 7, July 2011.

［9］Scott D. Kee, I. Aoki, A. Hajimiri, et al., "The Class-E/F Family of ZVS Switching Amplifiers," IEEE Trans. MTT, vol. 51, No. 6, pp. 1677－1689, June. 2003.

［10］Neal Tuffy, Anding Zhu, Thomas J. Brazil, "Class-J RF Power Amplifier with Wideband Harmonic uppression," 2011 IMS, June 2011.

［11］神山仁宏，石川亮，本城和彦，"高調波位相制御による C 帯高効率 GaN HEMT 電力増幅器の実現，"平成 23 年電子情報通信学会ソサイエティ大会，SC－3－1，Sept. 2011.

［12］神山仁宏，石川亮，本城和彦，"4 次までの高調波位相制御を行った C 帯高効率電力増幅器の実験的検証，"電子情報通信学会技術研究報告，MW2011－89，pp. 23－28，Oct. 2011.

［13］相川清志，本城和彦，"集中定数素子のみから構成されたマイク

口波 F 級増幅器の構成法，"電子情報通信学会 C 論文誌，vol. J87，pp. 1008 – 1016，Dec. 2004.

2.1.3　有源集成天线

[1] S. Kawasaki, "Microwave WPT to a Rover Using Active Integrated Phased Array Antennas," 5th European Conference on Antennas and Propagation 2011, Rome/ITALY, CP03, pp. 3909 – 3912, April 2011.

[2] 川崎繁男，"アクティブ集積フェーズドアレーアンテナとその進展，"MWE2009，WS19 – 1，Nov. 2009.

[3] J. Lin, T. Itoh, "Active Integrated Antennas," IEEE Trans. Microwave Theory Tech., vol. 41, no. 10, pp. 1838 – 1844, 1993.

[4] J. Mink, "Quasi-Optical Power Combining of Solid-State Millimeter-Wave Sources," IEEE Trans. Microwave Theory Tech., vol. 34, no. 2, pp. 273 – 279, 1986.

[5] S. Kawasaki, T. Itoh, "Quasi-Optical Planar Arrays with FET's and Slots," IEEE Trans. Microwave Theory Tech., vol. 41, no. 10, pp. 1838 – 1844, Oct. 1993.

[6] 川崎繁男，伊藤龍男，"高調波を利用したミリ波アクティブ集積アンテナ，"信学論 C – 1，vol.J77 – C – 1，no. 11，pp. 607 – 616，Nov. 1994.

[7] S. Kawasaki, "High Efficient Spatial Power Combining Utilizing Active Integrated Antenna Technique," IEICE Trans Electron., vol. E80 – C, no. 6, pp. 800 – 805, Jun. 1997.

[8] H. Seita, S. Kawasaki, "Compact and High-Power Spatial Power Combiner by Active Integrated Antenna Technique at 5.8 GHz," IEICE Transactions on Electronics, vol. E91 – C, no. 11, pp. 1757 – 1764, Nov. 2008.

[9] S. Kawasaki, H. Seita, T. Suda, K, et al., "32 – Element High Power Active Integrated Phased Array Antennas Operating at 5.8 GHz," IEEE-AP-S Digest, vol. 435, no. 7, San Diego, Jul. 2008.

[10] D. Yamane, T. Yamamoto, K. Urayama, et al., "A Phase Shifter by LTCC Substrate with an RF-MEMS Switch," in Proc. 38th European Microwave Conference (EuMC 2008) , Amsterdam, Netherlands, pp.

27－31, Oct. 2008.

2.1.4　磁控管输电系统

［1］日本電子機械工業会電子管史研究会編，"電子管の歴史——エレクトロニクスの生い立ちー，"オーム社，1987.

［2］Shinohara, N., H. Matsumoto, K. Hashimoto, "Solar Power Station/Satellite (SPS) with Phase Controlled Magnetrons," IEICE Trans. Electron, vol. E86－C, no. 8, pp. 1550－1555, 2003.

［3］Mitani, T., N. Shinohara, H. Matsumoto, et al., "Improvement of Spurious Noises Generated from Magnetrons Driven by DC Power Supply after Turning off Filament Current," IEICE Trans. Electron, vol. E86－C, no. 8, pp. 1556－1563, 2003.

［4］三谷友彦，篠原真毅，松本紘，相賀正幸，桑原なぎさ，半田貴典，"電子レンジ用マグネトロンから発生するノイズの時間解析，"信学論誌 C，vol. J87－C，no. 12，pp. 1146－1154，2004.

［5］Brown, W. C., "The SPS transmitter designed around the magnetron directional amplifier," Space Power, vol. 7, no. 1, pp. 37－49, 1988.

［6］篠原真毅，三谷友彦，松本紘，"位相制御型マグネトロンの開発研究，"信学論誌 C，vol. J84－C，no. 3，pp. 199－206，2001.

［7］Shinohara, N., H. Matsumoto, K. Hashimoto, "Phase-Controlled Magnetron Development for SPORTS:Space Power Radio Transmission System," The Radio Science Bulletin, no. 310, pp. 29－35, 2004.

［8］Adler:R., "A Study of Locking Phenomena in Oscillators," Proc. of I. R. E and Waves and Electrons, vol. 34, pp. 351－357, 1946.

［9］Hatfield, M. C., J. G. Hawkins, W. C. Brown, "Use of a Magnetron as a High-Gain, Phase-Locked Amplifier in an Electrically-Steerable Phased Array for Wireless Power Transmission," 1998 MTT-S International Microwave Symposium Digest, pp. 1157－1160, 1998.

［10］Hatfield M. C., J. G. Hawkins., "Design of an Electronically- Steerable Phased Array for Wireless Power Transmission Using a Magnetron Directional Amplifier.," 1999 MTT-S International Microwave Symposium Digest, pp. 341－344, 1999.

［11］Celeste, A., J-D. L. S. Luk, J. P. Chabriat, et al., "The Grand-Bassin

Case Study:Technical Aspects," Proc. of SPS'97, pp. 255 – 258, 1997.

［12］Sang, L. C. K., A. Celeste, J-D. L. S. Luk, "A Point-to-Point Terrestrial Wireless Power Transportation Using an Injection-Locked Magnetron Array," Proc. of Millennium Conference on Antennas & Propagation, p. 387, 2000.

［13］Tahir, I., A. Dexter, R. Carter, "Phase Locked magnetrons by use of their pushing characteristics," Proc. of Sixth International Vacuum Electronics Conference IVEC 2005, pp. 65 – 68, 2005.

［14］篠原真毅，松本紘，"宇宙太陽発電所 SPS のための相互間注入同期法を用いたマグネトロン・フェーズドアレーの研究，"電気学会部門誌（電力・エネルギーB 分冊），vol. 128 – B，no. 9，pp. 1119 – 1128，2008.

2.2　相控阵和波束形成

2.2.1　大规模相控阵天线

［1］P. E. Glaser, "Power from the Sun:its future," Science, no. 162, pp. 857 – 886, 1968.

［2］G. M. Hanley, "Satellite Power System concept definition study:Vol. 1 – executive summary," NASA CR – 3317, 1980.

［3］T. Takano, A. Sugawara, S. Sasaki, "System Considerations of Onboard Antennas for SSPS," The Radio Science Bulletin, no. 311, pp. 16 – 20, December, 2004.

［4］村尾洋二，高野忠，"無線電力伝送における開口面アレー形送電アンテナとレクテナの設計に関する一検討，"電子情報通信学会論文誌，vol. J81 – B – Ⅱ，no. 1，pp. 46 – 53，1998.

［5］電子情報通信学会編，"アンテナ工学ハンドブック，"オーム社，2008.

［6］E. D. Sharp, "A triangular arrangement of planar-array elements that reduces the number needed," IRE Trans. AP, vol. 9, pp. 126 – 129, March 1961.

［7］T. Takano, T. Imura, M. Okumura et al., "A Partially Driven Array Antenna with Parasitic Elements of 60%in Number," Fr1. 8.3,

EUCAP07, Edinburgh, UK, Nov. 2007.

[8] 奥村碧，居村岳広，鎌田幸男，高野忠，"素子間結合によるアレーアンテナ給電素子削減の実験的検討，"電子情報通信学会全国大会，B－1－178，名古屋，March 2007.

[9] A. THUMVICHIT. et al. "Ultra Low Profile Dipole Antenna with a Simplified Feeding Structure and a Parasitic Element," IEICE Trans. Commun, vol. E89－B (2), pp. 576－580, Dec. 2006.

[10] Midori Okumura, Takehiro Imura, Noriyuki Kamo, et al., "Theoretical and Experimental Study on a Partially Driven Array Antenna with Simplified Dipole Elements," IET Microwaves, Antennas & Propagation, vol. 2, no. 7, pp. 696－703, March 2008.

[11] M. I. Skolnik, J. W. Sherman, Ⅲ, F. Ogg, Jr., "Statistically Designed Density Tapered Array," IEEE Trans. AP, vol. 12, no. 10, pp. 648－654, 1974.

[12] Tamotsu Suda, Tadashi Takano, Yasuhiro Kazama, "Grating Lobe Suppression in an Array Antenna with Element Spacing Greater Than a Half Wavelength," IEEE AP-S & URSI 2010, Toronto, July 2010.

[13] Tamotsu Suda, Tadashi Takano, Yasuhiro Kazama, "Practical Active Phased Array Antenna in the Assembly of Sub-arrays with Partial Drive Technique," ISAP2009, pp. 640－643, Bangkok, Oct. 2009.

[14] R. E. Freeland, N. F. Garcia, H. Iwamoto, "Wraprib antenna technology development," NASA CP－2368, pp. 139－166, Dec. 1984.

[15] T. Takano, K. Miura, M. Natori, E. et al., "Deployable Antenna With 10－m Maximum Diameter for Space Use," IEEE Transactions on Antennas and Propagation, vol. 52, no. 1, pp. 2－11, 2004.

[16] Tadashi Takano, Hiroyuki Hosono, Kenji Saegusa, et al., "Proposal of a Multiple Folding Phased Array Antenna and Phase Compensation for Panel Steps," IEEE AP-S & URSI 2011, Spokane, Washington, USA, pp. 1557－1559, July 2010.

[17] 高野忠，磯野泰三，ダムリ・ラデンアマド，居村岳広，菅原章，"マイクロ波送電用ダイポールアレイアンテナと開口面アレイ

アンテナの特性と応用,"第 9 回太陽発電衛星（SPS）研究会シンポジウム，筑波，Nov. 2006.

2.2.2　利用无线电波的目标位置估计技术——反向波束控制

［1］L. C. Van Atta, "Electromagnetic reflector," U. S. Patent 2908002, Oct. 1959.

［2］E. D. Sharp, M. A. Diab, "Van atta reflector array," IRE Trans. Antennas Propag., vol. AP－8, pp. 145－147, July 1960.

［3］C. Y. Pon, "Retrodirective array using the heterodyne technique," IEEE Trans. Antennas Propag., vol. AP－12, pp. 176－180, March 1964.

［4］松本紘，賀谷信幸，長友信人，中司浩生，橋爪隆,"マイクロ波送電実験におけるレトロディレクティブ方式の検討,"宇宙エネルギーシンポジウム，宇宙科学研究所，1987.

［5］篠原真毅，國見真志，三浦健史，松本紘，藤原暉雄,"目標自動追尾式マイクロ波送電器のデモンストレーション公開実験,"信学論 B，vol.J81－B-II，no. 6，pp. 657－661，1998.

［6］松本紘，篠原真毅，橋本弘藏,"京都大学における SPS 研究への取り組み,"信学技報 SPS 2002－07，pp. 9－14，2002.

［7］水野友宏，西田和広，桶川弘勝，高田和幸，池松寛，佐藤裕之，USEF-SSPS 検討チーム,"ヘテロダイン方式ハードウェアレトロディレクティブアンテナの開発,"第 48 回宇宙科学技術連合講演会講演集，pp. 98－102，2004.

［8］西田和広，水野友宏，桶川弘勝，川上憲司，池松寛，佐藤裕之，川崎繁男,"逓倍・分周動作を用いた C 帯レトロディレクティブアンテナ,"信学ソ大，vol.C－2－116，pp.137，2005.

［9］賀谷信幸,"巨大なアンテナのビーム制御——レトロディレクティブアンテナの可能性,"信学技報 A，vol.P2000－24，pp.45－48，2000.

［10］川崎繁男，七日市一嘉，山田修平，仁木洋平，飯田雄介，奥村碧，篠原真毅，松本紘,"レトロディレクティブ機能を持つ SSPS 用小型アクティブ集積アレイの開発,"信学技報 SPS 2004－13，pp. 13－16，2005.

［11］仁木洋平，田中考治，佐々木進，川崎繁男,"ループ発振器を用

いたレトロディレクティブアンテナの試作，"信学技報 SPS 2006－13，pp. 19－22，2006.

［12］L. H. Hsieh, B. H. Strassner, S. J. Kokel, et al., "Development of a retrodirective wireless microwave power transmission system," IEEE Antennas and Propag. Society International Symposium, vol. 2, pp. 393－396, Jun. 2003.

［13］R. Y. Miyamoto, T. Itoh, "Retrodirective arrays for wireless communications," IEEE Microwave Magazine, vol. 3, pp. 71－79, March 2002.

［14］K. M. K. H. Leong, Y. Wang, T. Itoh, "A Full Duplex Capable Retrodirective Array System for High-Speed Beam Tracking and Pointing Applications," IEEE Trans. MTT, vol. 52, no. 5, pp. 1479－1489, 2004.

［15］T. Brabetz, V. F. Fusco, S. Karode, "Balanced Subharmonic Mixers for Retrodirective-Array Applications," IEEE Trans. MTT, vol. 49, no. 3, pp. 465－469, 2001.

［16］京都大学，神戸大学，CRL，日産自動車（株），富士重工（株），"MILAX 飛行機実験報告書，" 1992.

2.2.3　软件化反向波束控制系统，波束形成和波达方向（DOA）估计

［1］H. Matsumoto, K. Hashimoto (eds.), "Report of the URSI inter- commission working group on SPS," URSI (International Union of Radio Science), 2007. Available at http://www. ursi. org/en/publications_whitepapers. asp.

［2］"Solar power satellite and wireless power transmission," Special section, IEEE Microwave Magazine, vol. 3, no. 4, Dec. 2002.

［3］D. L. Margerum, "Self phased arrays," in Microwave Scanning Antennas, vol. Ⅲ, Array Systems, Academic Press, 1966.

［4］R. Y. Miyamoto, T. Itoh, "Retrodirective arrays for wireless communications," IEEE Microwave Magazine, vol. 3, no. 1, pp. 71－79, 2002.

［5］橋本弘藏，松本紘，摩湯美紀，"ソフトウエアレトロディレクティブ方式による SPS，"信学技報，SPS2003－15[*]，2004.
　　＊SPS 研は，WPT 研に変わり，その技報は，現在，電子情報通信

学会の WPT 研のホームページ（http：//www.ieice.org/〜wpt）で公開されている.

［6］ M. Omiya, K. Itoh, "A fundamental system model of the solar power satellite, SPS2000," Proc. ISAP1996, vol. 2, pp. 417－420, 1996.

［7］ K. Hashimoto, M. Iuchi, "Direction finding system for spread special pilot signals from multiple microwave power receiving sites," Proc. ISAP2000, vol. 3, pp. 1199－1202, 2000.

［8］ K. Hashimoto, K. Tsutsumi, H. Matsumoto, et al., "Space solar power system beam control with spread-spectrum pilot signals," The Radio Science Bulletin, no. 311, pp. 31－37, 2004.

［9］ K. Hashimoto, "Frequency allocations of solar power satellite and international activities," IWPT5－1－1, Microwave Workshop Series on Innovative Wireless Power Transmission:Technologies, Systems, and Applications (IMWS) 2011 IEEE MTT-S International, IEEE, 2011.

［10］ 無線設備規則 49 条の 9 第 1 項の構内無線局や ARIB STD-T89.

［11］ DOE and NASA report, "Satellite power system;Concept development and evaluation program," Reference system report, Oct. 1978. (Published in January 1979)

［12］ W. C. Brown, "Beamed microwave power transmission and its application to space," IEEE Trans. Microwave Theory Tech., vol. 40, no. 6, pp. 1239－1250, 1992.

［13］ 宇野亨，安達三郎，"伝送効率最大開口面分布によるマイクロ波無線電力伝送の設計，"電子通信学会論文誌，vol. J66－B，no. 8，pp. 1013－1018，1983.

［14］ Update of information in response to Question ITU-R 210/1 on wireless power transmission, Document 1A/18－E, ITU-R Study Group, 2000. Also, Annex 8 to Chairman's report, Doc. 1A/32－E, ITU-R Study Group, 2001.

［15］ 鈴木隆志，"宇宙太陽発電用マイクロ波送電ビームの解析，"京都大学工学部電気電子工学科学士論文，2001.

［16］ 電波防護指針，総務省，1990. http：//www.tele.soumu.go.jp/resource/j/material/dwn/guide38.pdf

［17］A. K. M. Baki, N. Shinohara, H. Matsumoto, et al., "Study of isosceles trapezoidal edge tapered phased array antenna for Solar Power Station/Satellite," IEICE Trans. Communications, vol. E90 - B, no. 4, pp. 968 - 977, 2007.

［18］A. K. M. Baki, K. Hashimoto, N. Shinohara, et al., "Isosceles-trapezoidal-distribution edge tapered array antenna with unequal element spacing for solar power Satellite," IEICE Trans. Communications, vol. E91 - B, no. 2, pp. 527 - 535, 2008.

［19］橋本弘藏，新島壮平，江口将史，松本紘，"マイクロ波送電用均一振幅フェーズドアレイのビーム最適化，"信学技報，SPS2005 - 09，2005.

［20］橋本弘藏，松本紘，"複数方向へのマイクロ波送電システム，"第 1 回 SPS シンポジウム，東京，1999.

［21］J. Litva, T. K. - Y. Lo, "Digital beam forming in wireless communications," Artech House, London, 1996.

［22］E. Zitzler, M. Laumanns, L. Thiele, "SPEA2:Imporving the Strength Pareto Evolutionary Algorithm," TIK-Report 103, Swiss Federal Institue of Technology, 2001.

［23］多目的遺伝的アルゴリズム（ver 1.2）仕様書，mikilab. doshisha.ac.jp/dia/research/mop_ga/archive/doc/moga_doc_3_5_6.pdf

［24］平成 13 年度宇宙開発事業団委託業務成果報告書，"宇宙太陽発電システムの研究，"三菱総合研究所，2002.

［25］K. Konno, Q. Chen, K. Sawaya, et al., "Statistical Analysis of Huge-Scale Periodic Array Antenna Including Randomly Distributed Faulty Elements," IEICE Trans. Electronics, vol. E94 - C, no. 10, pp. 1611 - 1617, 2011.

［26］S. E. Lipsky, "Microwave passive direction finding," pp. 252 - 256, SciTech Publishing, Inc., 1987.

［27］菊間信良，"アダプティブアンテナ技術，"オーム社，2003.

［28］菊間信良，"アレーアンテナによる適応信号処理，"科学技術出版，1998.で提供された MUSIC 法のソースプログラムを元に計算した.

[29] A. J. Weiss, B. Friedlander, "Eigenstructure methods for direction finding with sensor gain and phase uncertainties," Circuits Systems Signal Process., vol. 9, no. 3, pp. 271 – 300, 1990.

[30] 松本真俊，橋本弘藏，松本紘，"宇宙太陽発電所のための自動較正機能を有する到来方向検出法に関する研究，"電子情報通信学会総合大会，B – 1 – 125，仙台市，2003.

[31] M. P. Wylie, S. Roy, H. Messer, "Joint DOA estimation and phase calibration of linear equispaced (LES) arrays," IEEE Trans. Signal Processing, vol. 42, no. 12, pp. 3449 – 3459, 1994.

[32] 松本真俊，橋本弘藏，松本紘，"宇宙太陽発電所のための自動較正機能を有する到来方向推定法に関する研究，"信学技報，SPS2004 – 14，2005.

[33] 高橋文人，橋本弘藏，"マイクロ波送電用レトロディレクティブシステムの開発及び屋外実験，"信学技報，SPS2008 – 15，2009.

2.2.4　REV 方法

[1] 真野清司，片木孝至，"フェイズドアレーアンテナの素子振幅位相測定法ー素子電界ベクトル回転法ー，"信学論（B），vol. J65 – B，no. 5，pp. 555 – 560，May 1982.

[2] 白松邦昭，千葉勇，堤隆，折目晋啓，真野清司，片木孝至，"素子電界ベクトル回転法のフェーズドアレーアンテナへの応用，"信学総合全国大会 S8 – 5，pp. 289 – 290，1986.

[3] 浅井紀久夫，小島正宜，石田善雄，丸山一夫，吉見直彦，三澤浩昭，宮里和秀，"電波望遠鏡搭載フェーズドアレーシステムの利得・位相校正計測，"信学論（B-II），vol. J79 – B-II，no. 12，pp. 994 – 1002，Dec. 1996.

[4] 田中正人，松本泰，小園晋一，鈴木健治，山本伸一，吉村直子，"素子電界ベクトル回転法による衛星軌道上のフェーズドアレーの測定，"信学論（B-II），vol. J80 – B-II，no. 1，pp. 63 – 72，Jan. 1997.

[5] H. Aruga, T. Sakura, H. Nakaguro, et al., "Development Results of Ka-Band Multibeam Active Phased Array Antenna for Gigabit Satellite," 18th AIAA ICSSC Digest, vol. 1, AIAA – 2000 – 1196, pp. 25 – 32, 2000.

［6］ R. Ishii, K. Shiramatsu, T. Haruyama, et al., "A built-in correction method of the phase distribution of a phased array antenna," in IEEE AP-S Int. Symp. Digest, pp. 1144－1147, 1991

［7］ 針生健一，千葉勇，真野清司，片木孝至，"フェーズドアレーアンテナの近傍界測定法ーアレー状態における素子振幅位相の測定ー，"信学論（B-II），vol. J78－B-II，no. 11，pp. 701－707，Nov. 1995.

［8］ R. Yonezawa, Y. Konishi, I. Chiba, et al., "Beam-shape correction in deployable phased arrays," IEEE Trans. Antennas Propag., vol. 47, no. 3, pp. 482－486, 1999.

［9］ T. Takahashi, N. Nakamoto, M. Ohtsuka, et al., "On-board calibration methods for mechanical distortions of satellite phased array antennas," IEEE Trans. Antennas Propag., vol. 60, no. 3, pp. 1362－1372, 2012.

［10］ 竹村暢康，大塚昌孝，千葉勇，佐藤眞一，"フェーズドアレーアンテナの合成電界振幅位相を用いたアレー素子電界及び移相器誤差の測定法－改良型素子電界ベクトル回転法，"信学論 B，vol. J85－B，no. 9，pp. 1558－1565，Sep. 2002.

［11］ 竹村暢康，宮下裕章，千葉勇，"合成電界の振幅のみを測定する素子電界ベクトル回転法における移相器誤差推定，"信学技報 A，vol. P2002－146，pp. 71－76，Jan. 2003.

［12］ T. Takahashi, T. Nishino, Y. Konishi, et al., "Precise Element Field Measurement for Phased Array Calibrations," the 5th European Conference on Antennas and Propagation (EuCAP 2011), pp. 1633－1637, 2011.

［13］ T.Takahashi, Y.Konishi, S.Makino, et al., "Fast Measurement Technique for Phased Array Calibration,"IEEE Trans.Antennas Propag., vol. 56, no. 7, pp. 1888－1899, Jul. 2008.

［14］ 高橋徹，宮下裕章，小西善彦，牧野滋，"素子電界ベクトル回転法の測定精度に関する理論検討，"信学論 B，vol. J88－B，no. 1，pp. 280－290，Jan. 2005.

［15］ 高橋徹，中本成洋，大塚昌孝，佐倉武志，青木俊彦，小西善彦，谷島正信，"フェーズドアレーアンテナ測定系熱雑音による素子電界ベクトル回転法の測定誤差の理論検討，"信学論 B，vol.

J92-B，no. 2，pp. 446-457，Feb. 2009.

[16] 中本成洋，高橋徹，大塚昌孝，小西善彦，青木俊彦，西野有，千葉勇，谷島正信，"素子電界ベクトル回転法を用いたフェーズドアレーアンテナ校正法の校正精度に関する理論検討，"信学論 B，vol. J93-B，no. 9，pp. 1312-1321，Sep. 2009.

2.2.5　PAC 法

[1] Y. Ohata, K. Hashimoto, "Study on software retrodirective system for Solar Power Satellite," Proc. The 3rd International Symposium on Sustainable Energy System, pp. 222, 2006.

[2] 冨永雅敏，森下慶一，中田敏彦，鬼頭克己，"分離した系での位相同期システム，"電子情報通信学会総合大会講演文集，S-21，S-22，2004.

[3] T. Narita, T. Kimura, K. Anma, et al., "Development of High Accuracy Phase Control Method for Space Solar Power System," IMWS-IWPT2011, IWPT-P-9, 2011.

2.2.6　并行化法

[1] 冨永雅敏，森下慶一，中田敏彦，鬼頭克己，"分離した系での位相同期システム，"電子情報通信学会総合大会講演文集，S-21，S-22, 2004.

[2] T. Narita, T. Kimura, K. Anma, et al., "Development of High Accuracy Phase Control Method for Space Solar Power System," IMWS-IWPT2011, IWPT-P-9, 2011.

2.3　高功率微波波束传输

2.3.1　大气中传播

[1] 古濱洋治，伊藤繁夫，"大電力マイクロ波伝送における非電離大気環境評価，"電波研究季報，vol.28，no.148，pp. 715-721，1982.

[2] 三菱総合研究所，"平成 16 年度宇宙航空研究開発機構委託業務成果報告書 宇宙エネルギー利用システム総合研究，"2.2.3 節「マイクロ波送受電技術」，March 2005.

2.3.2　等离子体中的传输

[1] 古濱洋治，伊藤繁夫，"大電力マイクロ波伝送における非電離大気

環境評価，"電波研究季報，vol. 28，no. 148，pp. 715－721，1982.

［2］三菱総合研究所，"平成 16 年度宇宙航空研究開発機構委託業務成果報告書宇宙エネルギー利用システム総合研究，"2.2.3 節「マイクロ波送受電技術」，March 2005.

［3］Matsumoto, H., "Numerical estimation of SPS microwave impact on ionosphere environment," Acta Astronautica, vol. 9, pp. 493－497, 1982.

［4］Hasegawa, A., "Plasma Instabilities and Nonlinear Effects," Springer-Verlag Berlin Heidelberg New York, pp. 165－190, 1975.

［5］Akhiezer, A. I., I. A. Akhiezer, Polovin, et al., "Plasma Electrodynamibs Volume 2:Non-Linear Theory and Fluctuations," Pergamin Press, pp. 88－105, 1975.

［6］谷内俊弥，西原功修，"非線形波動，"岩波書店，pp. 116－134，1977.

［7］Kaya, N., H. Matsumoto., S. Miyatake, et al., "Nonlinear Interaction of strong microwave beam with the ionosphere:MINIX rocket experiment," Space Solar Power Review, vol. 6, pp. 181－186, 1986.

［8］Nagatomo, M, N. Kaya, H. Matsumoto, "Engineering Aspect of the Microwave-Ionosphere Nonlinear Interaction Experiment (MINIX) with Sounding Rocket," Acta Astronautica, vol. 13, pp. 23－29, 1986.

［9］Matsumoto, H, I. Kimura, "Nonlinear Excitation of Electron Cyclotron Waves by a Monochromatic Strong Microwave:Computer Simulation Analysis of the MINIX Results," Space Power, vol. 6, pp. 187－191, 1986.

［10］松本紘，橋野嘉孝，矢代裕之，篠原真毅，大村善治，"大振幅マイクロ波と宇宙プラズマとの非線形相互作用の計算機実験，"信学論誌 B-II，vol. J78－B-II，no. 3，pp. 119－129，1995.

［11］Akhiezer, A. I., I. A. Akhiezer, Polovin, et al., "Plasma Electrodynamibs Volume 1:Linear Theory," Pergamin Press, pp. 171－287, 1975.

［12］Matsumoto, H, Y. Omura, "Particle simulation of electromagnetic waves and its application to space plasma," Computer Simulation od Space Plasma, edited by H. Matsumoto and T. Sato, Terra Scientific, Tokyo, pp. 43－102, 1985.

［13］橋野嘉孝，"宇宙プラズマ中の大振幅電磁波による非線形波動−波

動－粒子相互作用の研究，"京都大学工学部修士論文，1990.

[14] Perkins, F. W., M. V. Goldman, "Self-focusing of radio waves in an underdense ionosphere," JGR, vol. 86, p. 60, 1981.

[15] Schmitt, A. J., "The effects of optical smoothing techniques on filamentation in laser plasmas," Phys. Fluids, vol. 31, p. 3079, 1988.

[16] Schmitt, A. J., "Three-dimentional filamentation of light in laser plasmas," Phys. Fluids B, vol. 3, p. 186, 1991.

[17] 篠原真毅，D. R. Shklyar，松本紘，"電離層における大振幅マイクロ波エネルギービームの自己集束作用に関する数値解析，"電子情報通信学会論文誌 B-II，vol.J78－B-II，no. 12，pp. 756－766，1995.

[18] Landau, L. D., E. M. Lifshitz, "Course of Theoretical Physics, vol. 2, The Classical Theory of Fluids," Pergamon Press, London, 1959.

[19] Nicholson，D.R.，"プラズマ物理の基礎，"丸善株式会社，pp. 34－36，1986.

[20] 中本成洋，"大振幅電磁波ビームの強度空間勾配による宇宙プラズマ擾乱に関する研究，"京都大学大学院工学研究科電気工学専攻修士論文，Feb. 2007.

[21] Perkins, F. W., R. G. Roble, "Ionospheric heating by radio waves;predictions for Arecibo and satellite power station," JGR, no. 83, pp. 1611－1624, 1978.

第3章　地面能量接收系统

3.1　整流天线概述

在空间太阳能发电系统和近年来备受关注的无线能量传输技术中，接收端使用的整流天线都是最重要的部分之一。整流天线极大地影响了整个系统的能量传输效率。Rectenna 是整流天线的缩写。目前，已经实现了在 2.45 GHz 时整流效率 90%[1]和在 5.8 GHz 时整流效率 80%[2]的整流天线。天线是整流天线的主要组成部分，其频率、极化和波束指向与入射的电磁波相对应，并且尺寸和形状适合于相应的应用场景。天线接收的微波能量通过二极管转换为直流，构成一个微波整流电路。因为微波无线能量传输系统需要从微波到直流电的转换，整流天线技术是其中的关键。磁共振和电磁感应也属于无线能量传输技术，使用射频进行无线能量传输。

由于二极管具有非线性的电压–电流特性，并且输出直流电压是一个自偏置电路，提供二极管本身的偏置电压。因此，整流电路输入功率、输出电压幅度和负载电阻值的变化会直接影响整流效率。另外，由于整流天线必须抑制二极管整流产生谐波的再次辐射，给整流天线的分析和设计带来诸多困难。本节介绍整流天线的构成、微波整流电路的基本工作原理以及基于二极管参数的整流效率分析。

如果对整流天线进行分类，就会发现种类有限，一些天线和整流电路直接连接的整流天线较为少见。一般的整流天线是通过滤波电路或阻抗转换电路将接收天线、整流电路和负载电路连接起来，如图 3.1 所示。

图 3.1　整流天线的基本框图

因为希望整流电路即使在低电压下也能工作，所以通常选择肖特基势垒二极管作为整流二极管。低通或带通滤波器在天线和整流电路之间，允许基波通过，阻止谐波通过，可以防止由二极管非线性特性在整流中产生的谐波分量从天线辐射出来。当使用具有谐波抑制功能的天线时，可以省略该滤波器。在整流器电路的输出端，引入一个低通或带阻滤波器，以防止基波和谐波传输至直流负载上。图 3.2 所示为整流天线基本构成的典型例子。

图 3.2（a）所示为一种整流天线，其中半波偶极子天线与使用平行双线或共面微带线构成的整流电路直接连接。当使用平衡传输线（如共面双线）时，二极管通常并联在上面。该整流天线具有易于调节的优点，并且由于天线和电路位于同一平面，便于表面贴装器件进行焊接。图 3.2（b）所示为另一种整流天线，将贴片天线和微带线构成的整流电路连接在一起。当使用微带线时，除了如图 3.2（b）所示安装在微带线上的二极管外，还有串联二极管整流的形式。这些特点使天线和电路的设计趋于多样化。如图 3.3 所示，天线和电路可以分布在不同的层中，并且可以将缝隙耦合天线用作接收天线。这样可以避免电路暴露于入射电磁场中，并且可以减小整流天线的平面尺寸。

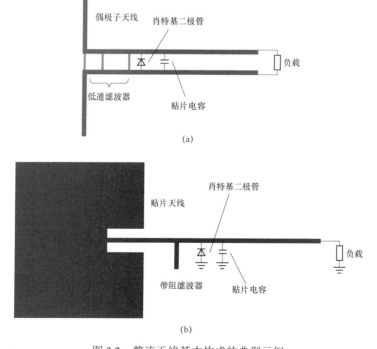

(a)

(b)

图 3.2　整流天线基本构成的典型示例

（a）平衡传输线整流电路；（b）非平衡传输线型整流电路

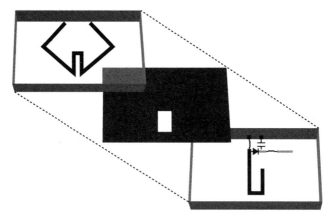

图 3.3　天线与整流电路通过缝隙耦合的整流天线

在无线能量传输系统中，整流天线的特性由天线特性和具有高整流效率的整流电路特性共同确定。由于可以将通用的天线设计技术应用于整流天线设计中，我们将重点介绍整流天线设计中的微波整流电路，并说明其基本设计流程。

微波整流电路使用二极管进行整流，这与通信中的检波器相似。但是它是半波整流电路，可实现微波无线能量传输所需的 80%～90%的整流效率。这与常规的检波电路完全不同，因为整流电路无须考虑检波的平方率和线性度。用于微波频段的整流电路中，通常仅使用单个二极管。单个二极管基本上是半波整流，但是通过在输出端使用完全反射的短支节线和在输入端中的匹配短支节线，可以抑制入射微波的反射，并将微波反射回到二极管中进行整流，使其获得高于入射电压的幅度。因此，可以让二极管整流电路更高效地工作，并且获得与全波整流电路相当的整流效率。常用的单管并联型整流电路的示意图如图 3.4 所示。

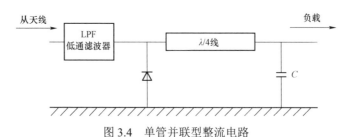

图 3.4　单管并联型整流电路

　　该电路使用单个二极管，输出端使用一个 $\lambda/4$ 传输线和电容 C。在输出端，基波被完全反射，并且形成的驻波在二极管的阴极处成为电压波腹。此外，输出端电路使 $3f$，$5f$，…的奇次谐波阻抗呈现开路，而对于 $2f$，$4f$，…的偶次谐波则呈现短路。由于谐波合成作用，半波电流流过二极管可以获得 2 倍的电压。

　　图 3.5 中二极管两极之间电压 V_D 的时间变化（叠加在二极管的静态特性上），显示了该电路在稳态下是工作在非线性状态。

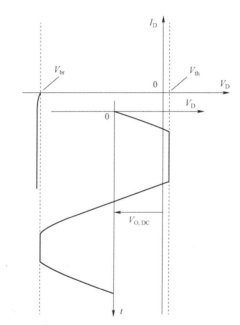

图 3.5　二极管的静态特性和两端电压的时间变化

　　根据接收到的入射微波电压幅度，二极管电流 I_D 仅在 V_D 超过二极管的导通电压 V_{th} 时正向流动，并且 V_D 几乎是恒定的。当 $V_D < V_{th}$ 时，I_D 几乎可以忽略不计。当 V_D 变为负值且接收的入射微波电压幅度较大，仅当 V_D 幅度超过击穿电压 V_{br} 时，I_D 成为反向击穿电流。二极管直流输出电流 I_O 和 DC 是正向脉冲电流与反向击穿电流对时间的平均值（仅当 V_D 幅度超过 V_{br}）。直流输出电压 $V_{O,DC}$ 为 $R_L \times I_{O,DC}$，直流输出功率 $P_{O,DC}$ 为 $V_{O,DC} \times I_{O,DC}$。由于二极管正向导通，所以负极的直流输出电压 $V_{O,DC}$ 将作为二极管的反向偏置电压。除非二极管的电压 V_D 超过临界电压 V_{th}，

否则不会产生 DC 输出。因此，当输入功率低时，整流效率低；当输入功率增加时，整流效率有所提高；但是当发生二极管反向击穿时，产生与直流输出电流相反的电流，因此整流效率也降低。当直流输出产生的二极管偏置电压 $V_{O,DC}$ 几乎等于临界电压 V_{th} 和击穿电压 V_{br} 的平均值（$V_{th}=V_{br}$）/2 时，微波到直流的整流效率最高，此时二极管极间电压等于（$V_{th}-V_{br}$）/2。整流二极管的效率在峰值时高达 80%～90%，但是它取决于二极管 $V-I$ 特性，不同的输入功率和负载，对应的整流效率不同，如图 3.6 所示。

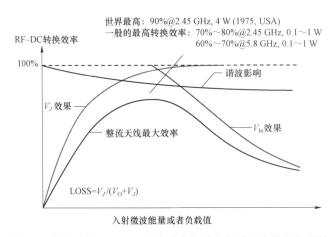

图 3.6　整流天线 RF–DC 整流效率与输入微波和负载的相关性

当输入功率较低或直流负载较小时，二极管上的电压将较低，并且临界电压 V_J 与施加到二极管两端的最大微波电压相差较大，会导致整流效率降低。相反，如果输入功率太高或直流负载值太大，则将超过击穿电压 V_{br}，整流效率将低于最大值。可以说，在二极管击穿电压的极限下，整流二极管比检波电路更有效。"谐波效应"是由电路整流时产生的高次谐波从天线上辐射出去，会成为一种损耗，图 3.4 所示的低频通滤波器 LPF 就是为了抑制谐波辐射。另外，整流电路的效率也会由于二极管的串联电阻和并联电容而降低，二极管参数对于高效整流电路的设计非常重要。

以上分析是基于理想的二极管或电路理论，很容易直观地理解，但是很难定量地描述二极管参数如何影响电路特性。因此，下面将通过电磁场分析和电路分析，以定量的形式来描述图 3.7 所示的微波整流电路（图中给出了微带线的尺寸）。整流电路频率为 ISM 频带中的 5.8 GHz，使用相对介电常数为 3.4 且厚度为 0.5 mm 的介质基板。

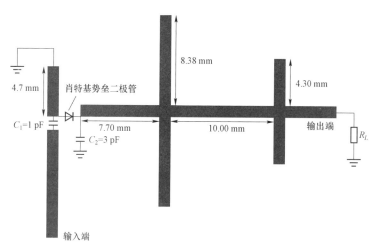

图 3.7　使用微带线的高频（5.8 GHz）整流天线的设计例子

与图 3.4 所示的并联型整流电路不同，该电路是串联型整流电路。在输入和输出端之间串联安装二极管，二极管的具体工作原理如下。从二极管整流电路的拓扑结构来看，与检波电路没有区别。在肖特基势垒二极管的正极，电容 C_1 可以防止直流流入输入端，而短支节线将输入端直流短路并与输入匹配。在负极，电容 C_2 用于形成微波短路点，但是在微波频带中难以获得足够的短路特性。因此，在输出端加入了一个滤波电路，它进一步抑制基波和二次谐波。直流输出由负载电阻 R_L 吸收。换句话说，它是这样一种电路，其中二极管的负极电势固定为零，从而二极管正极电势发生明显变化。在实际的二极管中，除了图 3.5 所示的静态特性外，必须考虑结电容 C_j、封装寄生电容 C_p、寄生电感 L_p 等，其等效电路如图 3.8 所示。表 3.1 列出了 5.8 GHz 频段 M/A – COM 公司的二极管 MA4E2054 – 1141T 的静态特性和 S 参数，以及通过拟合获得的每个参数的值。此外，二极管的 SPICE 参数模型将可以用于实际仿真中。

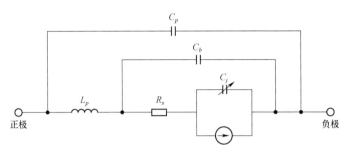

图 3.8 二极管高频等效电路模型

表 3.1 二极管等效电路参数的拟合值

参数	数值	单位
V_{bi}	0.4	V
V_{br}	5.63	V
I_s	1.33×10^{-8}	A
R_s	8.04	Ω
C_j（0）	0.192	pF
L_p	0.164	nH
C_b	0.091 3	pF
C_p	0.114	pF

关于图 3.7 中整流电路的整流效率，通过集总有限差分时域（the Lumped-Element，Finite-Difference Time-Domain，LE-FDTD）方法模拟，获得的结果与测量结果对比如图 3.9 所示。该方法还可以计算集总参数器件与电磁场之间的相互作用。

尽管测量结果与分析结果之间存在细微误差，但输出功率和整流效率都能满足设计的要求，整流效率与输入功率的相关性如图 3.6 所示。由于测量曲线与分析结果相似，因此，该方法可用于整流电路的设计。表 3.2 列出了获得最大整流效率时的功率转换和损耗分析结果。

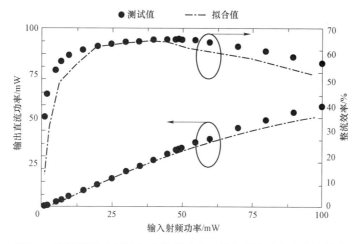

图 3.9 微波整流电路的输入射频功率、输出直流功率和整流效率

表 3.2 高频整流电路的整流效率和功率损耗

参数	LE-FDTD/%
整流效率	65.0
负载上的射频功率泄漏	0.1
输入端的反射功率	10.4
输入端的谐波功率	2.3
肖特基势垒二极管的功率损耗	14.2
设备的功率损耗	3.6
辐射损耗	4.4
总计	100.0

由此可见，微波输入功率的反射约为 10%。如果整流效率越高，微波反射就越低。二极管的串联电阻引起的损耗高达 14%，也成为主要的功率损耗。如何减小这种损耗是微波整流二极管研制中的一个问题。

这里给出了具体分析例子，通过类似的仿真得到不同二极管参数对应的整流效率。首先，图 3.10 显示当只改变 R_s（二极管串联电阻）时，整流效率随输入微波功率和负载的变化。

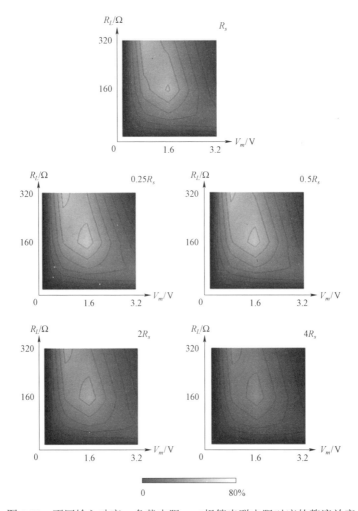

图 3.10 不同输入功率、负载电阻、二极管串联电阻对应的整流效率

从这些结果可以看出，高整流效率的区域随着二极管串联电阻 R_s 的减小而扩大，这等同于减少表 3.2 中二极管的损耗。还可以看出，仅二极管串联电阻 R_s 发生变化时，整流效率受输入功率和负载电阻值的影响较小。下面，与变化的 R_s 类似，图 3.11 给出了不同二极管的结电容 C_j 影响整流效率的情况。

从该结果可知，在串联电阻相同的情况下，通过减小结电容可以提高整流效率。这意味着在图 3.8 所示的二极管模型中，用于整流的二极管等效电流源所并联结电容的阻抗增加，导致更多微波电流流过电流源，从而可以更有效地进行整流。与之相反，如果二极管结电容变得太大，则二极管等效为一个电容，从而导致整流效率降低，甚至不能进行整流。因此，二极管参数与整流效率之间具有密切的相关性，并且整流电路特性和最大整流效率由所使用的二极管确定。

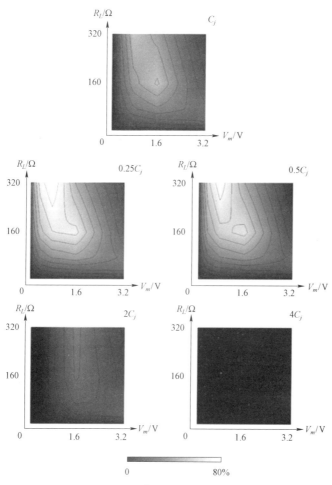

图 3.11　在不同的结电容、输入功率和负载时的整流效率

从目前为止的分析可以看出，对于每个整流电路，整流电路使用的二极管数量基本上都是一个。接下来，将阐述使用多个二极管的整流电路以及电路的目的。使用多个二极管的整流电路例子包括电荷泵和科克罗夫特–沃尔顿电路。克罗夫特–沃尔顿电路在低频领域中称为升压整流电路，如在图 3.12 中，当输入正半波时，电容器通过二极管被充电；当克罗夫特–沃尔顿电路被切换为负半波，与半波整流相似，下一级的电容通过二

极管进行充电。在正半波输入时上一个电容充电电荷将形成放电，两者叠加形成了电容的充电电流。通过增加二极管–电容的级数就可以增加输出直流电压，该电路还用于获得 RFID 芯片的唤醒电压。从升压整流机理可以看出，整流效率由一对二极管–电容所决定。因此，整流电路可以增加输出直流电压，但总的整流效率却没有提高。此外，由表 3.2 中的结果可知，随着通过二极管的数量增加，二极管的损耗也将增加。

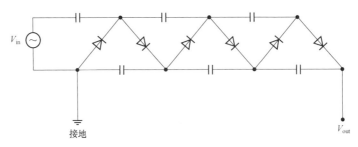

图 3.12　科克罗夫特–沃尔顿升压整流电路

另一个示例是使用多个二极管的整流天线工作在大输入功率下，如图 3.13 所示。用于低功率场合的商业二极管，如用于混频器和检测器的二极管，具有较低的阈值电压并可以提高整流效率，但它们的耐压也较低，因此无法在高输入功率下单独使用。一个解决方案就是通过直接串联和并联这些二极管，通过多二极管上的分压作用，使工作电压不超过二极管的耐压。

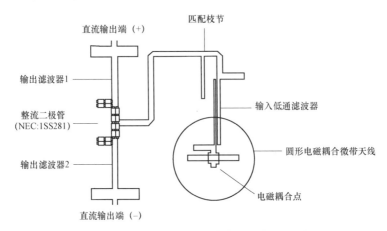

图 3.13　多二极管的大功率整流电路的设计示例

（@2012 IEEE.Reprinted，with permission，from N.Shinohara and H.Matsumoto，"Experimental study of large rectenna array for microwave energy transmission，"IEEE Trans.Microw.Theory Tech.，vol.46，no.3，pp.261–268，March 1998.）

　　用于整流天线的天线类型并不多，其中大多数天线是偶极子天线、贴片天线和缝隙天线。整流电路中使用的传输线分为平衡线型传输线和非平衡线型传输线。因为偶极子天线是平衡馈电天线，大多数平衡线型传输线都应用于偶极天线。天线和电路之间不需要平衡－非平衡转换电路，如巴伦。由于偶极天线具有较宽的波束宽度，即使微波发送/接收系统的对准角度发生偏移，也可以获得稳定的输出，并且其频带比普通的平面天线要宽，易于组阵。另外，由于偶极子天线方向性差增益低，这些天线占用面积较大并且电尺寸也大，与贴片天线和其他高增益天线相比，具有接收功率低的缺点。然而，使用引向器和反射器，容易提高偶极子天线的增益。在平衡线型整流天线中，如图 3.14 所示的双菱形天线，使用了非偶极天线通过将并联型整流电路、平衡性传输线和 10.7 dB 高增益圆极化天线相结合，可以实现超过 80% 的整流效率。

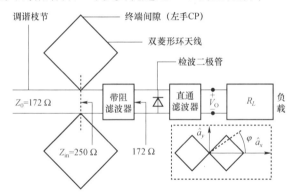

图 3.14　带有双菱形天线的平衡线型整流天线

（@2012 IEEE.Reprinted，with permission，from B.Strassner and K.Chang，"Highly efficient C-band circularly polarized rectifying antenna array for wireless microwave power transmission，" IEEE Trans.Antennas and Propag.，vol.51，no.6，pp.1347－1356，June 2003.）

　　使用螺旋天线的整流天线也有研究。图 3.15 阐述了通过在宽带圆极化螺旋天线的馈电点处安装二极管，而没有引入频带选择的电路（如滤波器）来实现 2～8 GHz 的整流设计。

　　下面，我们将阐述通常用于非平衡传输线整流电路中的天线。与平衡传输线整流电路一样，对应不同的应用场景，一些地方选择非平衡馈电天线，主要是贴片天线和缝隙天线占据了大多数。单个贴片天线的方向性增益可以为 6～9 dBi。因此，当输入功率密度较小或者需要减少天线数量时，它优于使用偶极天线的整流天线。另外，贴片天线可以激发的极化自由度高，并且适合于非平衡传输线整流天线。例如，支持单极化的整流天线、正交极化的整流天线和圆极化的整流天线。目前，已经提出了多种类型的整流天线。基于缝隙天线的整流天线也有多种形式，包括贴片天线。利用缝隙天线的优势，无需多层介电基板就可以实现分频圆极化整流天线。这是一个很有特色的整流天线设计。

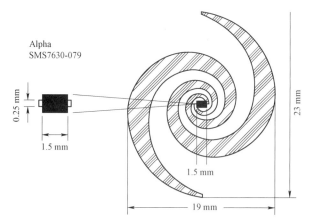

图 3.15　螺旋天线的宽带整流天线

（@2012 IEEE.Reprinted，with permission，from J.A.Hagerty，F.B.Helmbrecht，W.H.McCalpin，R.Zane，and Z.B.Popovic，"Recycling ambient microwave energy with broad-band rectenna arrays，"IEEE Trans.Microw.Theory Tech.，vol.52，no.3，pp.1014－1024，March 2004.）

　　如表 3.2 所列，当微波整流效率降低时，微波反射会变大，一部分微波功率会从天线辐射出去。如果不考虑插入损耗和成本，可以使用具有单向传输特性的器件（如隔离器）来减小反射并提高效率。然而，这是不现实的方式。因此，对于输入到整流天线的基频微波，保持高整流效率很重要。另外，当使用偶极子天线或方形贴片天线时，天线以半波长的整数倍谐振，并且偶极子天线满足了二极管产生的谐波辐射到空间的条件。因此，由二极管的非线性特性产生的谐波可能会从天线辐射出去。这需要一个滤波器来抑制整流电路产生的谐波传输到天线。研究者们还提出了一种对不同谐波具有不向天线辐射的整流天线，使用圆形贴片天线的整流天线就是其中一种。在谐振频率处，该天线的尺寸不是 $\lambda/2$ 的整数倍。在这种圆形贴片天线基础上，还发展出了一种使用扇形天线的整流天线。该扇形天线被设计成如图 3.16 所示，在谐波频率下天线呈非谐振性，所以谐波不会再辐射。已证明它具有良好的谐波抑制性能。

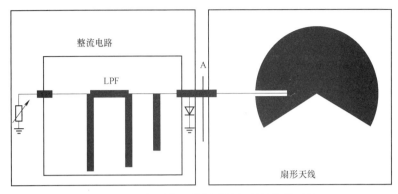

图 3.16 具有圆扇形抑制谐波辐射的接收天线

（@2012 IEEE.Reprinted，with permission，from J.－Y.Park，S.－M.Han，and T.Itoh，"A rectenna design with harmonic-rejecting circular sector antenna" IEEE Antennas Wireless Propag.Lett.，vol.3，pp.52－54，2004.）

3.2 整流天线阵列，故障分析等

在太阳能发电卫星（Solar Power Satellite，SPS）的地面能量接收系统中，大量整流天线在功率接收处组成阵列，把接收到的微波功率转换成直流。整流天线包括接收功率的微波天线和把微波转换成直流的整流电路，分别位于功率接收板的正面和背面。电流控制电路把整流天线输出直流控制到合适的水平，再通过变换电路把直流功率输送到商业电网中。商业电网就成为 SPS 地面能量接收系统的负载。

不仅仅是在空间太阳能站中，而是在所有的微波无线能量传输系统中，总体传输效率都是最重要的参数。在本节中，空间太阳能发电中地面接收系统的功率效率，即系统接收效率定义如下。在系统接收效率中，收集效率和合成效率与整流天线阵列特别相关。我们将专注于整流效率和收集效率。整流效率和收集效率的详细信息分别在 2.3 节和 3.1 节中描述。

系统接收效率定义为

系统接收效率＝接收效率×整流效率×合成效率×匹配效率

其中，　　　　　　　　接收效率＝截获效率×收集效率

$$截获效率 = \frac{入射接收表面的总微波功率}{从传输系统发射的总微波功率}$$

$$收集效率=\frac{输入整流电路的总微波功率}{入射接收表面的总微波功率}$$

$$整流效率=\frac{整流电路输出的总直流功率}{输入整流电路的总微波功率}$$

$$合成效率=\frac{串/并联后整流电路输出的总直流功率}{整流电路各路输出之和的直流功率}$$

$$匹配效率=\frac{负载获得的总直流功率}{串/并联后整流电路输出的总直流功率}$$

在 DOE/NASA 的 SPS 参考系统中[1,2]，将功率接收系统效率的目标值确定在 76%。

整流天线阵列中各个整流天线的直流功率输出通过串联/并联合成。采用这样的方法，按照输出为串联或者并联的方式，对整流天线进行分组，在运行中，可能会遇到整流天线的故障，尽管发生原因尚不完全明确，本节依然介绍一些整流天线阵列中可能发生的故障。

3.2.1 收集效率

在本节中，输入整流电路的总微波功率与入射到接收天线表面的微波总功率之比称为收集效率。

关于收集效率，要考虑两个方面：一是接收天线需要对准发射天线，但是由于这个指向精度有限，收集效率可能会降低。因为从发射天线向地面接收系统发射的微波，会形成非常尖锐的波束。接收天线面向发射天线对应一定的角度，在该角度内接收天线方向图增益几乎没有变化。当接收天线由一个大口径天线组成时，指向误差与接收天线相对增益之间的关系如图 3.17 所示。注意，在图中相对增益以百分比显示，而不是通常的 dB 显示。

相对增益随着天线指向误差的增加而逐渐减小，但是这种相对增益的减小直接导致收集效率的降低。为了将直径为 2 km 的接收天线的收集效率降低控制在 1%以内，需要使接收天线波束的指向误差控制在 0.0001° 以内。

类似于图 3.17，图 3.18 展示了偶极子天线、微带天线等小尺寸天线，以天线尺寸作为一个参数，作为功率接收天线的波束指向误差和功率传输天线相对增益之间的关系（以绝对增益进行显示）。偶极子天线或微带天线的绝对增益为 6～9 dBi，允许天线有几度的指向角度误差，使该天线的相对增益（收集效率）的降低能控制在 1% 之内。

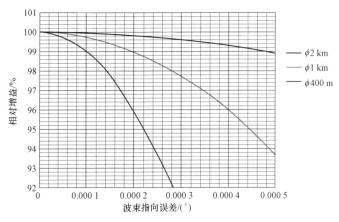

图 3.17　指向误差对收集效率的影响（大天线）

　　综上所述，接收系统的天线应使用低增益天线，例如偶极子天线或微带天线，并且这些天线应作为独立天线以阵列的形式排列在地面接收处。独立天线意味着直接对接收到的微波功率进行整流，并且在整流之前不会与其他天线进行功率合成，也就是将整流电路与偶极子天线或微带天线的单个天线单元组合成整流天线，成为电力接收系统的基本组成部分。然而，在 SPS 中，地面能量接收系统的接收天线面积范围从几平方千米到约 100 km²，整流天线单元的数量变得非常巨大。为了减少整流电路的数量，天线通常会连接为子阵。在这种情况下，必须考虑波束指向的误差。

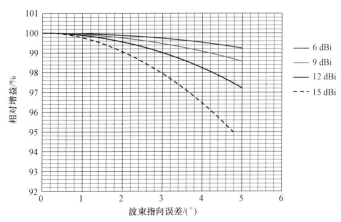

图 3.18　指向误差对收集效率的影响（小天线）

关于收集效率，第二方面需要研究的是：应该放置多少整流天线，整流天线的间距应该是多少，才能在接收面上把微波功率全部接收下来。由于地面能量接收系统的规模大并且整流天线单元的数量巨大，对天线单元间距和收集效率之间的关系已经进行了全面研究。其目的是从经济角度考虑，如何减小整流天线的数量。该理论的详细分析将在 3.3 节中给出。可以证明，在没有旁瓣出现的条件下，无限大相控阵天线的功率收集效率为 100%。

然而，以上两个研究例子都是相控阵天线和无限大阵列天线。相控阵天线以微波相位合成作为天线的输出，与每个天线单元独立接收的整流天线阵列不同。微波接收系统中的功率接收板的面积是有限的，对无限大阵列接收天线收集效率的研究结果仅具有参考意义。

大冢正孝从试验和数值分析方面研究有限大小的整流天线阵列中天线单元间距与收集效率之间的关系。他构造了一个使用整流电路和圆形微带天线的 7×7 整流天线阵列，以试验方式确定单元间距与收集效率之间的关系，并通过单元之间的耦合度来获得天线系统的电路方程，将其应用于整流天线阵列，以计算单元间距与收集效率之间的关系。此外，此计算方法可以扩展到多个单元的整流天线阵列中，以阐明单元数量和功率接收效率的关系。

图 3.19 显示了有关单元间距和接收效率（接收效率定义为收集效率和整流效率的乘积，与本节中定义的收集效率不同）的试验结果和计算结果。微波使用 2.45 GHz 线极化波。图 3.20 是研究中使用的圆形微带天线（Microstrip Antenna，MSA）的试验模型。

如图 3.19 所示的结果，根据单元间距和接收效率的关系，得出如下结论：相邻单元间距在一定距离下（0.8λ 左右），接收效率是一定的，如果大于该值，则效率急剧下降。试验的接收效率最高可达到 60.12%，但是没有得出关于接收效率的影响的准确结论。另外，关于接收效率计算公式向多个单元的拓展中，如果将阵列单元比拟为无限阵列的状态进行计算分析，阵列单元周围每个方向最少需要有 6 个的天线单元。

通过数值计算分析，对有限天线阵列的单元间距和接收效率的关系进行了相关探讨。

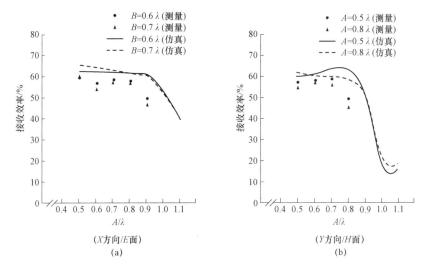

图 3.19　整流天线阵列元件间距和接收效率

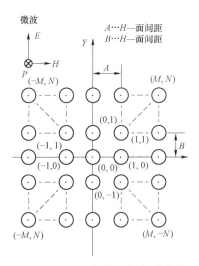

图 3.20　圆形微带天线阵列图[6]

　　有限天线阵列模型如图 3.21 所示，将 85 个单元的微带天线进行三角排列。中心的 7 个单元是接收效率的研究对象。关于这 7 个单元，分别独立地通过各个天线的增益、数值解析计算出接收效率。接收效率的定义为通过这 7 个单元的接收面积（天线阵列面上占有的物理面积）与这 7 个单元的有效面积的比值。

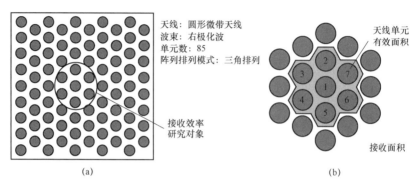

图 3.21　天线阵列接收效率

使用的数值分析是 AET 公司的电磁场仿真软件 Microwave Studio，通过有限积分法（Finite Integration Technique，FIT）进行分析计算。将涉及的 7 个单元的微带天线电磁场模型分割为格子状网格，在时域求出各网格区域的电磁场，计算它们的间距对相互之间的影响，确定各单元之间的相互耦合，求出各天线的增益。另外，7 个单元以外的其他单元的终端均为 50 Ω。

图 3.22 显示了天线单元间隔和接收效率关系的计算结果。单元间距 0.8λ 以下可以得到 92% 以上的接收效率。在计算范围内的最大效率是 95%（单元间距为 0.76λ）。单元间距在 0.8λ 以上时，随着单元间距的增加，接收效率逐渐降低。单元间距在 0.8λ 以下的接收效率为 92%～95%，百分之几的损失差别主要原因是天线自身的热损失。

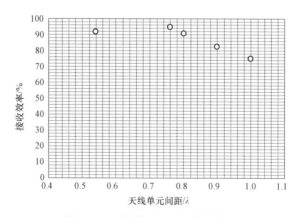

图 3.22　天线单元间隔与接收效率

天线的有效面积随着单元间距的缩短而减少。每个单元间距的天线有效面积为 $A_e(s)$，将天线单元的有效面积作为 $A_{e\mathrm{SINGLE}}$，计算公式为

$$A_e(s) = \sigma A_{e\mathrm{SINGLE}} \tag{3.1}$$

式中：σ 为由天线单元间隔引起的天线口径缩减系数（这里称为等效口径效率）。

图 3.23 显示了单元间距和基于上述数值解析的等效口径效率之间的关系。当单元间隔为 0.8λ 时，等效口径效率为 0.75，即天线单元的有效面积减少到大约原来的 75%。

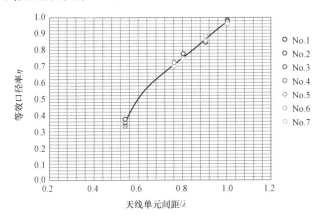

图 3.23　天线单元间距与等效口径效率的曲线关系

DOE/NASA 的 SPS 参考系统中[1,2]，考虑到空间太阳能发电系统的可行性，收集效率期望达到 98%～99% 以上。如上所述，关于接收效率目前还在进行不断的研究。

3.2.2　合成效率

在空间太阳能发电中，接收系统是由大量的天线构成的，这些天线组成一定数量的天线阵列。在天线阵列内部，每个天线可以接收到传输的微波功率（10 mW～5 W）。然后天线阵列输出直流电能被电力系统使用。整流天线和整流天线之间的连接方式可以是串联、并联或者串/并联的方法。伴随着整流天线阵列的串/并联组合，会产生如下的能量损失，称为功率合成损失，其定义为：将整流天线在非阵列状态下单独输出的直流功率总和与整流天线在阵列状态下作为阵列输出的直流功率之和的比值。

3.2.2.1　整流天线的效率

在讨论整流天线的组阵和阵列效率之前，首先从高效率的观点来阐述整流天线单元的工作机制。

整流天线的整流方式称为自偏压整流，也就是整流后输出的直流电压也是自身的偏量电压。通过提高该电压，可以提高整流效率。

输入功率和负载对天线的整流效果有很大影响。图 3.24 作为天线整流的示例，表示了输出电压、整流效率以及反射系数的关系。

在保持输入功率一定的情况下，改变负载，随着负载电阻的增加，输出电压将持续增加，但是整流效率的最高值需要在最佳的匹配负载下获得。另一方面，如果将负载固定在一个定值，增加输入功率，则随着输入功率的增加，输出电压和整流效率也会增加。但是，在输出电压超过某个电压（这里为 9 V）时，受微波整流二极管击穿电压的影响，整流效率大大降低，与输入功率和负载无关。在 V_{SAT} 以上的区域称为饱和区域；在 V_{SAT} 以下的区域称为不饱和区域。

图 3.25 用输出电压和电流的关系描述了整流天线的功率输出特性。该图表示了在不同输入功率下，连接相同负载值的最高效率点后得到的 V–I 曲线。在输出电压低于 V_{SAT} 的不饱和区域中，可以在几乎相同的负载上得到最高整流效率。在输出电压为 V_{SAT} 的饱和区域，输出电压保持 V_{SAT} 并达到最高整流效率。

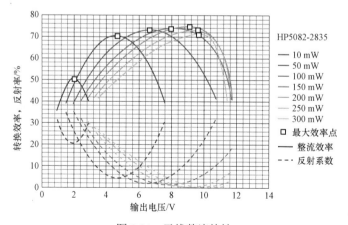

图 3.24　天线整流特性

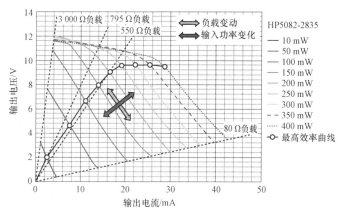

图 3.25　整流天线输出电流－电压特性

因为输入功率变化或者负载变化会导致整流天线效率的变化，所以为了使天线保持高效率地工作，有必要使整流天线保持在最大效率线上工作。然而使负载满足整流天线工作的最佳条件非常具有挑战性。在保持整流天线最佳条件下工作的同时，还需要在整流天线和负载之间插入适合负载的匹配电路，如图 3.26 所示。

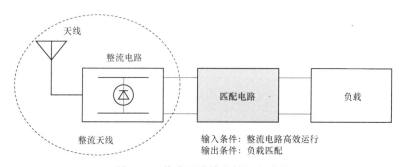

图 3.26　整流天线输出的匹配电路

在庞大数量的天线系统中为每一个整流天线设置功率匹配功能，无论是经济上还是能耗上分析都不合适，最好是把整流天线单元集成为天线阵列，在每个天线阵列中配置匹配功能，这就涉及整流天线的组阵问题。

如上所述，整流天线的组阵是通过并联、串联或者串/并联混合的方法进行。在天线阵列上连接公共负载时，如果各个天线的输入功率不同，保持所有的天线都在最佳条件下工作就会变得十分困难，天线阵列的转化效率也会降低，即会产生功率合成损失。

3.2.2.2 组阵损耗和组阵效率

整流天线组阵造成的损耗将影响阵列的合成效率，主要从以下两方面分析：整流电路在不饱和区域工作；整流电路在饱和区域工作。

R. J. Gutmann 等[3]和 Naoki Shinohara 等[7,8]开展了工作在不饱和区域中整流电路组合相关的合成损耗或合成效率的研究。基于以上研究，将描述整流天线的合成损耗或合成效率。

天线的等效电路如图 3.27 所示，文献[3]以该等效电路为基础，对天线阵列的功率合成进行探讨。

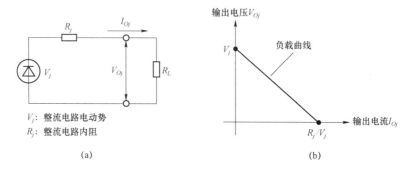

V_j：整流电路电动势
R_j：整流电路内阻

(a)　　　　　　　　　　(b)

图 3.27　天线的等效电路和负载 $V-I$ 曲线

假设天线的电动势为 V_j，内阻为 R_j，则天线的输出电压为

$$V_{Oj} = V_j - R_j I_{Oj} \tag{3.2}$$

式中：I_{Oj} 为天线的输出电流；V_j 和 R_j 为与输入功率和负载电阻 R_L 相关的函数。

图 3.25 所示的整流天线输出电流–电压特性的测量值，在不饱和区域中，式（3.2）是成立的。

当天线通过串联组阵时，合成电压 V 和合成功率 P 由下式给出，即

$$V_S = \sum_{j=1}^{N} V_j - I_C \sum_{j=1}^{N} R_j \tag{3.3}$$

$$P_S = I_C \left[\sum_{j=1}^{N} V_j - I_C \sum_{j=1}^{N} R_j \right] \tag{3.4}$$

式中：I_C 为串联总电流。

总的串联最大功率 P_{Smax} 由下式计算，即

$$P_{S\max} = \frac{1}{4} \frac{\left(\sum_{j=1}^{N} V_j\right)^2}{\sum_{j=1}^{N} R_j} \qquad (3.5)$$

另外，天线并联组阵时，积分电流 I_p 以及合成功率 P_p 由下式计算，即

$$I_P = \sum_{j=1}^{N} \frac{V_j}{R_j} - V_C \sum_{j=1}^{N} \frac{1}{R_j} \qquad (3.6)$$

$$P_P = V_C \left[\sum_{j=1}^{N} \frac{V_j}{R_j} - V_C \sum_{j=1}^{N} \frac{1}{R_j} \right] \qquad (3.7)$$

式中：V_C 为并联总电压。

总的并联最大功率 $P_{P\max}$ 由下式计算，即

$$P_{P\max} = \frac{1}{4} \frac{\left(\sum_{j=1}^{N} \dfrac{V_j}{R_j}\right)^2}{\sum_{j=1}^{N} \dfrac{1}{R_j}} \qquad (3.8)$$

整流天线阵列在非并联连接或串联连接状态下工作时的总最大输出功率 $P_{\max}$ 由下式计算，即

$$P_{\max} = \frac{1}{4} \sum_{j=1}^{N} \frac{\left(V_j\right)^2}{R_j} \qquad (3.9)$$

综上所述，整流天线在不饱和区域中串联连接的合成损耗 $(\Delta P)_S$ 以及并联连接的合成损耗 $(\Delta P)_P$ 分别用下式表示，即

$$\frac{(\Delta P)_S}{P_{\max}} = 1 - \frac{P_{S\max}}{P_{\max}} \qquad (3.10)$$

$$\frac{(\Delta P)_P}{P_{\max}} = 1 - \frac{P_{P\max}}{P_{\max}} \qquad (3.11)$$

研究人员使用 3 个整流天线进行了关于串联连接或者并联连接的功率合成试验，通过这个试验，对式（3.10）或者式（3.11）表示的合成损耗 $(\Delta P)_S$、$(\Delta P)_P$ 进行了验证。验证如下所示。

1. 串联连接的合成损耗 $(\Delta P)_S$

向 3 个整流电路输入具有 100%、70%、50%功率差的输入功率，在

整流电路的输出端分别连接独立负载，用式（3.2）表示的单个整流电路试验得出了负载上的 $U-I$ 曲线。结果如图 3.28 所示。

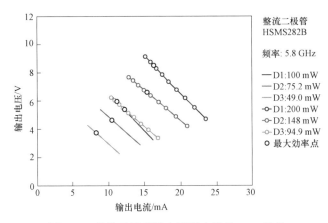

图 3.28　整流天线系统中匹配电路的 $I-U$ 特性

另外，如图 3.29 所示，将 3 个整流电路的输出串联连接到同一个负载上，与上述相同，输入 100%、75%、50%功率差的输入功率，试验得出该负载上的 $U-I$ 曲线。

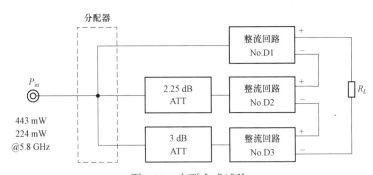

图 3.29　串联合成试验

根据单个整流电路的电动势 V_j 以及内阻 R_j 的关系和式（3.3）求得串联总电压的负载曲线（合成值），上述试验得到的串联负载 $U-I$ 曲线如图 3.30 所示。

由图 3.30 可以看出，两者的负载 $U-I$ 特性具有极好的一致性。以上分析表明，根据各整流天线的电路特性，完全可以预测串联阵列的电路特性。

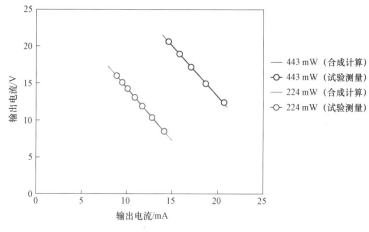

图 3.30　串联合成的负载 *V-I* 曲线

对于单个整流电路，根据试验求得负载曲线的电动势 V_j 以及内阻 R_j，根据式（3.5）可以求得总的串联最大功率 P_{Smax}，根据式（3.9）求得串联电路理论上最大的总功率 P_{max}。使用 P_{Smax} 和 P_{max}，根据式（3.10）求得的理论串联合成损耗 $(\Delta P)_S$ 和串联试验得到的合成损耗 $(\Delta P)_S$，如表 3.3 所示。

表 3.3　串联连接的合成损耗

输入功率 /mW	P_{max} /mW	合成计算值		试验计算值	
		P_{Smax} /mW	$(\Delta P)_S$ /%	P_{Smax} /mW	$(\Delta P)_S$ /%
443	305.2	301.2	1.3	302.1	1.0
224	146.3	143.8	1.7	143.9	1.6

根据各个整流电路的特性求出的串联合成损耗，与试验得到的合成损耗具有良好的一致性。在此试验条件中，串联合成损失为 1%～1.7%。

2. 并联的合成损耗 $(\Delta P)_P$

如图 3.31 所示，与串联连接相同，向 3 个整流电路输入 100%、75%、50%功率差的输入功率，整流电路连接独立的负载并将负载并联连接，试验得到各个负载 *U-I* 曲线和并联连接情况下的负载 *U-I* 曲线。通过合并单个整流电路的负载特性获得的并联系统负载 *U-I* 曲线和在并列电路试验中得到的负载 *U-I* 曲线，如图 3.32 所示。由图 3.32 可知，与串联电路相同，并联得到的理论值和试验值具有良好的一致性。

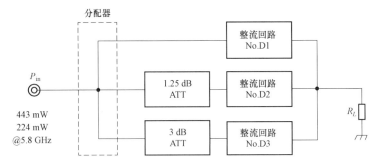

分配器

1.25 dB: 75%, 3dB: 50%

图 3.31 并联合成试验

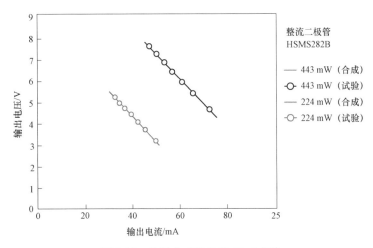

图 3.32 并联合成的负载 $U-I$ 曲线

与串联电路相同，使用单个匹配电路的特性，根据式（3.8）求出并联电路的最大功率 $P_{P\max}$，根据式（3.11）求出理论并联合成损耗 $(\Delta P)_P$ 和在并联电路试验中得到的并联合成损耗 $(\Delta P)_P$，如表 3.4 所列。

表 3.4 并联引起的合成损耗

输入功率 /mW	$P_{\max}$ /mW	合成值		试验值	
		$P_{S\max}$ /mW	$(\Delta P)_S$ /%	$P_{S\max}$ /mW	$(\Delta P)_S$ /%
443	301.1	291.4	3.2	291.8	3.1
224	144.4	139.2	3.6	140.3	2.8

从表 3.4 可以看出，根据各整流电路的特性理论求得的并联合成损

耗和试验中得到的并联合成损耗非常接近（这与串联电路的理论合成损耗和试验的合成损耗一致性相同）。在此试验条件中，并联合成损耗为 2.8%～3.6%。

如上所述，从单个天线整流电路的电流－电压特性中，可以推算串联电路或并联电路的天线阵列的合成损耗以及合成效率。

另外，关于天线组阵过程中产生的合成损耗，是由于天线阵列内的各个天线整流电路的输入功率不同。当输入功率全部相等时，意味着负载曲线的 V_j 和 R_j 全部相同，从式（3.5）、式（3.8）和式（3.9）可以看出此过程中不会产生合成损耗。

假设 R 全部相等，式（3.5）和式（3.8）变成相同的式子，这样串联电路的合成损耗和并联电路的合成损耗应该相等。然而，在此次的串/并联试验中，与串联电路相比，并列电路的合成损耗更大。串联积分和并联积分哪个会导致更大的合成损耗，取决于 V_j 和 R_j 的值，不能一概而论。

上面描述了不饱和区域中的合成损耗，接下来描述的是饱和区域中的合成损耗。如上所述，在饱和区域中，不管输入功率如何，只要超过饱和电压 V_{SAT} 就会导致整流效率明显降低。相对于所有输入功率的平均值，在最大效率点附近获得了不饱和区域中的串/并联最大输出功率，但是在饱和区域中进行串/并联连接的情况下，为了避免整流效率降低，可以使用高输出电流。在该区域中工作的整流电路，会降低输入功率整流电路的整流效率，并且总体上，饱和区域中的直流串/并联会导致较大的合成损耗。

另外，在饱和区域中进行并联连接的情况下，可以通过达到饱和电压 V_{SAT}，在所有的输入功率都达到最大效率点，且不会产生合成损耗。

3.2.3　匹配效率

如 3.2.2（1）小节所述，在串联或并联整流电路的输出和公共负载（商业电网）之间需要进行匹配。

匹配效率定义为从匹配电路输出到负载的总直流功率与从整流天线阵列输出的总直流功率之比，但是由于这种匹配通常是通过电路技术实现的，效率基本上是匹配电路的功率传输效率。

匹配电路需要有效地连接到整流天线阵列系统中，满足公共负载的输入条件（电压，阻抗等），并有效地传输直流电。具体的匹配方法如图 3.33 所示。

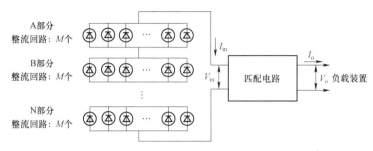

图 3.33　接收系统配置示例和匹配电路

有两种可行的方法来匹配整流天线阵列。

（1）如图 3.34 所示，通过计算并联/串联连接的整流天线阵列的负载曲线，并计算高效率整流的效率曲线，以获得整流天线阵列的最佳输出电压。这是保持高整流效率的一种方法。

在图 3.33 所示的示意图中，M 个整流天线并联，形成 N 组整流天线。将这 N 组天线串联连接。M 个整流天线并联连接到同一个负载，负载曲线可以通过单个整流电路的负载曲线并联获得。此外，可以从每组的负载曲线获得 N 组天线串联连接后的负载曲线。

将每组负载曲线起始电压的 1/2（输出电压与纵轴相交的点）作为串联负载曲线的最大效率点。串联负载曲线会随着输入功率而改变，但各组负载曲线的最高效率点通常呈线性关系，因此可以得到高效率的那条负载 $U-I$ 曲线。

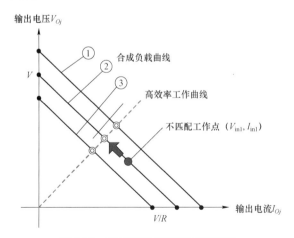

图 3.34　整流天线阵列的匹配方法

（2）基于对整流天线阵列的高效控制，如上述的负载 $U-I$ 曲线和高效率负载曲线，从而确定整流天线阵列的输出电压和输出电流的状态，即所谓的峰值功率跟踪方法。通过变化输出电压，将输出电压和输出电流的乘积最大化。

无论是第一种方法还是第二种方法，对于匹配电路基本上都是有效的，都是利用几乎无耗的直流开关电路。尽管直流开关电路已经有了很多研究，但是本书还将通过图 3.35 所示的升压斩波调制电路介绍其匹配功能。假设调制电路的输入电压和电流为 V_{in} 和 I_{in}，而输出电压和电流为 V_o 和 I_o，则在调制电路的输入和输出之间可以建立以下关系：

$$V_{in}I_{in} = V_oI_o \qquad\qquad (3.12)$$

式（3.12）表明，输入功率和输出功率相等。这意味着调制电路无论输入/输出条件如何，都可以工作。

另外，假设脉冲宽度调制（Pulse Width Modulation，PWM）的调制系数为 M，则调制电路的输入电压与输出电压之间具有以下关系：

$$V_{in} = \frac{1}{1-M}V_o \qquad\qquad (3.13)$$

当输出电压 V_o 恒定时，可通过改变调制率 M 来匹配输入电压 V_{in}。

在图 3.35 中，检测整流天线的输出电压和电流，然后通过控制电路对它们进行运算处理，得到整流天线的输出电阻（第一匹配方法）或输出功率（第二匹配方法）。第一匹配方法是将输出电阻与目标值进

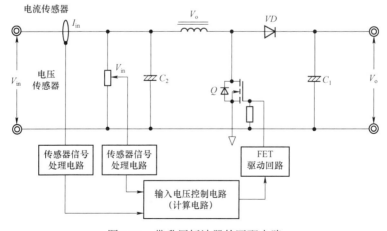

图 3.35　带升压斩波器的匹配电路

行比较，通过调节调制率 M 来适配输入电压，使输出电阻与目标值一致。第二匹配方法是将整流天线的输出功率与前一次采样的输出功率进行比较，通过调节调制率 M 来控制输入电压，使两个功率保持一致。

匹配效率基本上是匹配电路功率的传输效率，由匹配电路的损耗决定。当利用斩波器实现匹配电路时，匹配电路产生的主要损耗因素包括：① 二极管 VD 的导通损耗；② 开关元件 Q 的导通损耗；③ 开关元件的开关损耗；④ 匹配电路的功率消耗。

这些取决于电路方式、使用器件等，因此不能笼统地定量分析，但要实现效率为 76% 的电力接收系统，匹配效率需要达到 97%～98%。

3.2.4　整流天线组阵导致的整流天线故障

在由机械系统振兴协会和无人宇宙试验系统研究开发机构发起的对小型电动车的微波无线能量传输试验中，由于整流天线组阵而引起了整流天线故障[11]。文献 [12] 报告了针对该故障进行故障分析试验的内容。下面，以这些报告为中心，对整流天线组阵过程中遇到的整流天线故障进行描述。

图 3.36 所示为搭载在小型电动车上的整流天线阵。把 97 个整流天线分为 3 个组，分别并联连接到一起，再把 3 组整流天线串联连接，构成整流天线阵。使用该整流天线阵进行了 3 次微波无线能量传输试验，如表 3.5 所列，在 3 次试验中，整流天线都发生了故障。故障原因均为整流天线二极管故障，试验中有 7 个整流天线二极管发生故障。在该输

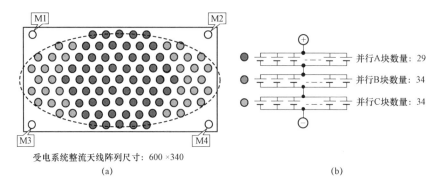

(a)　　　　　　　　　　　　　(b)

图 3.36　小型整流接收阵列单元

电试验中，每个整流天线单元平均输入功率为 130～300 mW。虽然已经对单个整流天线进行了很多输入功率为 300 mW 的试验，并没有发生上述的损坏。但是，对整流天线进行并列连接或串联连接时，整流天线单元仍有发生故障的可能。

表 3.5　整流天线阵列单元的故障状态

区域	第一次无线能量试验	第二次无线能量试验	第三次无线能量试验
A	×	×	×
B	◎	×	◎
C	◎	×	◎
×：发生故障；◎：无故障			

在上述的背景下，采用同一整流电路（图 3.37）并联连接的整流天线阵列，对组阵状态下整流天线发生的故障情况进行了研究[12]。

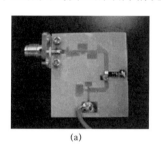

(a)

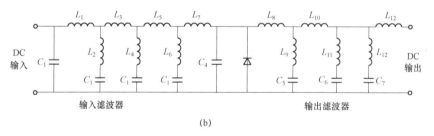

(b)

图 3.37　整流电路（试验电路）

图 3.38 给出了整流二极管 HP5082−2835 的典型 $I-U$ 特性，图 3.39 给出了由该整流二极管构成的整流电路（图 3.37）特性。二极管制造厂商所保证的击穿电压（@反向漏电流 100 μA）为 9 V，但从图 3.38 的 $I-U$ 特性可以看出，实际产品具有 20 V 以上的耐压。为了通过更高的偏置电

压获得更高的整流效率,整流器特性将偏置电压设定为尽可能高的电压。由于偏置电压约是输入功率波形峰值电压的 1/2,所以偏置电压设定为 10 V 以下,约为击穿电压的 1/2。

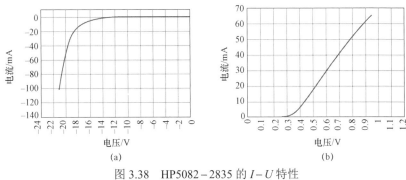

图 3.38　HP5082−2835 的 $I−U$ 特性

(a) HP5082−2835/反偏置特性;(b) HP5082−2835/正偏置特性

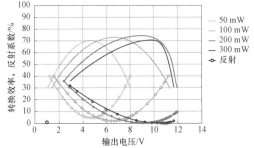

图 3.39　HP5082−2835 的整流特性

使用图 3.37 所示的 20 个(VI−1～VI−20)整流电路,图 3.40 所示的电路组阵示意进行了并联合成试验。

并联直流合成电路是将来自信号发生器的微波信号(5.8 GHz)通过功率放大器进行功率放大后,连接到二路功率分配器的输入端,再通过两个八路分配器将功率 16 等分,在微波输出端口上安装 16 个整流电路。共用同一个负载,并通过电流表连接到直流负载上。微波输出端口之间的隔离度为 20 dB,整流电路输入端是独立的。

在并联合成试验中,微波输入功率逐渐增加,直到整流电路损坏,并观测损坏时的输出电流和电压。然后通过调整共同负载电阻改变输出电压,各进行 2 次,共进行了 4 次试验。试验前后测量了整个整流电路中整流二极管的 $I−U$ 特性。

在完成 4 次并联合成试验后,选出了 3 个具有代表性的整流电路,并将其作为试验电路进行高输入功率测试试验。该试验分别向整流电路输入大功率,目的是研究输入功率/偏置电压对整流电路故障的影响。

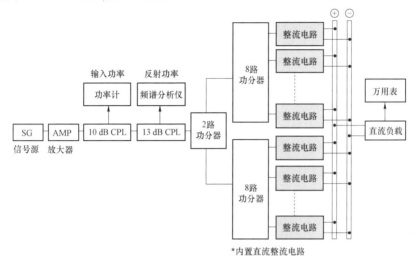

图 3.40 并联合成试验电路

在 4 次并联合成试验中,如图 3.41 所示,整流天线阵也发生了故障。第 1 次/第 2 次和第 3 次/第 4 次的输入功率不同,分别为 200 mW 和 400 mW,但发生故障的输出电压均为 6 V。

整流天线的故障是由整流二极管的损坏引起的。如表 3.6 所列,损坏的二极管的反向电阻为 $200 \sim 900\ \Omega$,并且正向导通特性也发生了显著变化。

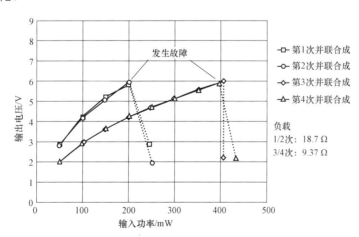

图 3.41 并联合成试验的整流天线故障

表 3.6　并联综合运行试验中整流二极管的故障状态

样品名称	发生故障	反向特性	正向特性	参考
VI-7	第 1 次试验	击穿/200 Ω	影响 V_{bi} 和 R_s	输出电压 6 V，输入功率 200 mW
VI-5	第 2 次试验	击穿/700 Ω	击穿/8 Ω	输出电压 6 V，输入功率 200 mW
VI-8	第 3 次试验	击穿/900 Ω	影响 V_{bi} 和 R_s	输出电压 6 V，输入功率 400 mW
VI-4	第 4 次试验	击穿/600 Ω	击穿/7 Ω	输出电压 6 V，输入功率 400 mW

　　图 3.42 为第二次损坏的整流二极管 $I-U$ 特性，第 1 次试验中，正向特性没有变化，但反向特性明显恶化。在第 3 次试验中损坏的整流二极管 VI-8 也出现了同样的结果。与此相反，对于图 3.43 所示的第 4 次试验中损坏的整流二极管，除了正向特性还有反向特性都像前面的试验一样没有变化，直到第 4 次试验才出现变化。

　　并联组阵试验结束后，选取了表 3.7 中的 3 个整流电路作为高输入功率单个测试试验的试验电路。其中有两个是反向特性上发生恶化的整流电路，一个是反向特性没有恶化的正常整流电路。

　　对这 3 个整流电路输入最低 600 mW 微波功率（5.8 GHz），放置 10 min 以上后，测定了其 $I-U$ 特性。

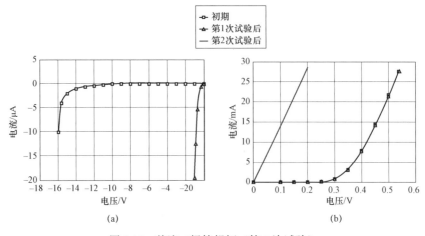

图 3.42　整流二极管损坏（第 2 次试验）

（a）反向特性的变化 VI-5；（b）正向特性的变化 VI-5

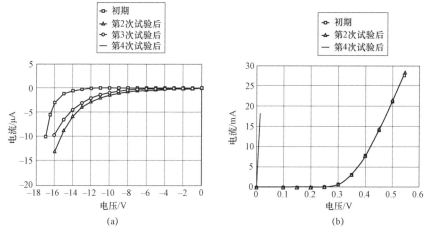

图 3.43   整流二极管损坏（第 4 次试验后）

（a）反向特性的变化 VI–4；（b）正向特性的变化 VI–4

试验结果如表 3.7 所列，在反向特性出现恶化的整流电路中，有一个的输入功率为 600 mW；另一个的输入功率为 1 000 mW。损坏的整流电路正向导通特性正常，反向特性电阻化。电阻值在并联电路合成试验中高于 200～900 Ω。

另外，工作正常的整流电路在输入功率为 600 mW 时，反向特性没有出现恶化。如表 3.7 的备注栏所示，所有整流电路都根据并联电路合成试验中的电路损坏条件，也就是输入功率 200 mW 或 400 mW 以及偏置电压 6 V 以下，均可在高输入功率及高输出电压下正常工作。

表 3.7   高输入功率试验中单个整流二极管的故障情况

名称	试验类别	电路反向特性	电路正向特征	故障输入功率	备注
VI-10	并联合成电路试验	恶化	正常		
	高输入功率单个整流电路试验	损坏/4.3 kΩ	正常	600 mW	输入 500 mW/输出正常电压 9.0 V
VI-16	并联合成电路试验	正常	正常		
	高输入功率单个整流电路试验	正常	正常		输入 600 mW/输出正常电压 10.7 V

续表

名称	试验类别	电路反向特性	电路正向特征	故障输入功率	备注
VI-17	并联合成电路试验	恶化	正常		
	高输入功率单个整流电路试验	损坏/1.7 kΩ	正常	1 000 mW	输入 600 mW/输出正常电压9.1 V

综上所述，整流天线合成试验中存在了存在天线故障。

（1）在整流电路的并联功率合成试验中，复现了微波发射和接收试验中遇到的整流天线故障。

（2）当整流电路并联工作时，与单个整流电路比，发生故障的可能性较大。整流电路的故障是由整流二极管的反向特性电阻化引起的。

（3）由于并联合成而造成的整流电路阵列中整流二极管损坏，与单个整流电路工作的损坏相比，不仅会使二极管的反向特性纯电阻化，而且很有可能影响正向特性。另外，在阵列中损坏导致反向特性电阻值比单个整流电路工作时更低。

（4）在单个整流电路中，具有反向特性恶化的二极管整流电路发生故障的可能性较大。

（5）其他研究者使用相同的微波整流二极管进行上述并联合成试验时，对损坏的整流二极管进行故障分析，荧光分析的结果显示，已确认整流二极管是部分绝缘损坏，并具有不可逆的微小泄漏电流路径。

（6）对于由并联合成引起的整流电路阵列故障的发生机理尚不清楚。

在空间太阳能电站中，对于由 10^9 个整流天线构成的地面接收系统来说，上述整流天线故障是构建系统的致命问题。包括直流合成引起的整流天线阵列故障的研究，有必要对随着整流天线阵列合成引起的整流天线故障发生机理和故障对策进行研究。

3.3　整流天线中使用的天线

在整流天线中，并不需要特别考虑天线。天线尺寸/形状、方向性、增益、电压驻波比（Voltage Standing Wave Ratio，VSWR）、特性阻抗等通常被视为天线特性，应考虑的是与整流电路匹配情况。天线种类有很多的选择，例如在整流天线中曾使用的偶极子天线、单极子天线、八木 – 宇田天线、圆形微带天线、螺旋天线等。天线的作用是将入射到有效口径面积上的微波高效地传输到整流电路中，只要与整流电路阻抗匹配，任何类型的天线都是可以应用的。

根据 2.2.3 小节中由参数 τ 计算波束的接收效率，只是相当于接收天线表面接收微波能量的比例，还要将接收到的微波能量向电路传输的效率考虑进去。天线的辐射效率 η 一般可用下式表示：

$$\eta = \frac{1}{1+\dfrac{R_l}{R_a}} \times 100\% \tag{3.14}$$

式中：η 为天线的辐射效率；R_a 为天线的辐射电阻；R_l 为天线损耗电阻。

式（3.14）是包括通信在内的所有天线的辐射效率公式。

如果假设该天线的损耗电阻产生损耗为零的理想状态，则整流天线接收效率理论上为 100%，可以完全接收辐射到天线上的微波功率。这在之前的阵列天线理论中得到了证明。基于由 Diamond[1] 和 Stark[2] 等进行的无穷大天线的工作阻抗的分析为基础，通过单元间隔和栅瓣的发生条件以及辐射电导 G 来计算接收效率。

以缝隙天线为例。以下的计算是文献［3］所描述的，考虑一个宽度为 δ，长度为 L 的缝隙天线阵列。阵列呈长方形排列，间隔在 x 轴方向为 a，y 轴方向为 b。另外，假设入射平面波在 xOz 平面内相对于 z 轴以 θ 的角度入射，偏振方向在 xOz 平面上为水平。在缝隙上的电场分布为

$$E_x = \begin{cases} \dfrac{V_0}{\delta}\cos\dfrac{\pi}{L}, & |y| \leqslant \dfrac{L}{2} \\ 0, & |y| > \dfrac{L}{2} \end{cases} \tag{3.15}$$

假设采用 Stark 方法，利用空间谐波的传播常数和入射平面波的波数以及在这些条件下不会生成栅瓣的最大单元间距来计算缝隙天线阵列的辐射导纳 Y。如果未产生栅瓣，则其辐射电导为

$$G = \frac{L^2}{Z_0 ab} \left(\frac{2}{\pi}\right)^2 \frac{1}{\cos\theta} \qquad (3.16)$$

式中：Z_0 为空间的阻抗；θ 为平面波的入射角。

此时，假设短路电流为 I_0，则最大接收功率为

$$W_r = \frac{|I_0|^2}{4G} \qquad (3.17)$$

因此，使用入射平面波的磁场分量 H_0 以及缝隙的有效长度 l_e，式（3.17）可以写为

$$W_r = \frac{|H_0|^2 l_e^2}{G} \qquad (3.18)$$

由以上分析可知，接收效率 η 由下式表示，即

$$\eta = \frac{W_r}{Z_0 |H_0|^2 ab\cos\theta} = \left(\frac{l_e \pi}{2L}\right)^2 \qquad (3.19)$$

根据式（3.19）中 $l_e = 2L/\pi$，因此 $\eta = 1$，能够完全吸收入射波。也就是说，能够实现天线阵列 100% 的接收效率。

使用圆形微带天线（Circular Microstrip Antenna，CMSA），可以将此计算扩展到对整流阵列的功率接收效率计算中。

图 3.44 所示为 CMSA 阵列中的 CMSA 的单元间隔和接收效率理论值。当天线单元间隔小，且几乎没有损耗时，几乎能接收到 100% 的能

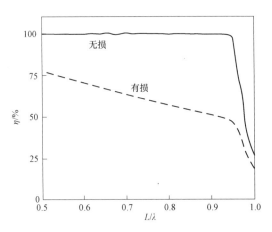

图 3.44　CMSA 的单元间隔和接收效率

量。在文献［7］中也有类似的计算，在反射板上的偶极子天线无穷大阵列的接收效率，在不出现栅瓣的情况下为 100%。对于文献［4］中带有反射器的偶极子天线，通过以 λ/4 的间隔放置反射器可以消除偶极子的再辐射。对于文献［3］的缝隙天线，由于来自导体板的反射波和来自缝隙的再辐射波直接相互抵消，接收效率为 100%。将上述无穷阵列的理论应用到有限阵列中，利用实际的整流天线进行接收效率试验，理论和试验结果一致。

整流天线的输出是直流，与通常阵列天线的相位合成不同，即使是整流天线组成阵列也不会影响天线的方向性，天线单元的方向性和阵列方向性相同。图 3.45 所示为将天线单元进行了相位合成和振幅合成后得到的方向图。通过对每个天线的最大值进行标准化，可以看出，即使数量增加，天线单元和整流天线阵列的方向图也是重叠的。

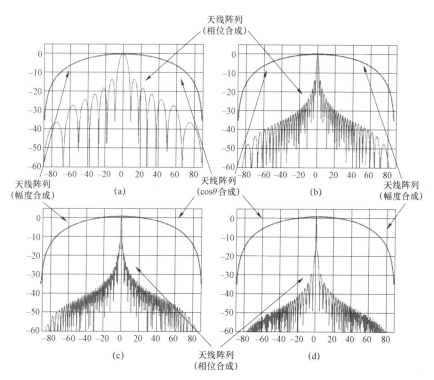

图 3.45　天线单元、天线阵列、整流天线方向图

（a）13 个天线单元；（b）50 个天线单元；（c）100 个天线单元；（d）200 个天线单元

通常的天线理论中，天线增益与有效口径面积成比例关系。当为了增大接收功率而增大有效接收面积时，天线的增益也会增大。高增益也就意味着窄波束，高增益天线，也就是大口径面的天线意味着除特定方向以外的电磁波接收功率会变得非常小。当辐射方向固定时，例如从广播电台辐射电磁波收集能量时，高增益整流天线必须一一控制方向，此时便携性就会变差。整流天线即使组成了阵列，也不会有方向性的合成，但有效口径面积大意味着增加了天线单元数量，这使得天线增益与有效口径面积不成比例关系。选择增益小的天线，即接近无方向性的天线，通过减小有效口径面积来增加天线面积，也可以增大接收微波功率。由于其方向性与天线的相同，所以也接近于无方向性，无论从哪个方向来的电磁波都可以接收，而且由于面积增加，它能够接收到大量微波能量。

3.4　太阳能发电站中的整流天线

SPS 是空间太阳能发电站，发电是在太空中进行的。但是，实际上与电力系统进行连接的是整流天线。因此必须事先对整流天线与电力系统的连接以及可能发生故障的情况进行研究。NASDA（现为 JAXA）SPS 研究委员会在 2003 年和 2004 年对整流天线与 SPS 系统的连接进行了研究[1,2]。

3.4.1　SPS 对系统产生的影响

目前，日本由 50 Hz 系统（北海道电力、东北电力、东京电力）和 60 Hz 系统（中部电力、北陆电力、关西电力、中国电力、四国电力、九州电力，冲绳电力没有接入系统，因此除外）构成。北海道电力和东北电力是直流输电（最大 600 MW）。另外，东京电力和中部电力分别是 50 Hz 系统的和 60 Hz 系统通过直流输电（静冈县佐久间 0.3 MW 和长野县新信浓 0.6 MW 两处设施）。将发电站的电能输送到系统的发电机，常常需要用到功率超过 1 GW 的大型发电机，主要干线上的输电电压为 500 kV。如果假定 SPS 系统的地面设备连接到 50 Hz 或 60 Hz 的 500 kV 系统，则电力系统的规模将是 SPS 的几十倍（70 倍以上）。因此，从连接逆变器的角度来看 SPS 系统的话，电力系统可以被视为无穷大的总线。因此，在计算中将电力系统当作无穷大总线来处理。无穷大总线是指具有无穷大的容量和惯性，电压始终保持在额定电压上，以同步速度旋转的虚拟发电机。

在此条件下，评价 SPS 运转对系统产生的影响。现在使用的大容量发电机超过 1 GW（最大为 1.35 GW），因此可以认为不需要对 SPS 的电力传送到系统这一过程进行特别的研究，可以省略 SPS 运转对系统产生的影响。但是，当 SPS 系统向大功率系统传送 1 GW 时，火力发电厂的 DSS（每天的启动停止）会发生改变，此时有必要与监视和运行电力公司管辖内系统的日本中央九电调度所进行沟通。

1. SPS 系统的启动和停止

SPS 系统的发电，例如因空间太阳能电站食[①]而暂时中断的情况下，由于准确地知道时间，可通过调整发电站的输出来解决，因此不需要讨论这个情况。只要事先与中央供电调度所联系 SPS 系统的启动与停止时间即可。

2. SPS 系统的突然停止

SPS 系统的发电因事故突然停止，这个系统与 1 GW 级别的发电站事故相同，虽然系统的频率会发生变化，但不会对其他发电机的运转造成影响，也不会发生影响系统稳定运行的情况。

3. SPS 系统的发电输出不稳定

在 SPS 系统的发电输出不稳定、电力幅度持续变动的情况下，可以通过逆变器的控制来保持稳定，从而继续运转，如果不能保持稳定，就停止逆变器。即使在这些情况下，对电力系统的影响也很小。但在检测到电力输出不稳定的情况下，将 SPS 系统与系统断开是一种可行的方法。由于目前还不确定导致输出波动的条件，将只进行定性分析。

4. 在电力系统中频率发生变化对 SPS 系统的影响

当电力系统的负载大幅变动时，系统的频率就会出现变动。SPS 系

---

① 译者注：与月食类似，SPS 每年有 24 分钟处于地球的阴影，称为空间电站食。在这段时间 SPS 不能正常发电。

统通过直流电与电力系统连接，因此不受频率变化的影响，始终能够传送一定的功率（1 GW）。例如，从中部电力到九州电力的 60 Hz 系统最大需求为 94 GW，负载变动对 SPS 系统运行造成影响非常小。另外，50 Hz 系统也是几乎同样的需求。

5. 整流天线的安置地点对 SPS 系统的影响

在本州、四国、九州的某个地方安置直流系统来传输电能。除了检查谐波和电压波动外，考虑采用与目前使用的北海道－本州直流并联（北本并联）和橘湾直流输电系统相同的方式，因此将它连接到电力系统。与北本和东北电力合作的北海道电力直流电的功率最大调整幅度只有 600 MW，而整个北海道的系统容量是 SPS 系统输出的数倍（4～6 倍），SPS 系统的启动、停止和触发（由于不可预料的故障等突然停止）影响很大。另外，安置在冲绳、离岛的情况也一样。像空间太阳能电站这样的大功率并网，在明确了接入区域后，就必须对安置区域进行考虑。

3.4.2　系统事故的研究

1. SPS 系统的故障

图 3.46 所示为可能发生的全部事故。表 3.8 所列为考虑到 SPS 的故障对电力系统造成严重影响（而不是对系统的影响程度）的研究结果。

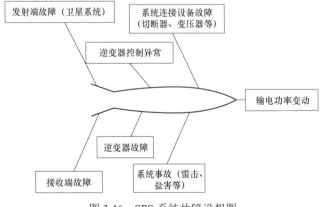

图 3.46　SPS 系统故障设想图

表 3.8　SPS 相关设备的故障导致输送功率变动的重要度评估

故障部分	重要度	预想的事故
卫星	重大	太阳能发电输出设备异常，卫星姿态异常，陨石碰撞
地上接收设备	重大	自然灾害
逆变器	重大	控制异常，"极"[1]故障[2]
系统连接设备	重大	过电压，机械故障
系统事故	重大	雷击、盐害等引起的闪络[3]，自然灾害，树木接触等

"极"[1]：假设逆变器的总输出为 100%，为了提高可靠性采用 4 台子逆变压器完成，子逆变器称为"极"，每台子逆变器的功率为总功率的 25%；

故障[2]：几乎不可能所有子逆变器同时出现故障，只考虑一台子逆变器出现故障；

闪络[3]：高压电力系统，在有限度的距离内，物体接近（盐害等导致绝缘性下降），带电部分和物体之间的空气绝缘被破坏，同时引起闪络而遭到电击（HP：电气管理 Q&A 出处：参考月刊《节能》）

2. 卫星系统故障

对从卫星系统到输电设备故障的异常波动及其他设备的可能性进行评价。

当卫星系统发生故障，卫星供电停止时，地面系统的输出将自动停止。其结果是，虽然对电力系统造成最大为 1 GW 的电气干扰，但不会对电力系统（50 Hz、60 Hz 均约 90 GW）的稳定运行造成严重干扰。因此，卫星系统故障不会对其他设备造成影响。

3. 地面接收设备故障

地面接收设备故障可考虑多种故障模式。图 3.47 所示为地面接收设备故障模式。另外，对其他设备的影响评估如表 3.9 所列。

4. 逆变器、系统连接装置、系统故障

逆变器、系统连接装置、系统故障、系统频率由于对整流天线和卫

星系统的影响相同，所以作为同一个事故进行总结（表3.10）。图 3.48 所示为逆变器、系统连接设备和系统故障模式。

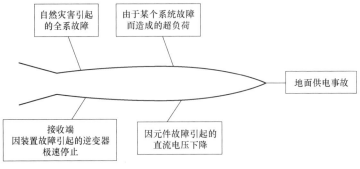

图 3.47　地面接收设备故障设想图

表 3.9　由地面接收设备引起的传输功率变动及其对其他设备的影响评估

故障模式	对系统的影响	对其他设备的影响
因自然灾害整个系统停止	年底年初最低负荷时可能会有影响，正常运转不会有影响	由于地面系统设备检测并停止整流天线的异常输出，有必要研究是否有任何影响来自无关的功率接收异常
接收设备元器件。因装置故障引起的子逆变器停止	子逆变器功率下降，但影响很小	有必要研究当整流天线停止工作，将对卫星系统和地面生态系统造成何种影响。对其他设备没有影响
某个系统故障引起的超负荷	（1）当某个系统发生故障，负荷转移到其他的整流天线，其他整流天线和逆变器等设备就会超负荷；（2）如果没有负荷转移，只是故障系统停止输出，则与上述子逆变器停止工作相同	（1）故障系统的输出转移到正在运转的系统时，会造成超负荷。超过一定容量时，为了保护系统，设备停止工作；（2）如果仅输出系统停止，则与上述子逆变器停止相同
元器件引起的直流电压低下	无效功率增加，有降低系统电压的可能性。如果可通过调相设备补偿降低的交流电压，就没有问题。如果有异常，全部停止	（1）系统连接设备、逆变器、断路器和变压器有可能超负荷，如果超负载，停止工作；（2）有必要调查如果整流电路停止工作，将会对卫星系统和地面生态系统造成何种影响

表 3.10　逆变器、系统连接设备、系统故障引起的
输送功率变动及对其他设备的影响评价

故障模式	对系统的影响	对其他设备的影响
系统连接设备的故障	该逆变器输出为零。年底年初最低负荷时可能会有影响，正常运转不会有影响	（1）由于整流天线输出为零，能量在内部消耗或被卫星反射； （2）有必要研究卫星系统和整流天线是否受到影响
子逆变器停止		百分之几的整流电路停止工作，就有必要研究对卫星系统和地面生态系统有何影响
系统故障的短时间停止–恢复	（1）即使发生输出功率在短时间内达到零的系统事故，也就是出现全系统停止工作相同的现象。除了特殊条件下，几乎对供电没有影响； （2）系统事故解决就马上恢复100%的输出，对供电几乎没有影响	（1）由于整流电路输出为零，能量在内部消耗。有必要研究对卫星系统和整流电路是否存在影响； （2）停止的整流天线输出几乎立即恢复到100%。如果这种瞬态现象对天线或卫星系统产生不利影响，则以一定的速率（$\alpha\%/s$）启动输出，可以控制输出恢复的瞬态变化

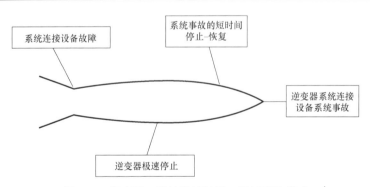

图 3.48　逆变器、系统连接装置、系统事故模式

5. 系统事故的研究课题

把需要研究的系统故障课题总结在表 3.11 中。

表 3.11　研究课题

序号	设备	项目	课题
1	卫星系统	发生异常的能量波动	研究卫星系统是否会产生异常的能量波动

续表

序号	设备	项目	课题
1	卫星系统	整流电路输出部分停止	从整流电路的反射有无某种情况的影响和对策讨论
		整流电路输出全部停止	
2	整流电路	传输电力部分停止	（1）关于整流电路消耗能量引起的发热，研究其是否会对环境和相邻的整流电路造成影响；（2）研究向卫星系统的电磁辐射是否会对卫星系统造成不良影响
		传输电力全部停止	
3	逆变器、系统连接装置、系统	卫星系统输出异常	研究卫星系统在发生异常振动时的保护措施
		天线故障	（1）有必要检测整流器故障，设置逆变器停止保护；（2）讨论检测到整流电路的直流输出电压降低或损耗增加，是否有必要增加电路保护
		逆变器控制系统，系统连接装置，系统	（1）将逆变器故障传送到卫星系统，无论需要采取什么措施，都反映第 1、第 2 项的结果；（2）如果地面电力传输系统停止工作时对整流电路或者空间太阳能电站系统会造成严重影响，就必须尽量缩短电力传输系统停止工作的时间

3.4.3　电力系统事故对 SPS 系统产生的影响

SPS 系统与电力系统连接。在输电过程中，电力系统发生事故时，有必要对逆变器和 SPS 系统产生的影响进行研究。电力系统的事故对 SPS 系统产生影响的条件如下：

（1）电力系统为无穷大总线。

（2）整流天线：128 Ω（360 kV/2.8 A＝128 Ω）的内阻；整流天线开路时（输出电流为零）的电压为 500 kV；假设整流天线的额定输出为 1 GW。

整流天线效率严重依赖于负载，一般可以用最大供给功率的定理

（＝连接负载和内部电阻一致时输出最大）来描述。实际上，整流天线并不存在内阻，只是作为等效电路分析才假设了内阻和固定电压源。

图 3.49 所示为计算所用模型系统。这个计算是在电力系统发生故障的情况下，研究对整流天线传输效率的影响。因此，用简单的单机系统等效电力系统，不设置逆变器的谐波滤波器和系统的恒压维持功能（SVC 等）。

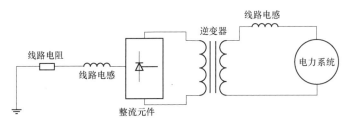

图 3.49　用于计算的模型系统

电力系统产生故障，可能会对将 SPS 系统电力转换为直流的整流系统运转带来影响，特别是可能会抑制向电力系统的输电。

（1）由于雷电等引起的系统事故（三相接地），暂时不能向系统供电的情况。该事故通常在 3～5 个周期（50 Hz 倍频时，0.06～0.1 s）以内解决，各种稳定的系统已经进入实用阶段，使其在几秒内进入稳定状态。因此，对最大 10 s 左右的输出波动，SPS 系统将受到怎样的影响进行研究。根据安置区域的不同，发生大面积停电的事故几十年才发生一次。

（2）逆变器和系统断路导致输电系统中断的情况。在出现系统事故的情况下，如上所述，即使在 0.1 秒内恢复供电，但是由于 SPS 系统的输出瞬间被中断，逆变器不可避免地停止工作。需要研究由于断路引起整流天线输出电压上升导致的过压和输出瞬停对 SPS 的影响。

考虑 SPS 系统最严苛的条件，对其影响进行评价。

1. 系统故障的模拟

图 3.50 给出了图 3.49 的计算模型系统中 F 点发生三相接地事故时的逆变器直流端及事故点的电压、电流。图 3.51 及图 3.52 给出了事故点的三相电压（R-S 相、S-T 相、T-R 相）、电流（R、S、T 相）。

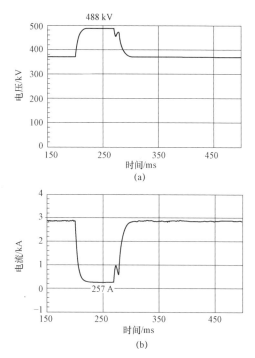

图 3.50　3 连接地故障发生时故障端的电压和电流

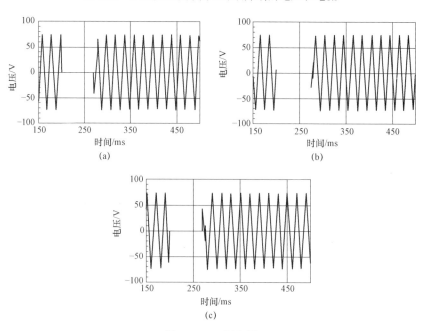

图 3.51　三相电压

（a）F 点 R−S 相；（c）F 点 S−T 相；（b）F 点 T−R 相

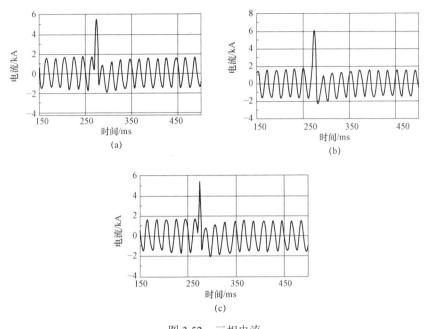

图 3.52　三相电流

（a）F 点 R 相；（c）F 点 S 相；（b）F 点 T 相

2. 负载切断的模拟

图 3.53 给出了 SPS 系统以 1 GW/360 kV 供电时系统断路器打开，在 SPS 系统发生负载开路时整流天线输出端的电压和电流（R 相）。

这些装置可以通过元器件的串联、并联组合，并假定可调整逆变器额定电压来进行分析。将整流天线作为直流源，利用逆变器接入电力系统的技术已经投入应用。关于电力系统发生故障时应如何控制逆变器也同样适用于运行中的直流输电系统。因此，关于逆变器和系统瞬态响应，只要给出具体的连接条件，就可以采用现有技术进行设计。根据上述原因，此次模拟试验中没有包括逆变器控制相关的研究。

当 SPS 系统与电力系统同时运行时，尚不清楚与电力系统并联运行时逆变器的瞬态控制对 SPS 系统的影响如何。为了对这个问题进行研究，我们将整流天线模型作为初期阶段的研究对象，设定其内部阻抗为（360 kV/2.8 kA＝128 Ω），并将传输线也连接到逆变器附近的 500 kV 系统，总结了仿真结果。

（1）在三相接电事故中，可以通过逆变器控制事故电流。

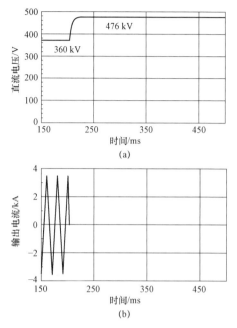

图 3.53　逆变器直流电压和输出电流（R 相）

（2）在发生负载减少的情况下，由于逆变器会迅速减小输出电流，因此整流系统电压将上升至 135%。

但是，如果设备（包括逆变器）的工作电压范围涵盖了系统过压的电压范围，则不会对设备运行造成影响。

3.4.4　系统连接的相关课题

进一步研究了以下运转模式下的课题，即 SPS 启动时、临时运行和事故模式。

1. SPS 启动时

图 3.49 所示的逆变器在与系统连接之前必须施加直流电压。当整流天线的输出端电压达到一定值后，逆变器与电力系统同步并开始输出电力。通常需要 0.1 s 或更短的时间，具体取决于对逆变器的控制。由上述整流天线接收来自 SPS 的能量，在 0.1 s 左右的时间里，整流天线的输出电压达到恒定，但在这段时间里整流天线的输出为零。如果在这段时间不允许该情况出现，就需要采取必要的对策。

2. 临时运行

1）系统事故

假设 SPS 的输出在正常状态下总是恒定的 1 GW。逆变器受传输功率的控制，使得通常的输出功率为 1 GW。但是在逆变器的附近或输电线上发生系统事故时，逆变器会降低输出功率，直到事故恢复。

逆变器线圈运转为 3～4 个周期（50 Hz 时为 60～80 ms），但是如果该保护无效，则系统事故将持续 0.2～0.3 s。因此，当最长 0.3 s 无法传输功率时，SPS 和整流天线将无法释放能量。问题在于接收端系统是否会出现热问题。

2）逆变器事故

逆变器通常为多个逆变器的并联结构。如果一台逆变器发生故障，则不能进行与该逆变器等效的功率传输。假设逆变器由 4 台构成，每台 250 MW，则

$$250 \text{ MW/台} \times 4 = 1\,000 \text{ MW} = 1 \text{ GW}$$

通过 SPS 和整流电路的控制，可以在一定时间内将输出功率从 1 GW 降低到 750 MW，如果长时间（逆变器的故障修复时间）保持这种状态，就应采取逆变器的额定功率：

可以通过将连续额定功率设为 250 MW 并将额定功率设在 13.4% 至 ○分钟（○对应于上述特定时间）来解决。在其他情况下，考虑一个单元的故障并多使用一台逆变器，则

$$250 \text{ MW/台} \times 5 = 1\,250 \text{ MW 来构成。}$$

为了使逆变器的设计更合理，对以下问题进行讨论。

（1）卫星系统能否在接收到来自地面的事故信息后，几秒左右的时间里将输出功率控制在任意值（如额定值的 75% 等）。

（2）功率控制失败，从卫星系统以 100% 的输出进行发射，但输出功率以假设 75% 运行时，地面接收系统存在 25% 左右的能量消耗。这种状态能允许多长时间？

3. 从 SPS 传输/接收设备到系统连接的事故

从 SPS 传输/接收设备到系统连接的事故有可能发生从 SPS 到输电线路的各设备上。

1）SPS

当输电突然停止时，控制装置会向逆变器发出停止指令，因此从输电系统来看，与负载切断一样，会出现 1 GW 功率丢失的现象。在电力系统中，频率降低的可能性是很小的，可以说没有实际的负面影响。但当反复ON-OFF（脉冲上的输出）或输出不稳定时，会造成电力系统频率的变化。

如何能够检测出这些异常的运转模式并保护系统停止输出，是一个需要研究的课题。

2）整流天线

单个整流天线的容量小。由于是组成阵列的形式，所以无法采用串联方式进行组阵。阵列输出为 360 kV 和 2.8 kA，由于上述阵列由多个单元形成，所以即使是一个单元故障，也可能造成整体的故障。

为了使整流天线故障时的影响最小化，开路对整流天线的影响是一个需要研究的问题。

3）逆变器

逆变器的主要组成是电力电子电路、控制设备、变压器和电源滤波器。控制装置包括控制逆变器的装置和向逆变器发出命令的脉冲电路。由于当控制设备发生故障时所有逆变器操作都将停止，因此通常对其进行多路复用以提高可靠性。

当脉冲电路发生故障时，从该电路接收脉冲的元件（晶闸管，GTO，IEGT，IGBT）的触发将无法形成，因此该元件不会有输出。

通常为了不给系统运转带来致命的影响而配置脉冲电路。但是设想最严重的事故是逆变器发生故障，输电功率长期（数日）为零。如果出现这种情况，将对卫星系统和地面受电系统产生怎样的影响，这是一个需要研究的问题。

4）输电线路

输电线路的事故与 2 中的 1）相同。

参考文献

3.1 整流天线概述

[1] W. C. Brown, "The History of the Development of the Rectenna," Proc.

of SPS microwave systems workshop, pp.271-280, 1980.

[2] J. O. McSpadden, L. Fun, K. Chang," A High Conversion Efficiency 5.8 GHz Rectenna," IEEE MTT-S Digest, pp.547-550, 1997.

[3] J. O. Mcspadden, L. Fan, K. Chang, "Design and experiments of a high-conversion-efficiency 5.8GHz rectenna," IEEE Trans. Microw. Theory Tech., vol.46, no.12, pp.2053-2060, Dec. 1998.

[4] Y. Hiramatsu, T. Yamamoto, K. Fujimori, et al., "The design of mW-class compact size rectenna using sharp directional antenna," Proc. of the 39th European Microw. Conf, pp.1243-1246, Oct. 2009.

[5] T. W. Yoo, K. Chang, "Theoretical and Experimental Development of 10 and 35 GHz Rectennas," IEEE Trans. MTT, vol.40, no.6, pp.1259-1266, 1992.

[6] N. Shinohara, H. Matsumoto," Experimental study of large rectenna array for microwave energy transmission," IEEE Trans. Microw. Theory Tech., vol.46, no.3, pp.261-268, March 1998.

[7] B. Strassner, K. Chang," Highly efficient C-band circularly polarized rectifying antenna array for wireless microwave power transmission," IEEE Trans. Antennas and Propagation, vol.51, no.6, pp.1347-1356, June 2003.

[8] J. A. Hagerty, F. B. Helmbrecht, W. H. McCalpin, et al., "Recycling ambient microwave energy with broad-band rectenna arrays," IEEE Trans. Microw. Theory Tech., vol.52, no.3, pp.1014-1024, March 2004.

[9] J. O. McSpadden, T. Yoo, K. Chang, "Theoretical and Experimental Investigation of a Rectenna Element for Microwave Power Transmission," IEEE Trans. Microw. Theory Tech., vol.40, no.12, pp.2359-2366, Dec. 1992.

[10] L.W. Epp, A. R. Khan, H. K. Smith, et al., "A compact dual-polarized 8.5-GHz Rectenna for high-voltage actuator application," IEEE Trans. Microw. Theory Tech., vol.48, no.1, pp.111-120, Jan. 2000.

[11] M. Ali, G. Yang, R. Dougal," Miniature circularly polarized rectenna with reduced out-of-band harmonics," IEEE Antennas and Wireless Prop. Letters, vol.5, pp.107-110, 2006.

[12] T.-C.Yo, C.-M.Lee, C.-M.Hsu, et al., "Compact Circularly Polarized

Rectenna With Unbalanced Circular Slots," IEEE Trans. Antenna Propag., vol.56, no.3, pp.882-886, Mar. 2008.

[13] J. Heikkinen, M. Kivikoski, "A novel dual-frequency circularly polarized rectenna," IEEE Antennas and Wireless Prop. Letters, vol.2, pp.330-333, 2003.

[14] J.-Y. Park, S.-M. Han, T. Itoh, "A rectenna design with harmonic-rejecting circular sector antenna," IEEE Antennas Wireless Propag. Lett., vol.3, pp.52-54, 2004.

3.2　整流天线阵列，故障分析等

[1] P. E. Glaser, "Power from the Sun; Its Future," Science, no.162, pp.857- 886, 1968.

[2] DOE and NASA report, "Satellite Power System; Concept Development and Evaluation Program," Reference System Report, Oct. 1978. (Published Jan. 1979)

[3] R. J. Gutmann, J. M. Borrego, "Power combining in an Array of Microwave Power Rectifiers," IEEE Trans. Microwave Theory and Tech., vol.27, pp.958-968, Dec. 1979.

[4] 安達三郎，鈴木修，阿部哲，"反射板上の無限フェイズドアレーアンテナの受信効率，"信学論(B), vol.J64-B, no.6, pp.566-567, June 1981.

[5] 伊藤精彦，大鐘武雄，小川恭孝，"磁流アンテナを用いたレクテナの受電効率，"信学技報(A) pp.84-69, Feb. 1984.

[6] 大塚昌孝，大室統彦，柿崎健一，斉藤誠司，黒田道子，堀内和夫，副島光積，"有限レクテナアレーの素子間隔と受電効率，"電子情報通信学会論文誌(B)-II, vol.J73-B-II, no.3, pp.133-139, 1990.

[7] 篠原真毅，松本紘，"レクテナアレイ直流出力のアレイ要素相互接続法依存性の研究，"電気学会部門誌（電力・エネルギーB 分冊），vol.117-B, no.9, pp.1254-1261, 1997.

[8] 三浦健史，原真毅，松本紘，"マイクロ波電力伝送用レクテナ素子の接続法に関する実験的研究，"信学論誌(B), vol.J82-B, no.7, pp.1374-1383, 1999.

［9］（株）三菱総合研究所，"2005 年度宇宙航空研究開発機構委託業務成果報告書「宇宙エネルギー利用システム総合研究」，" March 2004.

［10］（株）三菱総合研究所，"2007 年度宇宙航空研究開発機構委託業務成果報告書「宇宙エネルギー利用システム総合研究」，" March 2008.

［11］藤原暉雄，高橋吉郎，古川実，小林裕太郎，三原荘一郎，佐々木進，"作業用ロボット用マイクロ波受電システムの試作，"第 10 回 SPS シンポジウム，Aug. 2007.

［12］藤原暉雄，長野賢司，長谷川和雄，古川実，小林裕太郎，三原荘一郎，斉藤孝，"並列接続状態でのレクテナの動作状態について"信学技報，Technical Report of IEIEC，SPS2000-06，July 2008.

3.3　整流天线中使用的天线

［1］Diamond, B.L., "A generalized approach to the analysis of infinite planar array antennas," Proc. of IEEE, vol.56, pp.1837-1851, 1968.

［2］Stark, L., "Microwave theory of phased array antenna - A review," Proc. of IEEE, vol.62, pp.1661-1701, 1974.

［3］伊藤精彦，大鐘武雄，小川恭孝，"磁流アンテナを用いたレクテナの受電効率，"信学技報，vol. AP84-69, pp.9-14, 1984.

［4］安達三郎，鈴木修，阿倍哲，"反射板上の無限フェイズドアレーアンテナの受信効率"，信学論(B), vol.J64-B, no.6, pp. 566-567, 1981.

［5］大塚昌考，大室統彦，柿崎健一，斉藤誠司，黒田道子，堀内和夫，福島光積，"有限レクテナアレーの素子間隔と受電効率，"信学論誌 B-II, vol.J74-B-II, no.3, pp.133-139, 1990.

3.4　太阳能发电站中的整流天线

［1］株式会社三菱総合研究所，"宇宙航空研究開発機構委託業務「宇宙エネルギー利用システム総合研究」，" pp.360-377, March 2004.

［2］株式会社三菱総合研究所，"平成 16 年度宇宙航空研究開発機構委託業務「宇宙エネルギー利用システム総合研究」，" pp.246-256, March 2005.

第4章 微波无线能量传输的地面应用

4.1 无处不在的电源

尽管要实现 SPS 需要研究多种技术，但是微波无线能量传输是最关键的技术。由于微波已在世界各地的通信中得到广泛使用，因此有人说"微波通信技术的发展将最终带动微波无线能量传输技术的发展"。虽然通信技术和无线能量传输技术有许多共同点，但是它们之间也存在差异，无线能量传输技术自身的发展和地面应用对于 SPS 的发展至关重要。

迄今为止，已经研究了 3 种无线能量传输方法：第一种是电磁耦合，利用电磁场耦合进行非常短距离的功率传输；第二种是磁共振，通过两个中等距离线圈的共振现象来传递功率；第三种是微波传输，利用天线进行相对远距离的电磁波功率传输。在发送侧和接收侧的形状几乎相同的条件下进行比较的结果见表 4.1。电力传输效率随着距离的增加而降低，并且降低的程度取决于具体的传输方法。各种方法的详细信息参见其他教科书[1]。

表 4.1　3 种 WPT 的特点

参数	电磁耦合	磁共振	微波传输
频率	kHz	MHz	GHz
适合距离	近距离	中距离	远距离
功能扩展	受限制	适中	适合

根据 2012 年的《无线电规则》，还没有对采用微波（电磁波）进行无线能量传输的应用分配频率，因此还难以用于商业系统，为了在现行《无线电规则》下实现无线能量传输，需要考虑以下事项：

（1）一种能将我们周围稀疏且广泛存在的、未被利用的电磁波，如广播和通信无线电波，进行收集（能量收集），并将其转化为毫瓦和微瓦功率电力的方法。

（2）一种利用通信频带同时进行通信和电力传输的方法，与（1）的能量收集方法相比，传输的功率略高一些。

（3）考虑一种在屏蔽空间中进行无线能量传输，使其不会泄漏到外部的方法。

近年来，随着数字设备的发展，低于毫瓦或微瓦功率驱动的集成电路（IC）、发光二极管（LED）、传感器等已进入实用，而且能够收集能量的系统也已开始投入实际使用。能量收集比最初的定位更为广义，它可以收集利用存在于我们周围环境中的各种微弱分散的能量，就像收获果实一样，也称为能量回收利用。我们周围存在各种各样的能量，如光、热、振动和电磁波，但能量密度非常弱且分散，到目前为止这些微小能量还未能被有效利用。在降低数字设备功耗的同时，也在开发能够利用微弱振动发电的微机电系统（MEMS），即 Power MEMS，以及利用小温差发电的高性能热电材料。能量收集在世界范围内正在进行研究开发以及商业化。作为以 Power MEMS 为核心的多个能量收集技术研究小组在 2008 年日本机械工程师学会微纳工程专题会议上成立了微能量研究学会，积极开展活动[5]。另外，以公司之间合作为主的能量收集协会也开始了运作[6,7]。

对于存在于周围环境的电磁波能量进行收集是一种能量收集方法，美国英特尔公司已经成功地从美国大陆使用的数字电视广播的电磁波中收集到能量[1]。在距离 674～680 MHz、960 kW ERP 广播电台 4.1 km 的一处，使用增益为 5 dBi 的整流天线，在连接的 8 kΩ 负载上感应出 0.7 V 电压，相当于成功收集到 60 μW 的能量。此系统被称为无线环境无线电供电（Wireless Ambient Radio Power，WARP），他们正在研究将 WARP 用于气象站[8]。欧洲的诺基亚和日本的日本电业公司（Nippon Electric Works）也已经开始无线电能量收集的研究[8]。

目前，一种取代条形码的 RFID 或 IC 标签的标签系统已投入实际使用，并应用了无线能量传输，系统利用电磁波交换标签所具有的 IC 信息，而该 IC 的供电是从通信载体获得。现在世界上正在对使用 915 MHz 频段和 2.45 GHz 频段的系统开展研究。有名的 2.45 GHz 系统是日本日立公司（Hitachi）开发的微芯片 RFID，是一种非常紧凑的 0.4 mm × 0.4 mm × 0.06 mm 大小的将微芯片嵌入纸中的产品，它是一个无线 IC 芯片[11]。两种系统在为成为标准进行竞争，目前 900 MHz 频段几乎已成为事实上的标准，全世界都在研究 900 MHz 频段。日立的微芯片也已重命名为"μ-chip Hibiki"，并已成为与 900 MHz 频段兼容的系统。由于 IC 的工作功率小于 100 μW，因此可以在较大的范围内以低密度辐射微波进行通信。Felica（译者注：日本索尼公司开发的世界上第一张芯片卡，已广泛运用到公交卡、门禁卡、证件卡等）在研发初期采用了电磁波方法，以实现远距离读取，但由于读取错误问题，后来改为电磁感应方法。

IC 芯片除了应用于 RFID，美国的 PowerCast 公司也正在尝试将电磁波电力传输扩展到 LED 应用。PowerCast 的技术是基于美国匹兹堡大学的技术，与应用于 RFID 的技术基本相同。最初是从对匹兹堡动物园企鹅屋中的温度和湿度传感器进行无线充电的试验开始的，使用的频率为 900 MHz。"电力收集电路"的整流天线正在申请专利，它是基于匹兹堡大学 2003 年的专利，该专利的特点是从宽带无线电波中"收集"能量[12]。一种采用无线供电点亮 LED 的圣诞树已实现商业化，一种名为 Energy Harvester 的能量收集芯片正在进行销售[13]。

京都大学早于 PowerCast 提出了类似的技术，并且作为"无处不在的电源"进行研究。在京都大学，正在研究为比 IC 和 LED 等消耗功率更多的手机和 PC 等设备进行无线充电的系统，称为"无处不在的电源"，同时开展具有良好便携性的低功耗整流天线系统的研究[14,15]（图 4.1）。由于采用"无处不在的电源"为人们携带的设备进行无线供电，因此房间空间中的微波密度不超过 1 mW/cm^2（2.45 GHz），这是人体的电磁辐射安全标准，整流天线的设计使其无论携带到哪里都可以进行无线供电。用于"无处不在的电源"的微波源应当具有高效率和低成本的特点，在试验中采用了磁控管。对于整流天线，在"无处不在的电源"供电情况下，必须在 1 mW/cm^2 或更低的功率密度下进行整流，因此整流电路必须很好地适应低微波功率。由于整流天线二极管的上升沿电压特性会导致效率低下，检波电路在等于或低于"无处不在的电源"的电磁波功率密度进行检波/整流时，效率会非常低。因此，技术挑战是开发在低功率下也能实现高效整流的整流天线，将在后面进行描述。虽然可以开发出低功率的二极管，但是对于使用检波二极管的整流器，必须下功夫提高电路的效率。目前，已开发出一种整流天线，其在 900 MHz 频段、−20 dBm 输入下的效率为 40%[16]，在 2.45 GHz 频段、−10 dBm 输入下的效率为 50%，在 5.8 GHz 频段、0 输入下的转换效率为 50%[17]。

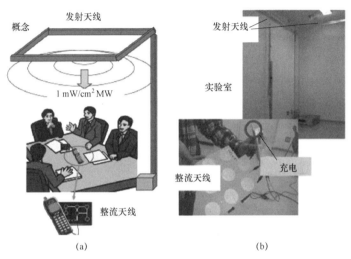

图 4.1　"无处不在的电源"和手机试验场景概念图[14,15]

（a）"无处不在的电源"概念；（b）示范试验现场

　　对于利用通信频带同时进行通信和电力传输的方法也进行了许多研究。东京工业大学在 900 MHz 频段的 RFID 系统基础上，建议并持续研究采用无线能量传输技术的传感器网络[18,19]。在天花板等处以网格状排列的网格节点除了进行无线能量传输，同时还可以充当路由器的角色进行数据通信，从而实现室内分布的各种传感器，包括温度、湿度、光照、人体存在、压力、加速度等的联网。另外，许多大学和研究机构在研究如何改变两个散射体之一的特性，以便将信号施加到接收到的散射波上，从而使传感器通信和无线能量传输同时实现[20]。对于将无线能量传输驱动传感器系统应用于宇宙空间，用于传感器和基站之间的信息传输[21]，以及利用与通信相同的频段进行无线能量传输以驱动 ZigBee 传感器[22,23]的研究都在进行中。如何同时实现通信和供电，并使它们兼容是未来研究的重点。

　　在电磁能量收集和"无处不在的电源"中，微波产生和波束控制不是最重要的技术。电磁波能量传输的目的是进行大范围的传播，用于通信和广播，而不是像在 SPS 中那样需要形成波束。整流天线技术更为重要，尤其是具有高度便携性，而且在微弱功率下仍可以实现高效能量转换的整流天线技术非常重要。这种整流天线技术的发展也促进了 SPS 整流天线技术的发展。

4.2　近似封闭空间中的微波电力传输

封闭空间中的无线能量传输也是目前考虑的地面应用之一。电磁波不仅可以在自由空间中传播，也可以在由导体构成的封闭空间 – 波导、导体和电介质组成的导电线路 – 同轴电缆或微带线路中传播。在波导和线路中传输的电磁波存在线路固有的损耗，但是由于电磁波不发生扩散，因此与空间辐射相比，可以更高的密度和更高的效率传输电磁波。另外，在空间传输的电磁波受《无线电规则》的约束，但在线路中传播的电磁波不受法律的约束，因此容易将系统投入实际使用。在密闭空间中的微波能量传输中，"1 mW/cm² 或更低的人体安全标准"不再是技术限制，可以将电力传输和接收设备的功率密度提高到设备允许的上限。在某种程度上电磁屏蔽空间内的无线能量传输概念可以被认为类似于封闭空间。由于是封闭空间，波束方向控制技术变得并不重要，除了与"无处不在的电源"情况同样非常重要的整流天线技术以外，封闭空间能够实现的大功率微波的产生技术也非常重要。

作为封闭空间的一个例子，京都大学和大阪燃气公司研究了利用微波无线供电机器人进行燃气管检查的问题[1]。目前的燃气管道检查机器人的电力是通过电缆提供的，不用担心能量耗尽，但是存在一个问题，即当距离增加到一定程度时，机器人会由于电缆本身的重量而无法移动。另外，对于采用蓄电池供电情况，重量不是问题，但是在电池电量耗尽的情况下（这种情况很少发生），很难搜寻和救援机器人，因此产生了应用微波无线能量传输的想法。这里的燃气管道大多是由导体材料构成的圆形结构，因此可以将它们视为圆形波导。

假设检查机器人采用 2.45 GHz 微波，由于现在许多燃气管道都是圆形铁管道，因此可以将它们视为波导。使用实际应用的各种型号燃气管进行电力传输试验，通过向燃气管内部发射微波，研究了微波如何传播以及在燃气管中的衰减[1]。

　　试验已经证实，当使用圆形微带天线将线极化的微波注入燃气管道时，微波以TM_{11}传播模式进行传播。当 2.45 GHz 电磁波在内径为 155 mm 的燃气管道中传播时，电磁场传播模式的理论值如图 4.2 所示。燃气管中实际测到的电磁场分布如图 4.3 所示，可以看出，TM_{11} 的理论值和试验值在一定程度上是吻合的。用于测试的燃气管示意图如图 4.4 所示，包括直管、弯管和不同长度的分支管。

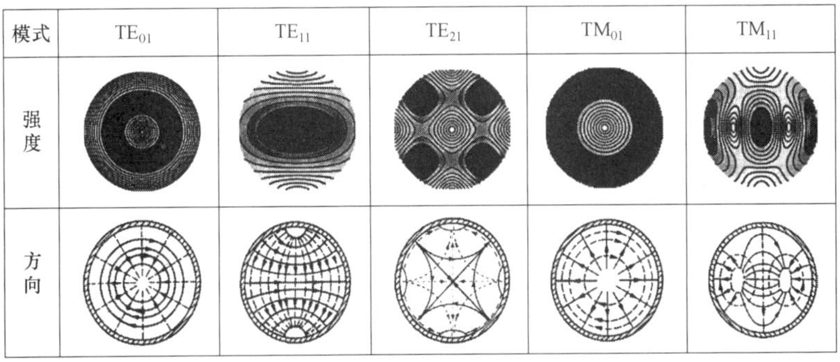

模式	TE_{01}	TE_{11}	TE_{21}	TM_{01}	TM_{11}
强度					
方向					

图 4.2　2.45 GHz 微波在内径为 155 mm 的燃气管道中传播时的
电磁场传播模式的理论值
（实线：电场 E，虚线：磁场 B）

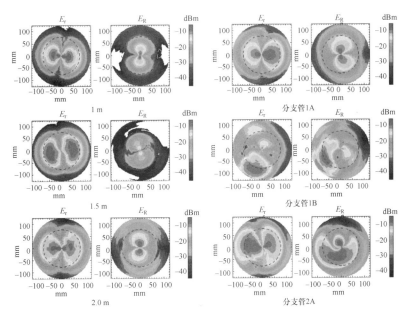

图 4.3　燃气管道中电磁场分布的测量值

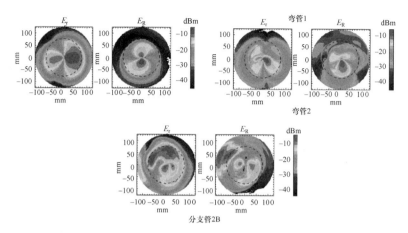

图 4.3 燃气管道中电磁场分布的测量值（续）

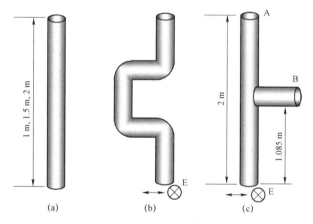

图 4.4 用于测试的燃气管

（a）直管；（b）曲管；（c）分支管

假设以 TM_{11} 模式传播，通过将试验测得的驻波最大值曲线与存在衰减的理论驻波方程的最大值曲线进行拟合来分析衰减量。图 4.5 表示了不同频率下损耗的理论值。

TE_{mn} 模式波的损耗系数 α 为

$$\alpha = \sqrt{\frac{\mu\sqrt{\mu_0\varepsilon_0}}{2\sigma\mu_0^2}} a^{-\frac{3}{2}} \sqrt{\rho'_{mn}} \left[\frac{m^2}{\rho'_{mn} - m^2} + \left(\frac{f}{f_c}\right)^2 \right] \frac{\left(\dfrac{f}{f_c}\right)^{\frac{3}{2}}}{\sqrt{\left(\dfrac{f}{f_c}\right)^2 - 1}} \quad [\text{nepar} / \text{m})$$

$$(4.1)$$

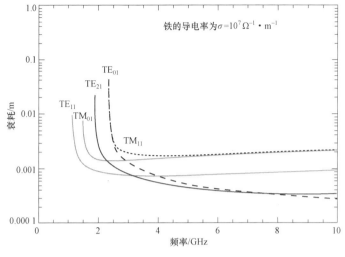

图 4.5　圆形波导损耗的理论值

TM_{mn} 模式波的损耗系数 α 为

$$\alpha = \sqrt{\frac{\mu\sqrt{\mu_0\varepsilon_0}}{2\sigma\mu_0^2}} a^{-\frac{3}{2}} \sqrt{\rho_{mn}} \frac{\left(\dfrac{f}{f_c}\right)^{\frac{3}{2}}}{\sqrt{\left(\dfrac{f}{f_c}\right)^2 - 1}} \quad [\text{ nepar / m}] \qquad (4.2)$$

图 4.6 显示了对于直管、弯管和分支管实测的能量衰减值。由图可以看出，对于分支管，微波并没有均匀分布到两个分支，而对于弯管，衰减值随传播微波的电场方向不同而变化很大。假设按 TM_{11} 模式传播，通过将试验测得的驻波最大值曲线与存在衰减的理论驻波方程的最大值曲线拟合来计算衰减率。首先，根据损耗系数的理论计算公式（4.2）得到未知燃气管道的电导率 σ，计算得到 $\sigma = 11\,767.2 \approx 10^4$ S/m。而通常未生锈铁的电导率 $\sigma \approx 10^7$ S/m，可以看出，由于所使用的燃气管的生锈而造成的能量损失较大。使用理论 σ 计算的衰减率在一定范围内为 $-1.0 \sim -0.1$ dB/m。对于其他传播模式，假设 TM_{11} 衰减率为 -1.0 dB/m，则可以求出燃气管道的电导率，然后计算其他传播模式下的衰减量。按照 TM_{11} 衰减率 -1.0 dB 进行分析，对于 TE_{11} 传播模式，得到的衰减率约为 -0.19 dB/m。该结果表明，即使燃气管生锈，也可以传播微波，损失很小，但是在复杂的燃气管分支处微波

不能有效传播。因此在一定的情况下可以将微波无线能量传输应用到燃气管道检查机器人。机器人所需的供电功率约为 60 W，而燃气管的直径只能安装包括约 4 个单元的整流天线，大功率整流天线的发展使其变得可行[55]。尽管在实用上没有问题，但圆形波导的击穿功率如下：

$$P_{breakdown} = 1970a^2v\left[1 - \left(\frac{f_{c11}}{f}\right)^2\right] \quad [\text{kW}]（\text{TE}_{11}\text{ 模式）}$$

$$P_{breakdown} = 1805a^2v\left[1 - \left(\frac{f_{c01}}{f}\right)^2\right] \quad [\text{kW}]（\text{TE}_{01}\text{ 模式）}$$

（4.3）

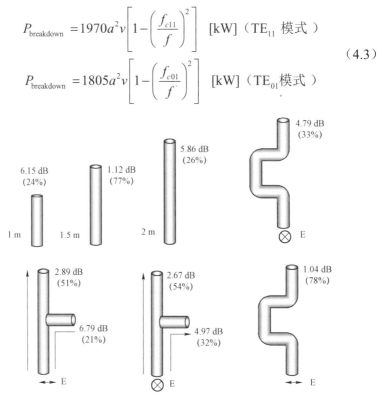

图 4.6　实测的能量衰减

NEDO 委托日本 DENSO 株式会社开展向密闭空间机器人进行微波无线能量传输的研究[2,3]。采用频率为 14～14.5 GHz 的微波用于为管道中的自主移动机器人进行无线能量传输。文献［2］采用线极化的立体偶极子天线进行试验，文献[3]改进为 4 单元贴片天线。通过在直径 14.5 mm 的液晶聚合物基片上轴向对称地排列放置，可以接收到 TE$_{11}$ 模式的圆极化波。该机器人由整流天线为运动装置（译者注：利用压电效应制成的运动装置）提供驱动波形的电路、红外感应运动方向反转电路，以及使用压电元件的运动机构可编程逻辑设备（Programmable Logic Device，PLD）

组成。在试验中，传输功率为 4 W，接收功率为 200 mW，成功实现微型机器人以 10 mm/s 的移动速度在直径 15 mm 的管道中自主移动。

　　作为密闭空间中微波无线能量传输系统的另一个示例，京都大学、鹿岛建设、德岛大学和冈山大学的一组研究人员正在研究一种利用建筑物地板下部空间的微波电力分配系统[4,5]（图 4.7）。该系统已被提议作为一种新的电气配电设施，利用现有的建筑物结构来传输微波能量，这样可以通过省去电气布线工作以减少初始投资，并且可以降低电气布线维修工作的成本。典型的系统配置如图 4.8 所示。在没有引入无线能量传输系统的普通建筑物中到处存在垂直和水平方向的钢制板，这些钢制板仅作为结构建筑材料，因此可以利用这些钢制板形成封闭空间送电网，有效利用了建筑空间，同时最大程度地减少电气接线工作。该提议的主要目的是减少全周期成本。另外，如果使用该结构板封闭空间电网进行微波电力分配，则功率不受布线的限制，仅通过改变微波振荡器的功率就可以增加供电量，并且具有降低电线维护成本的优点。该设计主要利用整流天线将结构板封闭空间电网传输的微波进行整流，转化为电能，并通过蓄电池实现稳定的直流输出。

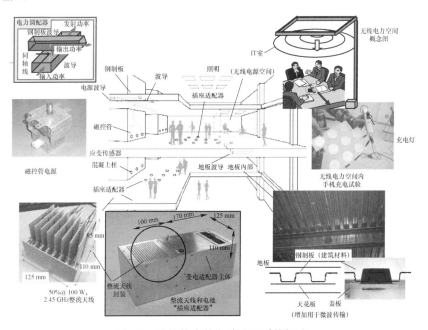

图 4.7　建筑物中的微波分配系统概述

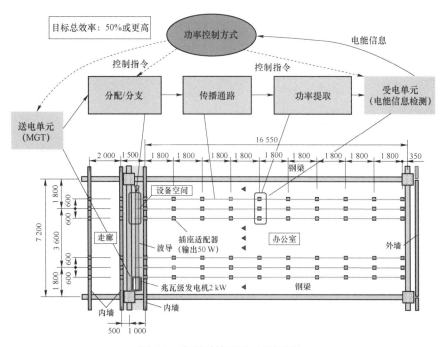

图 4.8 典型系统配置（俯视图）

在本方案中，采用同轴接头用于微波接收，虽然不是严格意义上的天线接收，还是使用"整流天线"一词来描述接收和整流微波的单元。整流天线＋蓄电池称为"插座适配器"，只需将插座适配器安放在所需位置，即可灵活地将其用作新插座，从整流天线插座适配器可以得到直流电。尽管进行 DC/AC 转换很容易，但是现在大多数电子设备（包括计算机）都在 DC 下工作，并且都采用 DC/AC 转换器。因此，本提议的提出基于假定办公室设备使用直流供电系统，在一定程度上可以避免DC/AC/DC 的多级转换，以实现更高效的系统。如果不使用插座适配器，而是直接将微波辐射到空间中，建筑物中的微波配电系统将连接到前面提到的"无处不在的电源"上，很容易将微波与后面将提到的电动汽车无线充电系统结合起来。目前，正在对"无处不在的电源"和电动汽车无线充电系统进行研究，如果未来将建筑物中的微波配电系统和"无处不在的电源"以及电动汽车的无线充电系统集成在一起，将会大大增加便利性，可以实现在全周期内更低成本的新型建筑。

电动汽车的微波无线能量传输是最有前景的无线输电商业应用。自麻省理工学院（Massachusetts Institute of Technology，MIT）于 2006 年宣布磁共振无线能量传输以来，采用与电磁感应技术类似技术的电动汽车非接触式充电的研发和实际应用得到快速发展[6]。采用微波无线能量传输的电动汽车无线充电系统的研究开始于 2000 年[7]。所有这些非接触式无线充电系统均需要在道路上安装电源系统，并且在车身下部安装受电系统，无线充电在狭窄的空间中进行，传输距离约为 10 cm。图 4.9 所示是京都大学和日产汽车公司进行微波无线充电系统试验的照片。用于无线充电的电磁场和电磁波几乎被限制在道路和车身之间，可以是半封闭的空间。此外，也采取措施减少向外部的泄漏[8,9]，并且正在开展面向大功率无线充电的研究。

图 4.9　电动汽车微波无线充电试验

　　无线充电的优点是不仅可以在静止时进行充电，还可以在移动中进行充电。京都大学和丰田汽车公司开展的一项联合研究中，已经研究了一种使用微波的移动充电系统[7]：① 以恒定速度行驶时，如果速度低于约 50 km/h，可以采用微波无线能量传输实现供电；② 磁控管的开关速度实际测量有约 60 ms 的延迟，在灯丝待机功率 30 W 左右条件下，对于以 72 km/h 速度行驶的电动车可以在前方 1.2 m 处检测出汽车的位置。我们还成功利用模拟的开关系统进行了移动中的微波无线能量传输试验（图 4.10）。在该试验中，采用了 2.45 GHz 微波，功率为 3 W，在大约 3 m

长的微波道路上利用光学传感器检测车辆的位置。在考虑实际应用时，仍然需要研究诸如缩短充电时间、提高效率以及改进开关系统等问题。结果表明，利用微波进行无线能量传输的电动车辆无线充电系统是可行的。

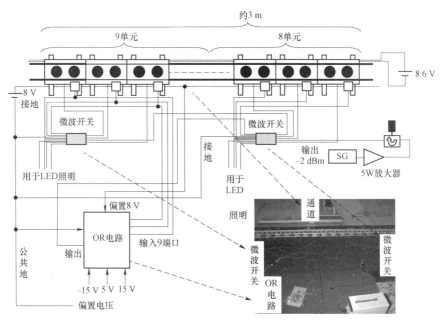

图 4.10 微波向模型车进行电力传输的试验系统

当利用封闭空间进行大功率微波无线能量传输时，关键是要增加整流天线的功率。在微波传输侧，如果使用磁控管之类的微波源，则易于以低成本和高效率产生大功率微波。近年来，使用 GaN HEMT 高功率微波放大器的研究也很多。但是，对于微波接收端整流天线中使用高功率二极管的研发工作并不多。德岛大学和京都大学成功开发了 GaN 肖特基势垒二极管，该二极管可以高效地进行高功率微波整流，可用于建筑物的无线配电系统和电动汽车的无线充电系统[10]。使用 GaN 二极管开发的整流器在 2.45 GHz 和 5 W 输入功率下实现了 75% 以上的转换效率。在一些研究中，将普通放大器中使用的 GaN FET 用作二极管来进行 50 W 及以上的整流[12]。未来对于 GaN 半导体的研究值得期待。

4.3 移动目标以及固定目标的无线能量传输

4.3.1 移动目标无线供电的历史和概述

最初无线能量传输试验是向移动目标进行无线供电。1964 年，美国的 W. C. Brown 通过微波电力传输实现驱动直升机飞行[1,2]。试验使用了由磁控管和缝隙天线构成的发射天线作为能量传输系统，并利用安装在直升机上的偶极整流天线阵列来驱动直升机飞行。由于不需要操控直升机，因此机身的 4 个角用绳子固定以防止飞机旋转。据记录，该试验传输功率为 200 W。

后来在 20 世纪 80 年代，许多国家开展了高空平台研究和开发试验工作。

加拿大通信研究中心（Communications Research Centre，CRC）最早开始研究高空平台，并推动了固定式高空无线电中继平台（Stationary High Altitude Radio – Relay Platform，SHARP）项目的开展。飞艇设计飞行高度为 21 km，从地面直径为 85 m 的发射天线发射 500～1 000 kW 的微波，将波束聚集到飞艇直径约 30 m 的接收天线上，可接收到的电功率为 40 kW，用于为飞艇的驱动提供电力。在该系统的开发阶段，CRC 研制了 SHARP 无人机的 1/8 比例模型，并成功演示了通过微波电力传输驱动该模型飞机的飞行[3,4]。在试验中，直径 15 英尺（4.57 m）的抛物线天线发射了 10 kW 的功率，无人机上安装圆形整流天线，采用偶极整流天线来接收电力。无人机飞行高度约为 300 英尺（91.4 m），接收功率为 150～200 W，成功滞空 3.5 min。

日本邮政省（现为内务省）主导了日本平流层无线中继系统的微波电力传输技术研究，成立了"平流层无线中继系统研究小组"，对该系统进行了研究，并于 1992 年提交了一份研究报告[5]。之后，平流层无线中继系统研究包含在一个以无线中继技术为核心的更大的项目中。1992 年，由京都大学领导的一个合作研究小组利用微波对小型模型飞机进行了飞行试验（MIcrowave Lifted Airplane eXperiment，MILAX）[6,7]。该试验中，安装微波发射器的车辆使用有源相控阵将 1 kW 的电力传输到 15 m 高度的模型飞机，用于驱动小型模型飞机，模型飞机自由飞行了

350 m（时速约 10 m/s），持续 40 s，确认接收到的功率为 88 W。1995 年，由神户大学通信综合研究所（现为信息与通信研究机构）和机械技术研究所（现为产业技术综合研究所）等合作进行了更大规模的试验，为飞艇进行了微波电力传输。

此外，还进行了从飞行物体向地面的微波电力传输试验。2009 年，由京都大学主导开展了试验，成功地从利用系绳固定的 33 m 高度的飞艇向地面进行了电力传输试验[8]。近期，针对一种电池驱动的无人驾驶微型航空器（Micro Aerial Vehicle，MAV）的小型飞行机器人系统，正在进行有关电力传输、跟踪和电力接收的基础性试验研究[9]。

下面以这些试验为例，对于无线能量传输系统向移动目标、特别是飞行物体的无线供电的关键技术进行具体说明。

4.3.2　微波电力传输小型模型飞机试验

微波电力传输小型模型飞机试验（MILAX 试验）是利用微波传输的电力使小型模型飞机飞行的试验。MILAX 的目的是开展微波电力传输技术的基础性试验，验证其可以作为一种为平流层中继平台提供无线供电的手段，后续将开展火箭无线能量传输试验测试。

MILAX 试验中，京都大学超高层电波研究中心（现为京都大学生存圈研究所）和神户大学工学院负责有源相控阵天线的开发和总体控制，日产汽车株式会社负责跟踪装置和电力传输系统发射端的研制，富士重工株式会社设计并制造了无人飞行器，Mabuchi Motor 株式会社制造了推进电机。通信综合研究所（现为信息与通信研究机构）开发了一种用于电力接收的整流天线，计划在汽车上安装电力传输装置，并在模型飞机下方行驶，以为其进行供电。

下面对于 MILAX 试验系统的各个子系统进行描述。

输电系统为有源相控阵，产生的 2.411 GHz 微波被分为 96 路，每一路通过一个移相器、高功率放大器和天线进行传输，在空间进行合成以形成用于微波电力传输的波束。移相器使用 PIN 二极管的 4 位数字移相器，根据从跟踪电路获得的模型平面位置信息来计算和控制相位量。高功率放大器使用 GaAs FET 放大器，一个单元能够输出最大功率为 13 W。天线是通过单点馈电的圆极化微带天线，放大器的输出连接到天线，3 个天线单元组合在一起形成一个子阵列。天线单元的数量为 288，最大输出功率为 1 250 W，输电天线安装在送电汽车的顶部。

跟踪系统使用安装在送电车辆顶部天线两端的两个 CCD 摄像机的图像来计算从送电天线到模型飞机的角度和距离，并根据相关数据控制移相器使得传输波束集中在模型飞机方向。

用于 MILAX 试验的模型飞机长 1.9 m、宽 2.5 m，总质量 4 kg（包括整流天线阵列），设计了较大的机翼以安装整流天线，并且安装驱动电机。

为 MILAX 开发的整流天线实现了轻薄化，质量约为 1 kg，厚度为 5 mm。天线部分采用微带天线，基板材料采用纸蜂窝，RF – DC 转换效率为 52.7%[10]。考虑飞机所需的功率，研制了考虑备份的包括 120 个单元的整流天线阵列，该整流天线阵列被分成 6 个各 20 个单元的子阵列，并安装在模型飞机上，所有整流天线单元的输出端并联连接。最终，MILAX 整流天线阵列的最佳负载电阻为 0.83 Ω，制造的驱动电机内阻与整流天线的最佳负载电阻相匹配。

模型飞机装有电池，用于起飞时的供电，在达到足够高度之后，送电汽车在飞机下方行驶，之后切换到整流天线供电。操作员可自行决定是否通过无线控制切换到整流天线，并且打开指示灯，以便可以从外部进行确认。

MILAX 试验的室外飞行试验于 1992 年 8 月 22—23 日在日产汽车株式会社的追浜试验场进行。首先，进行固定位置测试以确认微波输出功率，如图 4.11 所示。采用移动式起重机将装有模拟驱动电机载荷的飞机吊装在送电汽车上方 10 m，进行了电力传输测试。机身由于风的原因而晃动，整流天线的输出功率也发生变化，测到的最大输出功率为 88 W，这一功率足以用于模型飞机的飞行。输出功率随时间的变化如图 4.12 所示。

图 4.11　MILAX 固定位置测试试验

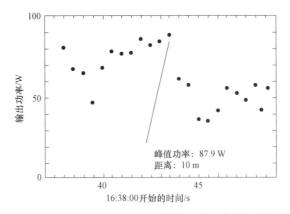

图 4.12 MILAX 固定位置测试的输出功率随时间的变化

之后，于 8 月 29 日清晨进行了自由飞行测试。飞机依靠电池起飞，当飞机到达送电汽车上方时，驱动电源从电池切换到了整流天线。这时，飞机从整流天线获得电力，驱动螺旋桨旋转，保持在送电汽车上方约 10 m 的高度，并尝试进一步升高。飞行时间约为 40 s，飞行距离为 350 m，如图 4.13 所示。图 4.13（a）上方是模型飞机，中间是送电汽车。左侧是辅助车辆，用于将模型飞机的前后位置通知送电汽车，而后方的车辆配备了无线电操作员。日本第一架、世界第二架采用微波供电的模型飞机飞行试验成功完成。

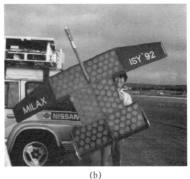

(a)　　　　　　　　　　(b)

图 4.13 MILAX 自由飞行测试图和整流天线

4.3.3　无人飞艇的微波驱动试验

对于实际的平流层无线中继系统需求，MILAX 试验中演示的传输功率是实际飞行体所需功率的 1/500～1/200，因此需要考虑如何进一步增加输出功率、提高效率，验证微波电力传输技术的实用性。因此，在 1995 年，进行了为飞艇进行微波电力传输的大规模试验，该演示试验就是无人飞艇微波驱动试验（Energy Transmission toward High Altitude Airship ExpeRiment，ETHER）。

ETHER 试验由通信综合研究所（现信息与通信研究机构）、神户大学、机械技术研究所和 AES 株式会社联合开展。通信综合研究所开发了包括整流天线在内的微波电力接收系统，神户大学开发了微波传输系统和跟踪系统，机械技术研究所设计了无人飞艇及其推进系统和控制系统，伊伊爱株式会社负责无人飞艇的制造和运行。试验通过安装在地面上的抛物面天线发射 10 kW 的 2.45 GHz 微波，利用安装在飞艇下部的整流天线获得的直流输出驱动飞艇的推进装置。使用两个输出功率为 5 kW 的磁控管作为微波源，产生的微波频率为 2.45 GHz，将微波功率传输到直径为 3 m 的抛物面天线进行电力传输[11]。用于传输电力的抛物面天线配备了液压驱动装置和电视摄像机，根据观测的飞艇运动进行手动跟踪。飞艇的总长度为 16 m，最大艇身直径为 6.6 m，安装在前部左右两侧的两个螺旋桨由电机驱动。

下面介绍接收整流天线。天线部分采用可做成很薄的微带贴片天线，使用击穿电压高的肖特基势垒二极管（MA46135-32）作为整流电路的整流器件，高效地整流接收到的微波。另外，为了抑制整流电路中产生的高次谐波，还增加了滤波器。这次，设计了新型的双重极化整流结构，即具有水平极化和垂直极化两个馈电点的微带天线以及用于水平和垂直极化的两个整流电路[12]。

由于一个整流天线单元的尺寸约为 9 cm×9 cm，70% 的发射功率集中在直径约 3 m 的接收区域，需要约 1 000 个单元才能覆盖这个区域。因此，飞艇上需要安装直径为 3 m 的大型整流天线，整个天线由多个子阵列组成，每个子阵由 20 个整流天线单元组成，整个天线包括 60 个子阵（总共 1 200 个整流天线单元），含备用子阵。整流天线的总尺寸为 2.7 m×3.4 m，如图 4.14 所示。在微波暗室对于每个整流天线子阵进行了性能检测。在测试中，将发射天线和 20 个整流天线单元相对放置，根据输出功率测量效率。每个子阵的微波–直流转换效率平均达到 81%。对于采用贴片天线的整流天线，达到了国际最高水平。

图 4.14 ETHER 试验用整流天线

下面介绍整流天线的控制电路与电机之间的连接。在整流天线阵列中，电路中加入了防止过电压的保护电路，当微波输电引起的接收端电压过高时，保护电路检测到电压上升，并使 FET 处于导通状态（使漏极－源极间为低电阻），如图 4.15 所示。由于模拟负载连接到 FET 的源极，电流被分流至模拟负载和电动机，防止了接收端电压升高。

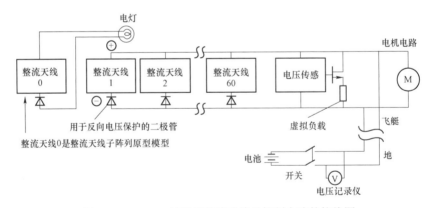

图 4.15 ETHER 试验用整流天线及控制电路的接线图

ETHER 试验于 1995 年 10 月 16 日进行。飞艇停留在抛物面天线上方 35～45 m 处，保持静止状态。飞艇的起飞和上升是利用地面上的电池通过一根长电缆进行供电，在实现稳定飞行后，飞艇电机的供电由电池供电切换为整流天线供电，微波传输的电力提供给飞艇电机。结果，电机快速旋转，使飞艇停留在固定点，并试图进一步上升（图 4.16），成功连续定点飞行了 3 min。在第二次飞行测试中，由于风较大，对整流天线的跟踪比较困难，成功实现了连续 2.5 min、断续 4 min 15 s 的停留。飞行测试中获得的最大传输电力为 3 kW，成功实现了世界上第一次飞艇微波电力传输驱动试验。

图 4.16　ETHER 飞行测试

4.3.4　总结

利用开发的整流天线阵列，成功完成了世界上第一个微波驱动飞艇的试验。同时，实测到的 3 kW 接收功率是世界上向移动目标进行微波电力传输的最高值，向大功率微波电力传输系统的实际应用迈出重要的一步。微波电力传输的应用领域非常广泛，除了为航空器供电外，还可以在卫星之间以及向月球车提供电力。另外，还考虑向无源的非接触式 ID 卡供电以及向管道机器人供电。但是，为了使该技术在将来实用化，必须研究与大功率微波利用相关的电磁环境问题。因此，我们认为有必要均衡开展面向应用的研究以及电磁环境影响的基础研究。另外还存在一个问题，由于微波频率资源非常紧缺，需要确定可用于该目的的微波频率，并且有必要考虑将来利用更高频率的可能性。我们希望进一步积极研究这些问题，并展示微波电力传输作为一种无线电利用形式的有效性。

参考文献

4.1　无处不在的电源

［1］篠原真毅 監修，"ワイヤレス給電技術の最前線，"シーエムシー出版，2011.

［2］Mitcheson, P. D., E. K. Reilly, T. Toh, et al., "Performance limits of the three MEMS inertial energy generator transduction types," Journal of Micromechanics and Microengineering, vol.17, no.9, pp.S211-S216, Sep. 2007

［3］Sakane, Y., Y. Suzuki, N. Kasagi, "High-Performance Perfluorinated Polymer Electret Film for Micro Power Generation," Proc. of PowerMEMS 2007, pp.28-29, Nov. 2007.

［4］"Power-Harvesting Thermoelectric Power Supply for Navy Wireless Sensors," Hi-Z Technology, Inc. http://www.dawnbreaker.com/vas05/docs/HiZ-Brief.pdf

［5］http://www.mesl.t.u-tokyo.ac.jp/menergy

［6］Takeuchi, K., "Activities of Energy Harvesting Consortium in Japan," Proc. of IMWS-IWPT2011, pp.91-94, 2011.

［7］http://www.keieiken.co.jp/services/socio_eco/ehc/index.html

［8］Smith, J. R., "Mapping the space of wirelessly powered systems," Proc. of IMS 2010 Workshops, WFB-3, 2010.

［9］http://www.den-gyo.com/technology/index.html

［10］古川実，"電磁波エネルギーハーベスティング，"ワイヤレス給電技術の最前線（篠原真毅監修），シーエムシー出版，pp.167-172, 2011.

［11］宇佐美光雄，"超小型 RFID チップ：ミューチップ，"MWE2003 Microwave Workshop Digest, pp.235-238, Nov. 2003.

［12］Vanderelli, T, A, m J. G. Shearer, J. R. Shearer, "Method and Apparatus for a Wireless Power Supply," U.S. Patent 7, vol.027, no.311 B2, April 11th 2006.

［13］http://www.powercastco.com/

［14］篠原真毅，松本紘，三谷友彦，芝田裕紀，安達龍彦，岡田寛，冨田和宏，篠田健司，"無線電力空間の基礎研究，"信学技報，vol.SPS2003-18 (2004-03), pp.47-53, 2004

［15］篠原真毅，松本紘，三谷友彦，"携帯 IT 機器用無線電力供給システム，"特許 377577 号，March 10th 2006.

［16］北吉均，澤谷邦男，"パッシブ無線タグのためのレクテナに関する一検討，"電子情報通信学会総合大会 CBS-1-5, 2006.

［17］篠原真毅，松本紘，山本敦士，桶川弘勝，水野友宏，植松弘行，池松寛，三神泉，"mW 級高効率レクテナの開発，"第 7 回宇宙太陽発電システム（SPS）シンポジウムプロシーディング集，pp.105-110, 2004.

［18］阪口啓，ラギル・プトロウィチャクソノ，タンザカン，前原大樹，荒木純道，古川実，"無線電力伝送で駆動する屋内センサーネットワークの回線設計と評価，"信学技報　SRW2011-15, pp.135-142, Oct. 2011.

［19］阪口啓，"センサーネットワークへの給電，"ワイヤレス給電技術の最前線（篠原真毅監修），シーエムシー出版，pp.158-166, 2011.

［20］斉藤昭，長谷川光平，石川亮，本城和彦，"2 散乱体を用いた空間変調無線伝送方式の検討，" 電子情報通信学会総合大会，vol.B-1-10, March 2012.

［21］堀正和，小林雄太，野地紘史，福田豪，川崎繁男，"無線センサ電力伝送の基礎実験，"電子情報通信学会総合大会, vol.BCS-1-17, March 2012.

［22］鈴木望，篠原真毅，三谷友彦，"ZigBee センサーネットワークに対するマイクロ波無線電力供給システムの研究開発Ⅱ，"信学技報，vol.WPT2010-21 (2011-03), pp.1-5, March 2011.

［23］市原卓哉，三谷友彦，篠原真毅，"ZigBee 端末への間欠マイクロ波電力伝送の研究，"信学技報，vol.WPT2011-25 (2012-03), pp.1-6, March 2012.

4.2　近似封闭空间中的微波电力传输

［1］平山勝規，"ガス管内を移動するロボットへの無線電力伝送システムに関する研究，"京都大学大学院工学研究科電子通信工学専攻修士論文，1999.

［2］Shibata, T., Aoki, Y., M. Otsuka, et al., "Microwave Energy Transmission System for Microrobot," IEICE Trans. Electron, vol.E80-C, no.2, pp.303-308, 1997.

［3］柴田貴行，川原伸章，"マイクロ波エネルギー伝送技術を用いた配管内自立移動ロボットの開発，"信学会総合大会予稿集，vol.B-1-24, p.24, 1999.

［4］丹羽直幹，高木賢二，浜本研一，"建築構造物，"特許公開2006-166662 号

［5］丹羽直幹，"建物構造物を用いたマイクロ波無線ユビキタス電源，"ワイヤレス給電技術の最前線（篠原真毅監修），シーエムシー出版，pp.181-191, 2011.

［6］堀洋一，横井行雄監修，"電気自動車のためのワイヤレス給電とインフラ構築，"シーエムシー出版，2011.

［7］篠原真毅，松本紘，"マイクロ波を用いた電気自動車無線充電に関する研究，"電子情報通信学会論文誌 C, vol.J87-C, no.5, pp.433-443, 2004.

［8］内木博, 松本紘, 篠原真毅，"電力受給システム，"特開2002-152996号，May 24th 2002, 出願中

［9］Ahn, S., "Wireless Power Transfer System in On-Line Electric Vehicle," Proc. of Int. Forum on EV2011, pp.107-120, 2011.

［10］Takahashi, K., J.-P. Ao, Y. Ikawa, et al., "GaN Schottky Diodes for Microwave Power Rectification," Japanese Journal of Applied Physics (JJAP), vol.48, no.4, pp.04C095-1 - 04C095-4, 2009.

［11］Shinohara, N., Y. Miyata, T. Mitani, et al., "New Application of Microwave Power Transmission for Wireless Power Distribution System in Buildings," 2008 Asia- Pacific Microwave Conference (APMC), Hong Kong, 2008. 12.16-20, CD-ROM H2-08.pdf

［12］ 堀正和，小林雄太，野地紘史，福田豪，川崎繁男，"無線センサ 電力伝送の基礎実験，"電子情報通信学会総合大会，vol.BCS-1-17, March 2012.

4.3 移动目标以及固定目标的无线能量传输

［1］ W. C. Brown, "The history of power transmission by radio waves," IEEE Trans. on Microwave Theory and Tech., vol.MTT-32, no.9, pp.1230-1242, Sep. 1984.

［2］ W. C. Brown, E.E. Eves, "Beamed microwave power transmission and its application to space," IEEE Trans. on Microwave Theory and Tech., vol.MTT-40, no.6, pp.1239-1250, Jun. 1992.

［3］ J. J. Schlesak, A. Alden, "SHARP rectenna and low altitude flight tests," Proc. IEEE Global Telecomm. Conf., New Orleans, Dec. 1985.

［4］ J. J. Schlesak, A. Alden, T. Ohno, "A microwave powered high altitude platform," Proc. IEEE MTT-S International Symposium, May 1988.

［5］ 郵政省電気通信局電波部航空海上課，"成層圏無線中継システム に関する調査研究報告書，"1993.

［6］ 松本紘，賀谷信幸，藤田正晴，藤野義之，藤原暉雄，佐藤達男，"MILAX の成果と模型飛行機，"第 12 回宇宙エネルギーシンポジ ウム，宇宙科学研究所，pp.47-52, March 1993.

［7］ 藤野義之，藤田正晴，沢田寿，川端一彰，"MILAX 用レクテナ，"第 12 回宇宙エネルギーシンポジウム，宇宙科学研究所，pp.57-61, March, 1993.

［8］ 橋本弘藏，山川宏，篠原真毅，三谷友彦，川崎繁男，高橋文人，米倉秀明，平野敬寛，藤原暉雄，長野賢司，"飛行船からのマイ クロ波による電力と情報の同時伝送実験，"第 28 回宇宙エネルギー シンポジウム予稿，March 2009.

［9］ 澤原弘憲，小田章徳，石場　舞，小紫公也，荒川義博，田中孝治，"軽量フレキシブルレクテナ搭載ＭＡＶへのマイクロ波自動追尾 送電，"第 30 回宇宙エネルギーシンポジウム予稿，March 2011.

［10］ 藤野義之，藤田正晴，沢田寿，川端一彰，"MILAX 用レクテナ，"第 12 回宇宙エネルギーシンポジウム，宇宙科学研究所，pp.57-61,

1993.

［11］ N. Kaya, S. Ida, Y. Fujino et al., "Transmitting antenna system for ETHER air-ship demonstration," Space Energy and Transportation, vol.1, no.3 & 4, 1996.

［12］ Y. Fujino, M. Fujita, N. Kaya, et al., "A planar and dual polarization rectenna for HALROP microwave powered flight experiment," Space Energy and Transportation, vol.1, no.3 & 4, 1996.

第 5 章　SPS 无线能量传输的影响

5.1　与通信干涉评价

5.1.1　ISM 频段的现状

与其他新能源相比，SPS 几乎没有任何技术难题，可实现性非常高。为了使 SPS 成为社会系统的一部分，重中之重是评估 SPS 对其他社会系统的影响。尤其是近年来随着手机的普及以及 IT 技术的发展，无线电波被广泛的使用，出现了 20 世纪 60、70 年代无法想象的电磁波频谱资源的问题。本章在叙述近年来 ISM 频段的现状后，将介绍 SPS 微波波束的详细研究结果，并分析 SPS 微波波束如何影响其他的通信系统[1]。

SPS 是一个概念构想，使用 ISM（产业、医疗、科学）频段的微波将太空中产生的电力传输到地面。ISM 频段是对微波炉、医用手术刀、安防无线电等工业科学和医疗设备开放的频段，几乎是世界通用的。ISM 频段如表 5.1 所列。

表 5.1　ISM 频段

6.765～6.795 MHz	40.66～40.7 MHz	5.725～5.875 GHz	122～123 GHz
13.553～13.567 MHz	902～928 MHz	24.0～24.25 GHz	244～246 GHz
26.957～27.283 MHz	2.4～2.5 GHz	61.0～61.5 GHz	

注：部分国家和地区会有区别

将 SPS 无线能量传输频率选定为 2.45 GHz 的 3 个原因：① 属 ISM 频段；② 1～10 GHz 称为"无线电波窗口"，这个频段中没有电离层反射，在大气中的吸收非常低；③ 在技术上逐渐成熟。当然，随着技术的进一步发展，5.8 GHz 也被认为很有希望作为 SPS 无线能量传输。在日本，根据《无线通信法规》，ISM 频段分为 S5.138 和 S5.150 两种。2.45 GHz 和 5.8 GHz 当前属于 S5.150，此频段对于通信以外的其他应用具有较高的优先级，但无法确保这个规则是否会保持不变。

以往 2.45 GHz 主要应用在家用微波炉设备上，几乎未被用于通信。目前，正被广泛的运用到无线局域网。根据电气和电子工程师协会（Institute of Electrical and Electronics Engineers，IEEE）802.11 委员会发布的"无线局域网的短期解决方案是 ISM 频段时，在美国不需要许可证"的准则，日本也在 1992 年 7 月电信技术理事会上申报了"无线 LAN 系统的技术条件"，并且宣布了"自 1993 年 6 月 1 日起，可以使用 2.4 GHz ISM 频带的中速无线 LAN（传输速度 256 kb/s～2 Mb/s）以及 19 GHz 频带（传输速度为 10 Mb/s 或更高）的高速无线 LAN"。现在，2.45 GHz 频段被广泛应用在了无线 LAN 和无线鼠标等诸多电子设备上。

此外，2.45 GHz"蓝牙"标准是由爱立信、IBM、英特尔、诺基亚和东芝等 5 家公司倡导的便携式信息设备的无线通信技术标准。蓝牙覆盖范围约为 10 m，虽然比无线 LAN 的范围短，且数据传输速度相对较低，但它具备了低功耗、小型化的优点。通过使用蓝牙，可以在不使用电缆的情况下连接笔记本电脑、PDA、移动电话等，并交换语音和数据。另外，除了笔记本电脑以外，该蓝牙标准还可内置于其他家用电器中。

5.8 GHz 频带用于汽车自动收费系统（Electronic Toll Collection System，ETC）中的专用短程通信（Dedicated Short Range Communications，DSRC）上。ETC 是智能交通系统（Intelligent Transport Systems，ITS）之一，这是一种与汽车进行通信并在高速公路上自动收取通行费的系统。ITS 相关的标准化工作是由国际标准化组织（International Organization for Standardization，ISO）的 TC204 启动，由 IEEE 和其他组织将讨论结果提交给 ISO。在先开发 ETC 的欧美国家中，其标准不尽相同。因此，日本、美国和欧洲正积极推动统一标准和制定国际标准的工作。目前，在日本几乎所有高速公路上都安装了 ETC。

5.1.2　用于评估的 SPS 微波参数

SPS 如第 1 章介绍提出了各种各样的形式，且与之对应的微波参数也是各不相同。在本书中，选择 1980 年 DOE/NASA 参考系统作为 2.45 GHz 系统的代表，选择 JAXA2004 模型作为 5.8 GHz 系统的代表，分别代表基波波束和谐波。本研究是假定使用偶极天线阵列，不使用滤波器，并且分析谐波辐射达到最大的前提下进行的。

使用 DOE/NASA 参考系统，在以下参数条件下计算了一维波束分布图，发射功率为 6.72 GW，微波频率为 2.45 GHz，发射天线直径为 1 km，振幅分布为 10 dB 高斯锥度，子阵列间距为 10.4 m（85λ），功率传送距离为 36 000 km。根据结果，波束中心功率密度为 24.5 mW/cm² 时，要达到 89%，所需的整流天线直径为 8.48 km。

栅瓣每隔大约 420 km 波束收集效率像栅格一样出现。但是，其强度与波束控制方向有关，波束控制方向为 0°（正前方）时，不产生栅瓣（图 5.1，图 5.2）。当波束目标分别为 3 km、10 km 和 100 km 时，栅瓣的强度分别为 −41 dBc、−32.4 dBc 和 −14.4 dBc。

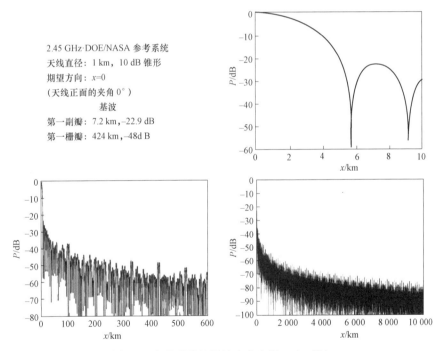

图 5.1　参考系统的微波束方向图 1（一维）

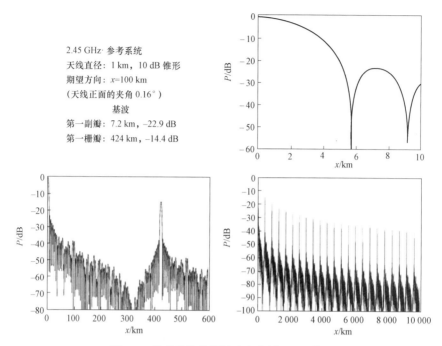

图 5.2　参考系统的微波束方向图 2（一维）

在 DOE/NASA 参考系统中未考虑天线特性的谐波水平，本书在已知天线的各谐波特性，通过假设偶极子天线来计算从发射天线辐射的谐波方向特性。假设二次谐波和基波相位被设定为相同相位，波束方向朝向地面整流天线接收系统时，则在波束中心处的二次谐波为 −50.1 [dBW/m²/4 kHz]。在波束偏转 0.016° 时，1 次栅瓣为 −78.0 [dBW/m²/4 kHz]。二次谐波每 212 km 产生栅瓣，每隔 424 km 产生栅瓣。但是，在 SPS 系统中很难实现将谐波的相位控制为与基波的相同，在这种情况下，与 DOE/NASA 参考系统一样，在假设天线为相位全向天线条件下的强度为 −157 [dBW/m²/4 kHz]，且根据偶极天线的方向性，其他谐波的主波束指向地球以外方向。

谐波强度计算所需的辐射强度是使用相控磁控管的试验值。每个谐波电平对于二次谐波是 −62.6 dBc，对于三次谐波是 −81.2 dBc，对于四次谐波是 −74.6 dBc，对于五次谐波是 −77.1 dBc，对于六次谐波是 −72.1 dBc。相较磁控管，半导体系统的谐波则没有明显变化。

在 JAXA 2004 模型中，在以下参数条件下进行了同样的天线阵列计算，发射功率为 1.369 GW，微波频率为 5.8 GHz，发射天线直径为 2.6 km，振幅分布为 10 dB 高斯锥度，子阵列间距为 3.1 m（29λ），发射距离为 36 000 km。根据计算结果，如果地面整流天线直径为 1.51 km，则波束收集效率为 89.94%，微波束中心的功率密度为 189.2 mW/cm^2。该模型的设计参数是为了在日本实现 SPS 的最小化整流天线，因此波束中心强度约为 DOE/NASA 参考系统的 7.7 倍。栅瓣像网格一样每隔 1 240 km 出现一次，当波束目标分别为 3 km、10 km 和 100 km 时，栅瓣的强度分别为–52 dBc、–42 dBc 和–22.6 dBc。如果将二次谐波的相位和基波一样控制在整流天线的中心，则第一栅瓣在波束中心和 0.016° 波束处分别为 – 42.2 [dBW/m^2/4 kHz] 和 – 59.2 [dBW/m^2/4 kHz]。但如果是随机相位，辐射与全向天线的情况相同时，则变为 – 155 [dBW/m^2/4 kHz]。谐波强度参数与前面的 DOE/NASA 参考系统相同。

栅瓣是为了减少 SPS 系统中移相器的数量而引入子阵列造成的。为了抑制栅瓣可采取减少子阵列天线的数量、引入非等距数组和将 SPS 的位置精度和天线表面的角度精度抑制到 1″（0.017°）或更小。

为了防止谐波，可以采取插入滤波器和控制与基波的相位不同步的谐波相位等措施。可以预测通过在计算中将谐波设为最大值，可进一步实现抑制栅瓣。

5.1.3　微波束与其他通信设备之间的兼容性

基于以上 SPS 微波参数，研究 SPS 与各个微波中继系统、雷达、空地通信、ISM 频带设备（无线 LAN 和 ETC）共存的可能性，以及 SPS 微波波束对这些设备的影响。

1. 微波中继系统

在地面微波中继系统中，我们以同步数字体系为例进行研讨，该系统具有最严苛的兼容性条件。兼容条件比噪声水平高 – 20 dB，这符合 ITU-R 固定业务保护标准的 F.1094 – 1 协议。据此，固定业务的保护标准（噪声分配）为：固定业务间噪声分配值 89%，初次分配业务 10%，其他 1%。SPS 的微波无线能量传输对应该标准的其他 1% 范畴（1% = – 20 dB）。

在 5 GHz 波段的 150 MHz～5 GHz 系统中，当接收天线直径为 3.6 m 时，热噪声为 – 96.7 [dBm/m^2/19.8 MHz]，兼容条件为 – 193.6 [dBW/m^2/

4 kHz]。在 11 GHz 频带的 50 MHz～11 GHz 系统中，接收天线直径为 4 m 时，热噪声为 -93.9 [dBm/12.57 m²/39 MHz]，兼容条件为 -194.8 [dBW/m²/4 kHz]。

另外，假设 SPS 微波波束的谐波强度像主波束一样受到相位控制，则在整流天线中心的二次谐波强度为 -50.1 [dBW/m²/4 kHz]，在 11.6 GHz 时为 -42.2 [dBW/m²/4 kHz]。考虑到因距离而引起的衰减（在 2.45 GHz 处为 6 km $= -25$ dB，在 5.8 GHz 处为 3 km $= -30$ dB）和因微波中继器的天线方向性而引起的衰减（在 50°仰角以上的 2.45 GHz 为 -67.3 dB 和 5.8 GHz 处为 -62.5 dB），2.45 GHz 参考系统对微波中继器的影响强度为 -142.4[dBW/m²/4 kHz]，5.8 GHz 系统的影响强度为 -134.7 [dBW/m²/4 kHz]。这是受谐波影响最坏的情况，无法满足与微波中继系统的兼容性条件。

但是，如果谐波没有相位控制，DOE/NASA 参考系统的二次谐波在全向辐射时的强度为 -157[dBW/m²/4 kHz]，5.8 GHz 的二次谐波为 -155 [dBW/m²/4 kHz]，加上微波中继系统天线指向性而引起的衰减 -67.3 dB 和 -62.5 dB，2.45 GHz 系统和 5.8 GHz 系统的影响强度分别为 -224.3 [dBW/m²/4 kHz] 和 -217.5 [dBW/m²/4 kHz]。该值满足与微波中继系统的兼容条件并且可以共存。

2. 雷达

除了通信之外，无线电波还被用于雷达。雷达虽然可在各种频率下使用，但考虑到与 SPS 的兼容性，适用航线监控雷达（Air Route Surveillance Radar，ARSR）（1.3～1.35 GHz），机场监视雷达（Airport Surveillance Radar，ASR）（2.7～2.9 GHz）以及气象雷达（5.25～5.35 GHz）。雷达兼容性条件有两种：一种是微波限幅器（TR 限幅器）的输入功率为 100 mW；另一种是频段内允许的干扰水平为 -112 dBm（ARSR），-108 dBm（ASR）和 -116 dBm（气象雷达）。用于评估的各雷达参数如表 5.2 所列。

表 5.2 各雷达的参数

参数	ARSR	ASR	气象雷达
频率/GHz	1.3～1.35	2.7～2.9	5.25～5.35

续表

参数	ARSR	ASR	气象雷达
天线增益/dBi	35	34	45
考虑仰角的天线有效孔径面积/cm²	130	23	$8 \times 104^*$
收信带宽/MHz	0.4	1.2	1.4
TR 限幅器动作感度/dBm	20	20	20
容许干扰水平/dBm	−112	−108	−116
*天线仰角扫描时，正对 SPS 波束时最大值			

首先评估对雷达波段的影响。由于各雷达入射功率的计算考虑了与谐波不同的频率，因此可以认为没有相位控制。例如，假设从全向天线辐射了 1 GW 的微波功率，并在该波束强度上添加谐波波束强度。根据市售微波振荡器的性能，分别假设在 0.1～1.5 GHz 时谐波为 −75 dB，在 1.5～3 GHz 时为 −40 dB，在 3～6 GHz 时为 −50 dB。参考系统的功率密度为

$$5.72[\text{GW}] \times (X \text{ dBc})/(4\pi \times 36\,000[\text{km}^2]/2)$$
$$= 2.61 \times 10^{-15}[\text{mW/cm}^2/1.5 \text{ GHz}](\text{ARSR}, X = -75)$$
$$5.72[\text{GW}] \times (X \text{ dBc})/(4\pi \times 36\,000[\text{km}^2]/2)$$
$$= 8.25 \times 10^{-12}[\text{mW/cm}^2/1.5 \text{ GHz}](\text{ASR}, X = -40)$$
$$5.72[\text{GW}] \times (X \text{ dBc})/(4\pi \times 36\,000[\text{km}^2]/2)$$
$$= 8.25 \times 10^{-13}[\text{mW/cm}^2/3 \text{ GHz}](\text{气象雷达}, X = -50)$$

考虑到天线的有效孔径面积和带宽比，有

ARSR：$2.61 \times 10^{-15} \times (0.4 \text{ MHz}/1.5 \text{ GHz}) \times 130 = -160.4$ ［dBm］< −112［dBm］

ASR：$8.25 \times 10^{-12} \times (1.2 \text{ MHz}/1.5 \text{ GHz}) \times 23 = -128.2$［dBm］< −108［dBm］

气象雷达：$8.25 \times 10^{-13} \times (1.2 \text{ MHz}/3 \text{ GHz}) \times 8 \times 10^4 = -105.1$［dBm］> −116［dBm］

在 5.8 GHz 系统中，ARSR 和 ASR 低于带内允许干扰水平，不会产生问题，但在气象雷达中，带内允许干扰水平超出了约 11 dB。这可以通过在 SPS 侧插入 −11 dB 或更高的滤波器来解决。在该系统中，除了辐射微波功率为 1.369 GHz 外，计算与参考系统相同。经过计算，每个天

线的入射功率：ARSR 为 – 167.3 dBm，ASR 为 – 135.1 dBm，气象雷达为 – 112.0 dBm。对于气象雷达来说同样需要数分贝的滤波器。另外，对于这些入射功率即使完全没有使用滤波效果，在所有雷达中的 TR 限幅器也不工作。

接下来，评估带外频率对 TR 限幅器的影响。对于 ARSR，由于无论 2.45 GHz 或是 5.8 GHz 都对应了其高阶模式，可以预期的滤波效果约为 – 10 dB。在 SPS 中，整流天线端的功率密度小于 1 [mW/cm²]，考虑到滤波效果，两个系统的 TR 限幅器都不工作。在 ASR 的情况下，频率为 2.7～2.9 GHz，2.45 GHz 在频带以下，滤波器的滤波效果可在 – 90 dB 以上。当频率为 5.8 GHz 时，由于对应了 ASR 的高阶模式，同样有效的滤波效果约 – 10 dB。因此，ASR 具有足够的阻尼衰减而不会产生任何问题，同样对于气象雷达也不会造成任何问题。

除此之外，评估频带外信号对频带中允许干扰电平的影响。对于 ARSR，可以将衰减–132 dB 频带外信号视为滤波效果。在 DOE/NASA 参考系统中，整流天线中心的功率密度为 24.5 [mW/cm²]，衰减后为 1.55×10^{-12} [mW/cm²]。由于该频带内的允许干扰电平为 4.9×10^{-14} [mW/cm²]，因此需要进一步衰减–15 dB 或更大。这个数字可以在距整流天线端几千米处实现。对于 5.8 GHz 系统，中心功率密度为 189.2 [mW/cm²]，即使考虑了 – 132 dB 的衰减，也需要进一步衰减 – 24 dB 或更大，该衰减也是可以在距离整流天线端数千米处实现的。对于 ASR，在 2.45 GHz 时需确保 – 166 dB 衰减，在 5.8 GHz 时确保 – 132 dB 衰减。根据参考系统，整流天线中心为 6.15×10^{-16} [mW/cm²]，频带内容许干扰水平为 6.9×10^{-13} [mW/cm²] 以下。对于 5.8 GHz 系统，在中心功率密度处要求衰减 – 13 dB 或更大，但是如果到达整流天线端，则不会出现问题。对于气象雷达，2.45 GHz 低于波导的截止频率，没有问题，高谐波时，谐波输出为 –60 dBc 以上，带外衰减的滤波效果确保为 200 dB。5.8 GHz 系统的带外衰减也可以确保在 – 180 dB 以上，这低于带内允许干扰水平，因此可以共存。根据以上讨论，无论是 2.45 GHz 系统还是 5.8 GHz 系统，只要与 ARSR、ASR、气象雷达保持几千米的距离，都可以实现共存。

此外，由于 S 波段（2.4～2.5 GHz）和 C 波段（5.35～5.85 GHz）是无线电规定分配给雷达的频段，因此也评估了对这些雷达的干扰。假设这些雷达中允许的干扰量为–110 dBm，并且预计带宽的 6 倍以上或更高将需要–70 dB 的衰减。假设带宽约为 6 MHz，对于 S 波段雷达，天线的有效孔径面积为 18 800 cm²，对于 C 波段雷达有效孔径面积为 4 700 cm²。根据整流天线中央的微波强度计算出具有上述有效孔径区域的雷达天线上的最大入射功率，S 波段雷达中 TR 限幅器不动作所需的衰减为–36.6 dB，无干扰所需的衰减为–96.6 dB。同样，在 C 波段雷达中 TR 限幅器不工作所需的衰减为–39.5 dB，无干扰所需的衰减为–99.5 dB。为了确保所需的衰减量，距离地面整流天线接收系统保持约 30 km 来进行的衰减足以使 TR 限制器不工作。而对于不干扰，需要 RF 频带外的 BPF 衰减。假设 BPF 的带宽为 3%，想定分割 6 个部分，则 S 波段的失谐达到 170 MHz 或更多，C 波段的失谐达到 420 MHz 或更多，通过失谐可以期待达到–60 dB 的衰减。进一步考虑到距离的衰减，相隔 30 km 以上便可以充分满足兼容性的问题。

3. 空地通信

SPS 微波波束的谐波频率会与分配给空地通信的频带重叠。空间对地面通信的频率为 10.7～11.7 GHz 和 11.7～12.5 GHz，其中 12.25 GHz（2.45 GHz 的五次谐波）和 11.6 GHz（5.8 GHz 的二次谐波）重叠。空地通信的兼容条件（pfd 极限值）如表 5.3 所示。

表 5.3　空地通信的兼容条件（pfd 极限值）

入射角 d	0～5°	5°～25°	25°～90°
10.7～11.7 GHz	−150	−150+0.5（d−5）	−140
11.7～12.5 GHz	−148	−148+0.5（d−5）	−138

2.45 GHz 处的五次谐波的发射电平为–70 dBc。假设天线相对于谐波是全向的，则变为–157［dBW/m²/4 kHz］，低于 pfd 极限值。如果进行相位控制，则 5.8 GHz 二次谐波在波束中心处为–42.2［dBW/m²/4 kHz］，当波束以偏移 0.016°时，其第一栅瓣为–59.2［dBW/m²/4 kHz］。当相位随机并且辐射与全向天线的情况相同时，则变为–155［dBW/m²/4 kHz］，低于 pfd 极限值。与微波中继系统类似，如果谐波相位可以随机话，就认为它们可以充分共存。

4. 无线 LAN 和 ETC

下面，首先检验与 SPS 微波波束相同频率的无线 LAN 和 ETC 的兼容性，然后继续讨论使用 2.45 GHz 的无线 LAN 和使用 5.8 GHz 的 ETC 的兼容性。在微波无线中继系统或是雷达上使用的频率均与 SPS 微波波束的频率不同，因此可以预期滤波器的滤波效果。但是，由于无线 LAN 和 ETC 两个系统与其处于同一频带，无法像之前一样使用滤波器达到预期效果。

在同频率抗干扰水平下，2.45 GHz 无线 LAN 的兼容性条件为 −76 dBm 以下，而 ISM 频带中接收到杂散响应的兼容性条件为 −33 dBm 以下（参考值）。5.8 GHz ETC 的兼容性条件在同频率抗干扰水平下为 −80 dBm 以下，而在 ISM 频带中接收到杂散响应的兼容性条件为 −33 dBm 以下。

首先讨论无线 LAN，假设全向天线的接收带宽为 13 MHz，天线有效孔径面积为 12 cm²。如果使用 2.45 GHz 进行微波功率传输，则整流天线的中心为 24.5 mW/cm²，无线 LAN 全向天线的入射功率为 24.7 dBm，这远远超出了相同频率下 −76 dBm 的兼容条件。在距整流天线 300 km 处，功率密度下降 −45 dB。在此强度下，入射功率为 −20.3 dBm，无法满足兼容性条件。

那么反过来看，在同一 ISM 频段内失谐会怎样？假设发射无线电波的 C/N 为 −140 dBc/Hz，该值为市售信号发生器的性能参数。然后将载波电平乘以 −140［dB］× 13［MHz］= −71 dBc 作为无线 LAN 的入射功率。在波束中心处、10 km 距离处、100 km 距离处和 300 km 距离处，该值分别为 −46.3 dBm、−73.3 dBm、−81.3 dBm 和 −91.3 dBm。可以在 10 km 的距离处实现 −76 dBm 以下的同频抗干扰水平。如前所述，即使在 300 km 以外，主波束强度也仅为 −20.3 dBm，无法满足 ISM 频带 −33 dBm 内的接收杂散响应条件。当在同一个 ISM 频带内使用无线 LAN 和 SPS 微波波束时，两个系统中都无法达到期待的滤波效果，因此得出在当前条件下无法实现共存的结论。但是，可以通过设计微波功率发送天线阵列来减小旁瓣，并在波束形状设计上下功夫。无线 LAN 和蓝牙均是无线设备，并且用户可能会紧邻整流天线。为了使无线 LAN 和 SPS 共存，即使在 ISM 频带中也必须避免相同的频率，并且将旁瓣电平在当前电平的

基础上再降低 − 30 dB 以上。

在 ETC 的研究中，假设全向天线的接收频率为 8 MHz，有效孔径面积为 12 cm²。在 5.8 GHz 系统的微波波束中，距整流天线 300 km 处的波束强度为 − 60 dBc，入射到 ETC 上的波束强度为 − 33.9 dBm，同频抗干扰水平不能低于 − 80 dBm。当频率在同一个 ISM 频带内失谐时，如果将发射波 *C/N* 设置为参考系统中的 − 140 dBc/Hz，乘以带宽从而增加 − 68.9 dBc。在波束中心处、10 km 距离处、100 km 距离处和 300 km 距离处，入射到 ETC 天线的数值分别为 − 42.8 dBm、− 72.8 dBm、− 92.8 dBm 和 − 102.8 dBm。虽然在数十千米的距离处可以实现 -80 dBm 以下的同频抗干扰水平，但只能得出距离必须为 300 km 以上才能满足 − 33 dBm 的 ISM 带内接收杂散响应条件的结论。与无线 LAN 不同，ETC 是仅在高速公路上使用的系统。如前所述，考虑到地面整流天线接收系统和 ETC 能保持一定距离的话，旁瓣电平的减少幅度为 − 20～ − 10 dB。

因此，我们得出结论，通过设计滤波器和移相器，微波束的谐波可以与微波中继系统，雷达，空地通信等系统共存。但是，此前基于使用 ISM 频带进行微波能量传输的设想是在 2.45 GHz 和 5.8 GHz 的电波进行的新应用，存在着无法滤波的主波束干扰，为了实现共存，与现行设计相比，须进一步将旁瓣减小 10～20 dB。同时，如果限定场所使用的话也有可能实现与 5.8 GHz ETC 共存，而以在所有场所使用为前提下的 2.45 GHz 系统的共存条件则更为苛刻。此外，本章未涵盖关于对天文电波不容忽视的影响，今后与天文电波的协调是必不可少的[2]。在国际无线电科学联盟中，所有无线电波用户都进行了 SPS 的相关讨论，并将其总结为 SPS White Paper，现处于持续审议中[3]。此外，根据这些研究的结果，国际电信联盟 ITU 提出了关于 SPS 频段划分的问题，频率划分工作也在努力进行中[4]，但截至 2012 年（译者注：截至目前），该问题尚未解决。为了实现 SPS，还需要继续努力进一步减少电磁波干扰。

5.2　对生物的影响

5.2.1　概要

在现代社会的居住环境中充满了肉眼看不见的电磁波。高压线、家用电器、医疗场所、移动电话及其基站，生活中有用于诊断医学的核磁共振的恒定磁场、来自输电线路和家用电器的极低频电磁场以及来自电磁炉烹饪加热器的中频电磁场，包括手机的高频电磁波在内的各种各样电磁环境，可以预见在未来人类的生活中将继续增加。与辐射一样，非电离的电磁环境是不可见的，并且确实有很多人担心电磁波对其健康的影响。在这里，我们将介绍日本的电磁波生物效应研究的现状，以及世界卫生组织（World Health Organization，WHO）等国际组织对健康进行的评估。WHO 子组织国际癌症研究组织（International Agency for Research on Cancer，IARC）在 2011 年 5 月下旬举行的"微波致癌性评估会议"，特别介绍了微波生物学效应的研究现状。在 IARC 中，将高频无线电波描述为"射频电磁场"，但在本节中，将其描述为微波。虽然有很多不明之处，但仍需科学客观地了解电磁波产生的影响。关于电离辐射的影响的研究历史悠久。然而，事实是低剂量效果的评估尚未结束。另外，关于非电离电磁波和全面生物学效应研究历史很短。我们希望本节能帮助读者将电磁波视为日常生活中的环境因素。有关低频和高频对生物影响（包括固定磁场和商业频率）的详细信息，请参阅文献 [1−3]。

5.2.2　电磁问题的历史背景

从历史上看，电磁波问题的国际化始于 1979 年，当时美国的流行病学家宣布居住在高压电线附近的儿童患白血病的概率很高[4]。此后，进入 20 世纪 90 年代，除了对来自传输线的极低频电磁波的流行病学研究之外，还积极开展了利用动物和细胞的生物学研究。根据针对美国和欧洲的一些流行病学调查，生活环境中超过 0.4 μT 的超低频电磁波具有致癌影响，尤其是儿童白血病增加了约 1 倍[5]。但是，该结论并不排除流行病学研究中其他因素的干扰。另外，从这些流行病学研究的结果来看，对成人和儿童的其他类癌症并无影响[6]。根据极低频电磁波的细胞和动物水平上的生物学研究结果，在生活环境水平上不产生任何影响，据说这种影响在超过数万次时开始出现（磁通密度为几毫特斯拉）。在许多研究电磁波生物影响的研究中主要着眼于生活环境的影响，因为使用暴露水平很低的磁通密度，导致有可能无法观察到对细胞或动物的显著影响。国际上对于微波的讨论及研究，自 20 世纪 90 年代后半叶移动电话的使用迅速发展以来开始积极活跃起来。下面介绍当前的情况。

5.2.3　电磁波的生物效应研究方法

表 5.4 列出了目前进行的生物效应评估研究的分类，总结了从细胞水平和动物水平对人类研究的电磁场生物学效应的主要评估指标，特别是电磁波对细胞（包括分子和遗传水平）影响的研究已在世界范围内积极开展起来。研究多是关于与癌变的关联性，明确验证了电磁波对于作为细胞遗传毒性（DNA 损伤，染色体异常，突变等）或机能变化的基因表现（癌症基因，以热激蛋白为主体的应激蛋白）的影响。

另外，使用小鼠和大鼠进行的动物试验也得到了相关验证。大多数的动物试验都是研究对癌变的影响，除此之外，还涉及与生殖相关（胎儿发育和致畸性）以及与神经系统相关（行为和感觉功能）的研究。如果电磁波泄漏影响致癌过程的话，是将正常细胞转化为癌细胞（起始化），还是接受了初始化的细胞由于暴露于电磁波而进一步促进恶性肿瘤的形成，这在动物试验研究中是一个大争议。

表 5.4　评价电磁波生物效应的主要研究内容

研究分类	对象	研究内容
细胞试验研究	细胞	细胞增殖，DNA 合成，染色体异常，姐妹染色体片段异常，微核形成，DNA 链断裂，基因表达，信号转导，离子通道，突变，转化，细胞分化诱导，细胞周期，细胞凋亡等免疫反应
动物试验研究	动物（小鼠，大鼠等）	致癌作用（淋巴瘤，白血病，脑瘤，皮肤癌，乳腺肿瘤，肝脏等），生殖和发育（着床率，胎儿体重，畸形等），行为异常，神经内分泌主要为褪黑激素，免疫功能，血脑屏障（BBB）等
流行病学研究	人	致癌作用和癌症死亡（脑瘤，儿童和成人白血病，乳腺癌，黑色素瘤，淋巴瘤等），生育能力，自然流产，阿尔茨海默氏病等
人体影响	人	心理和生理影响（疲劳，头痛，焦虑，睡眠不足，脑电波，心电图，记忆等），神经内分泌主要是褪黑激素，免疫功能等

流行病学研究在于对人的数据意义方面，比细胞和动物试验对公众影响力更大。另外，我们人类生活在各种各样的环境中，不可能单纯地评估调查研究对象这一单一因素，在人为的选择方法以及其他因素（选

择偏差和交联因子）下会影响之前的统计评估结果。如前所述，1979 年的流行病学研究报告中首次指出极低频电磁波的致癌影响。此后，国际性的讨论不断高涨，自 20 世纪 90 年代以来，欧美进行了许多关于电磁波癌变影响的流行学研究。除此之外，还进行了对人类志愿者的心理、生理影响（疲劳、头痛、脑波、记忆力等）的研究，以及以所谓的"电磁波过敏"为主观症状的人群的研究。

5.2.4 微波生物效应的研究现状

1. 概述

众所周知，根据迄今为止对非电离电磁波的生物效应的研究结果，在低频处存在"刺激效应"，而在高频处存在"热效应"，它们之间的间隔约为 100 kHz。这些生物学反应是暂时暴露的急性反应，特别是对于强微波、癌症的热疗、利用人体热效应治疗风湿病和神经性疼痛等医学临床应用方面，但目前尚缺研究成果，且在生活环境层面微波对健康的影响还存在很多不明确的地方。如上所述，移动电话迅速普及以来，由于在更靠近人脑附近处使用，微波对包括脑癌在内的大脑影响令人担忧。此外，除热效应以外还存在所谓的"非热效应"的争论也越来越多。近年来，特别是对儿童和年轻人的影响已开始关注起来。

在这种背景下，自 2000 年以来，以欧美及日本为中心开始了对微波的生物效应等国际性课题研究。电磁生命科学是从科学可靠的研究结果中正确评估电磁波的生物效应，研究对象已经从细胞和动物水平发展到了人类个体（表 5.4）。

多数研究内容集中在评估电磁波对致癌的影响上。虽然研究材料（个人，动物，细胞）的差异无法区分优劣，但是在评估对人类的影响时，按流行病学（人类）研究→试验动物→细胞的顺序对结果的权重进行增加。另外，按照细胞→试验动物→流行病学的研究顺序对结果的准确性和可重复性进行高度评估。

2. 微波的流行病学研究

与细胞和试验动物相比，流行病学研究在人体数据方面对公众的影响更大。但是，另一方面，我们人类生活在各种环境中，不可能单纯地调查作为研究对象的因素。特别是不能排除会影响研究结果的人群的选择方法和其他影响因素（称为选择偏见和纠缠因素）打乱统计评估的可能性。另外，流行病学研究也是研究长期暴露于低环境水平的影响的领域，存在研究困难和巨大的研究成本。但是，国际上对手机微波对流行病学研究却很积极，作为一项大规模研究，包括日本、英国和瑞典在内的 13 个国家（美国未参加）参加了 IARC 组织的“对讲机研究”（The Interphone Study）。这是在针对各种脑肿瘤的病例对照研究（Case-Control Study）中进行的。IARC 汇总了所有参与国的研究报告，并于 2010 年 5 月以新闻稿的形式发表了这项国际联合研究的最终结论摘要[7,8]。结论包括：① 固定便携式电话用户的脑胶质瘤和脑膜瘤的优势比（Odds ratio，OR）略有下降；② 对于 10 年以上的长期用户，未观察到 OR 的增加；③ 在 1 640 h 或更长时间的累积长期呼叫者中，神经胶质瘤的 OR 显示略微增加 1.40（95% 置信区间：1.03～1.89）。总之，“认为 10 年或以上的长期用户使用手机并没有增加脑瘤（神经胶质瘤和脑膜瘤）的发生。观察到 OR 的减少和长期用户 OR 的增加。另外，很难准确地解释因果关系，如手机用户颞叶的胶质瘤增多。”实际上，许多流行病学研究都没有发现增加致癌作用的证据。但是，如瑞典的流行病学资料库分析所显示的，据报道，超过 2 000 h 的呼叫者已使神经胶质瘤增加了 3 倍[9]，而在日本的流行病学研究中，有一份报告表明，当每天通话时间超过 20 min，听神经瘤增加[10]。尚未发现职业性微波暴露与癌症的明确证据，如脑瘤、白血病、淋巴瘤、广播电视塔、基站发射的无线电波以及致癌性。Cefalo（包括丹麦的 3 个国家）和 MobiKids（包括日本和韩国的 16 个国家）这两个项目正在开展有关儿童手机使用和致癌作用的流行病学研究。Cefalo 的项目研究已经结束[11]，MobiKids 研究还在进行中[12]。

3. 微波试验动物和细胞研究

1997 年，据报道转基因小鼠暴露于微波会增加白血病的风险[13]。进入 21 世纪以后，微波对致癌作用的影响评估工作也积极开展起来。以欧美和日本为中心推进了动物试验研究。根据迄今为止的研究报告，两年的长期暴露和使用易致癌动物的研究中，尚未观察到微波的影响[14]。但是、在复合致癌研究（化学物质和微波）中，已经多次报道了致癌的概率增加[15,16]。

使用细胞的研究是该领域中报道最多的。在一些论文中，基因毒性、突变、免疫功能、基因表达（RNA，蛋白质）、细胞信号传导、氧化应激、细胞凋亡、增殖能力等方面显示"阳性"，**但没有明确的证据表明微波在不产生热量条件下的作用机理**[14]。

5.2.5　国际癌症研究所对微波致癌性的评估

随着关于电磁波与健康的争论日益激烈，WHO 于 1996 年启动了国际电磁场项目（International EMF Project）。此后，参与该项目的国家增加到 60 个。在国际电磁场项目中，在各个国家举办了关于电磁波与健康相关的研究趋势和未来推荐研究的研讨会和座谈会，并成为向公众公开信息和与相关研究人员进行讨论的论坛。对于非电离辐射，2001 年 6 月，IARC 对超低频电磁波（ELF）和紫外线进行了致癌性评估，并于 2006 年在 WHO 总部举行了包括除致癌性以外的健康影响评估在内的任务会议。每个出版物均包括第 80 卷[6]和环境卫生标准[17]。关于微波的议题，国际癌症研究所（IARC）于 2011 年 5 月 24—31 日举行了致癌性评估会议。作者以评估委员会成员的身份参加，并将在大纲可以发布的范围内对其进行介绍。首先需要注意的是，IARC 的致癌性评估是评估致癌性的性质，而不是暴露量。如果对这一点不了解的话，可能会对报告产生误解。来自 15 个国家的 30 个工作组成员参加了评估会议，会议概要总结如下。

（1）流行病学研究的评估。综合以往的研究结果，工作组将上述累积长时间通话者的阳性结果作为判断材料的依据，工作组将其评估为"对人类有限证据"（Limited evidence in humans）。

（2）试验动物研究的评估。综合以往的研究结果，虽然阴性的结果很多，但上述某些复合致癌性研究的阳性结果被认为是公认的致癌性证据，工作组将其评估为"对试验动物有限证据"（Limited evidence in experimental animals）。

（3）细胞研究的评估。在很多论文都表现出阴性的情况下，有一部分论文显示了阳性，作为工作组的综合判断，致癌性评估为"弱机制证据"（Weak mechanistic evidence）。

（4）综合评估。人类流行病学研究和试验动物致癌研究被评估为

"有限证据"。该工作组对微波致癌性的综合评估，包括如细胞研究等"机构薄弱的证据"在内，工作组将微波致癌综合评价从 5 个分类中确定为"第二组 B"，即可能致癌性（Possibly carcinogenic to humans）。

表 5.5 显示了目前 IARC 对致癌性进行分类的示例。这次与微波相关的"第二组 B"评估，将来自手机的电磁波与脑瘤之间的关系作为"有限证据"进行认可。该结果作为速报[14]，详细信息由 IARC 于 2012 年第102 卷发布。此外，WHO 于 2013 年后召开任务会议，接受了 IARC 的微波致癌性评估，包括致癌性以外的健康影响在内的综合评估，并努力制定环境健康标准（Environmental Health Criteria，EHC）。

表 5.5　IARC 对致癌性的分类及其主要实例

致癌性分类和分类标准	现有分类结果（942 例）
第一组：有致癌性 （Carcinogenic to humans）	石棉，镉和镉化合物，甲醛，电离辐射，阳光照射，吸烟，酒精饮料，煤焦油，被动吸烟环境，苯并芘，紫外线（100～400 nm），使用紫外线的日光灯（包括其他案件107 起）
第二组 A：高可能具致癌性 （Probably carcinogenic to humans）	用于生物质燃料，例如丙烯酰胺，阿霉素，顺铂，甲磺酸甲酯，柴油机尾气，聚联苯多氯化物，木材等室内燃烧（包括其他案件的 61 起）
第二组 B：可能具致癌性 （Possibly Carcinogenic to humans）	乙醛，AF-2，博来霉素，氯仿，道诺霉素，铅，极低频（ELF）磁场。高频（RF）电磁波，美法仑，甲基汞化合物，丝裂霉素 C，苯巴比妥，咖啡，咸菜，汽油，苯并蒽（包括其他案件 269 起）
第三组：无法确定是否具有致癌性 （Unclassifiable as to carcinogenicity to humans）	放线菌素 D，氨苄青霉素，蒽，苯并 [e]芘，胆固醇，地西泮，荧光灯，静磁场，静电场，极低频电场，乙烯，6−巯基嘌呤，汞，氯甲烷，苯酚，甲苯，二甲苯，茶（包括其他案件 508 起）
第四组：可能不会致癌 （Probably not carcinogenic to humans）	己内酰胺（尼龙原料）（1 起）

5.2.6　SPS 微波对健康的影响

如上所述，使用来自 SPS 的微波的无线能量传输技术有望成为人类未来不间断的新能源。另一方面，从 SPS 的能量传输技术使用微波的角度来看，如果以与移动电话的无线通信相同的方式进行考虑，则目前有必要遵守国际非电离辐射防护委员会（International Commission on Non-Ionizing Radiation Protection，ICNIRP）制定的国际准则。如果某人的局部或全身暴露水平超出该准则，则可能需要采取一些防护措施。根据来自 SPS 专业工程师的信息，到目前为止，在 SPS 研究中，整流器部分的全身平均吸收率比（Specific Absorption Rate，SAR）可能高达 8 W/kg。当微波强度变得很高时，人体的体温升高。表 5.6 列出了 ICNIRP 高频的指导值。换句话说，在整流器部分，它是整个专业人士保护准则的 20 倍，是公众准则的 100 倍。人体在任何时候（甚至是暂时）都不可以接触到这种微波。尽管这取决于 WHO 未来对微波对健康的影响的评估结果，但当前的 ICNIRP 指南在未来不太可能发生重大变化。因此，在人类可能接触到微波的区域，微波的暴露水平可以降低多少，除了参与 SPS 的工程师进行技术改进外，还需要在微波暴露环境中开展进一步的生物学效应研究以供实际使用。

表 5.6　根据 ICNIRP 指南，频率到 10 GHz 电磁场的基本限制条件（节选）

暴露特性	频率范围	全身平均 SAR/（W·kg^{-1}）	局部 SAR（头部和躯体）/（W·kg^{-1}）	局部 SAR（四肢）/（W·kg^{-1}）
职业性暴露	100 kHz～10 MHz	0.4	10	20
职业性暴露	10 MHz～10 GHz	0.4	10	20
公众暴露	100 kHz～10 MHz	0.08	2	4
公众暴露	10 MHz～10 GHz	0.08	2	4

5.2.7　总结

在 SPS 领域，包括用于移动通信的手机，工程技术的进步是显著的。另外，日常生活中泛滥的电磁波作为一种新的环境因素正在引起社会的关注，这也是必须考虑的。不具有电离能力的电磁波，不同于具有电离能力的 X 射线和γ射线，通常被称为"电离辐射"。从能量的角度来看，它不太可能直接破坏细胞的这些 DNA。但在生活中，"电磁波"一词很可能被认为与"电离辐射"相同。只要有机会，作者本人就会以通俗易懂的方式介绍迄今为止已经澄清的科学验证结果，力求准确传达出无法解释的事物。在不久的将来，电磁波的使用只会增加，包括手机和计算机的无线电池、电动汽车的无线电源等非接触式能量传输技术。考虑到未来不断增长的电磁环境，有必要充分利用生命科学的先进技术来进一步促进对未知领域的研究。

参考文献

5.1　与通信干涉评价

［1］松本紘，橋本弘藏，篠原真毅，"マイクロ波送電の周波数問題について，"第 3 回宇宙太陽発電システム（SPS）シンポジウム，プロシーディング集，pp.21-31, Nov. 1999.

［2］Ohishi, M., "Impact to the Radio Astronomy by the Interference caused by the Solar Power Satellite Systems," Proc. of URSI GA2011, CHGBDJK-9.pdf, 2011.

［3］URSI SPS White Paper

［4］橋本弘藏，"ITU での無線電力伝送の議論状況，"ワイヤレス給電技術の最前線（篠原真毅監修），シーエムシー出版，pp.130-135, 2011.

5.2　对生物的影响

［1］宮越順二 編，"電磁場生命科学，"京都大学学術出版会，2005.

［2］Kato M (Ed.)," Electromagnetics in Biology," Springer, Japan, 2006.

［3］James C. Lin (Ed.)," Health Effects of Cell Phone Radiation," Advances in Electromagnetic Fields in Living Systems, vol.5, Springer, New York, 2009.

［4］Wertheimer N, Leeper E, "Electrical wiring configurations and childhood cancer," Am J Epidemiol, vol.109, no. 3, pp.273-284, 1979.

［5］ Ahlbom A, Day N, Feychting M, et al., "A pooled analysis of magnetic fields and chiodhood leukaemia，" Br J Cancer, vol.83, no.5, pp.692-698, 2000.

［6］ "IARC Monograph on the Evaluation of Carcinogenic Risks to Humans," vol.80, Part 1, Static and Extremely Low-frequency Electromagnetic Fields, 2002.

［7］ INTERPHONE STUDY（http://www.iarc.fr/en/media-centre/pr/2010/ pdfs/pr200_E.pdf#search＝'IARCWHO Press Release No. 200'）

［8］ Cardis E, Armstrong BK, Bowman JD, et al., "Risk of brain tumours in relation to estimated RF dose from mobile phones-results from five Interphone countries," Occup Env Med, vol.68, no.9, pp.631-640, 2011.

［9］ Hardell L, Carlberg M, Hansson Mild K, "Pooled analysis of case-control studies on malignant brain tumours and the use of mobile and cordless phones including living and deceased subjects," Int J Oncol, vol.38, no.5, pp.1465-1474, 2011.

［10］ Sato Y, Akiba S, Kubo O, et al., "A case-case study of mobile phone use and acoustic neuroma risk in Japan," Bioelectromagnetics, vol.32, no.2, pp.85-93, 2011.

［11］ Aydin D. Feychting M, Schüz J, Tynes T, et al., "Mobile Phone Use and Brain Tumors in Children and Adolescents: A Multicenter Case-Control Study," Natl Cancer Inst, vol.103, no.16, pp.1264-1276, 2011.

［12］ MobiKids Study（http://www.mbkds.net/news/press-release-11052009）

［13］ Repacholi MH, Basten A, Gebski V, et al., "Lymphomas in E-Piml transgenic mice exposed to pulsed 900 MHz electromagnetic fields," Radiat Res, vol.147, no.5, pp.631-640, 1997.

［14］ Baan R, Grosse Y, Lauby-Secretan B, El Ghissassi F, et al., WHO International Agency for Research on Cancer Monograph Working Group, "Carcinogenicity of Radiofrequency electromagnetic fields," Lancet Oncology, vol.12, no.7, pp.624-626, 2011.

［15］ Szmigielski S, Szudzinski A, Pietraszek A, et al., "Accelerated development of spontaneous and benzopyrene-induced skin cancer in mice exposed to 2450-MHz microwave radiation," Bioelectromagentics, vol.3, no.2, pp.179-191, 1982.

［16］ Tillmann T, Ernst H, Streckert J, et al., "Indication of cocarcinogenic potential of chronic UMTS-modulated radiofrequency exposure in an ethylnitrosoures mouse model," Int. J. Radiat. Biol., vol.86, no.7, pp.529-541, 2010.

［17］ WHO, "Extremely Low Frequency Fields-Environmental Health Criteria N° 238-," 2008.